できる
Excel
エクセル
マクロ&VBA

生成AI Copilot 対応

Office 2024 / 2021 / 2019 & Microsoft 365 版

国本温子 & できるシリーズ編集部

インプレス

動画について

操作を確認できる動画をYouTube動画で参照できます。画面の動きがそのまま見られるので、より理解が深まります。QRが読めるスマートフォンなどからはレッスンタイトル横にあるQRを読むことで直接動画を見ることができます。パソコンなどQRが読めない場合は、以下の動画一覧ページからご覧ください。

▼動画一覧ページ
https://dekiru.net/mvba2024

無料電子版について

本書の購入特典として、気軽に持ち歩ける電子書籍版（PDF）を以下の書籍情報ページからダウンロードできます。PDF閲覧ソフトを使えば、キーワードから知りたい情報をすぐに探せます。

▼書籍情報ページ
https://book.impress.co.jp/books/1124101070

●用語の使い方

本文中では、本文中では、「Microsoft Excel 2024」のことを、「Excel 2024」または「Excel」、「Microsoft Windows 11」のことを「Windows 11」または「Windows」と記述しています。また、本文中で使用している用語は、基本的に実際の画面に表示される名称に則っています。

●本書の前提

本書では、「Windows 11」に「Microsoft Excel 2024」または「Microsoft 365のExcel」がインストールされているパソコンで、インターネットに常時接続されている環境を前提に画面を再現しています。。また一部のレッスンでは有償版のCopilotを契約してMicrosoft 365のExcelでCopilotが利用できる状況になっている必要があります。

「できる」「できるシリーズ」は、株式会社インプレスの登録商標です。
Microsoft、Windowsは、米国Microsoft Corporationの米国およびその他の国における登録商標または商標です。
そのほか、本書に記載されている会社名、製品名、サービス名は、一般に各開発メーカーおよびサービス提供元の登録商標または商標です。
なお、本文中には™および®マークは明記していません。

Copyright © 2024 Atsuko Kunimoto and Impress Corporation. All rights reserved.
本書の内容はすべて、著作権法によって保護されています。著者および発行者の許可を得ず、転載、複写、複製等の利用はできません。

まえがき

　日々の業務の中で、各支店から提出された複数のブックにあるデータを1つのブックにまとめるなど、操作自体は単純であっても、何回も同じ手順で繰り返すような定型業務があるのではないでしょうか。このような業務があれば、自動化することを考えましょう。

　Excelでは、マクロを作成することで処理を自動化することができます。マクロを作成するにはマクロの記録という機能を使って作成する方法と、VBAというプログラミング言語を使ってプログラミングをする方法があります。本書では、この両方を解説しています。初めての方でも無理なく学べるよう基礎編と活用編の2部構成となっています。

　基本編では、マクロの記録を使って簡単なマクロを作成していただき、マクロの基本的な動作を確認したのち、VBAを使ってマクロを作成する手順やプログラミングの基礎知識を丁寧に説明しています。

　活用編ではVBAを使ってマクロを作成する上で必要な知識や実務的な内容を具体的なサンプルを使って紹介しています。また、活用編の各章の最後のレッスンでは、その章で紹介した内容をまとめておさらいできる、より実務的なサンプル紹介しています。サンプルを通して動作確認しつつ、少しずつ知識を深め、実力をつけていただけるようになっています。

　また、今話題の生成AIであるCopilotを使って、マクロの解説、作成、修正、エラー処理を行う方法も解説しています。マクロをより効率的に学習、利用するためのCopilotの活用法として参考にしていただけると思います。

　本書により、読者の皆様のステップアップ、業務の効率化のお手伝いができれば幸いです。末筆になりますが、編集・制作にご尽力くださいましたすべての方々に心より感謝申し上げます。

2024年12月　国本温子

本書の読み方

レッスンタイトル
やりたいことや知りたいことが探せるタイトルが付いています。活用編の章の最後のレッスンでその章で学んだ内容を復習する場合は「実践編」というマークが付きます。

サブタイトル
機能名やサービス名などで調べやすくなっています。

練習用ファイル
レッスンで使用する練習用ファイルの名前です。ダウンロード方法などは6ページをご参照ください。

関連情報
レッスンの操作内容を補足する要素を種類ごとに色分けして掲載しています。

使いこなしのヒント
操作を進める上で役に立つヒントを掲載しています。

ショートカットキー
キーの組み合わせだけで操作する方法を紹介しています。

時短ワザ
手順を短縮できる操作方法を紹介しています。

スキルアップ
一歩進んだテクニックを紹介しています。

用語解説
レッスンで覚えておきたい用語を解説しています。

ここに注意
間違えがちな操作について注意点を紹介しています。

レッスン 11 マクロを作成する画面を表示しよう

VBE　　練習用ファイル　なし

YouTube動画で見る
詳細は2ページへ

VBAでは、「VBE」というツールを使ってマクロを作成します。また、マクロは基本的に標準モジュールという場所に記述します。ここでは、VBEを起動し、標準モジュールを追加してVBAでマクロを作成する準備を整えます。

基本編 第2章 マクロを作ってみよう

VBEの画面構成を確認する

VBEとは、「Visual Basic Editor」のことでVBAでマクロを作成するときに使います。VBEは、Excelに付属しているツールなので新しくインストールする必要はありませんが、単独で起動することはできません。そのため、Excelが終了するとVBEも同時に終了します。VBEは、基本的に［プロジェクトエクスプローラー］、［プロパティウィンドウ］、［コードウィンドウ］の3つの画面で構成されます。

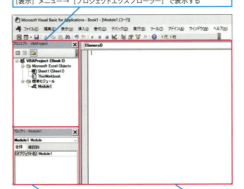

◆プロジェクトエクスプローラー
ブック（プロジェクト）内に作成されるモジュールを一覧表示し、管理する。［表示］メニュー→［プロジェクトエクスプローラー］で表示する

◆プロパティウィンドウ
現在選択されているモジュールやユーザーフォームやコントロールなどのオブジェクトの設定値の確認や編集をする。［表示］メニュー→［プロパティウィンドウ］で表示する

◆コードウィンドウ
モジュールを開いた画面で、マクロを記述する場所。モジュールをダブルクリックするか、モジュールを右クリックして［コードの表示］で表示する

キーワード
コードウィンドウ	P.342
プロジェクトエクスプローラー	P.344
プロパティウィンドウ	P.344

ショートカットキー
VBEを起動する　　Alt + F11

用語解説
標準モジュール
マクロは標準モジュールという場所に記述していきます。標準モジュールはブック内にいくつでも追加できます。また、標準モジュールには、複数のマクロ（プロシージャ）を記述することができます。別々の標準モジュールに作成されたマクロは切り取り・貼り付けで、1つのモジュールにまとめることができます。

使いこなしのヒント
VBEからExcelに戻るには
VBEからExcelに戻るには、VBEのツールバーの左端にある［表示 Microsoft Excel］ボタンをクリックします。この場合、VBEは起動したままExcelが表示されます。また、VBEのタイトルバー右端にある［閉じる］ボタンをクリックするとVBEが終了してExcelに戻ります。なお、Alt + F11キーを押すごとにExcelとVBEを切り替えることができます。

YouTube動画で見る
パソコンやスマートフォンなどで視聴できる無料の動画です。詳しくは2ページをご参照ください。

キーワード
レッスンで重要な用語の一覧です。巻末の用語集のページも掲載しています。

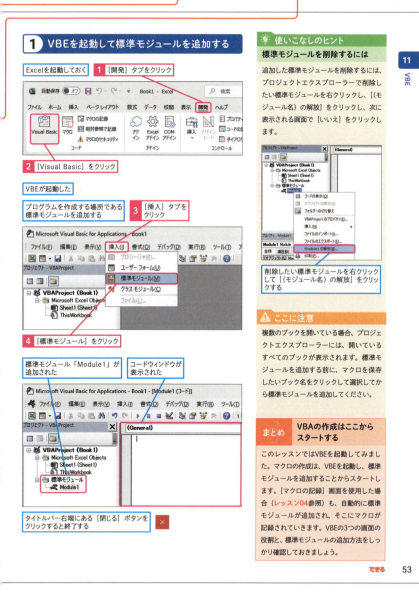

操作手順
実際のパソコンの画面を撮影して、操作を丁寧に解説しています。

●手順見出し

　１　VBEを起動して標準モジュールを追加する

操作の内容ごとに見出しが付いています。目次で参照して探すことができます。

●操作説明

　1　[開発] タブをクリック

実際の操作を1つずつ説明しています。番号順に操作することで、一通りの手順を体験できます。

●解説

　Excelを起動しておく

操作の前提や意味、操作結果について解説しています。

※ここに掲載している紙面はイメージです。実際のレッスンページとは異なります。

練習用ファイルの使い方

本書では、レッスンの操作をすぐに試せる無料の練習用ファイルを用意しています。ダウンロードした練習用ファイルは必ず展開して使ってください。ここではMicrosoft Edgeを使ったダウンロードの方法を紹介します。

▼練習用ファイルのダウンロードページ
https://book.impress.co.jp/books/1124101070

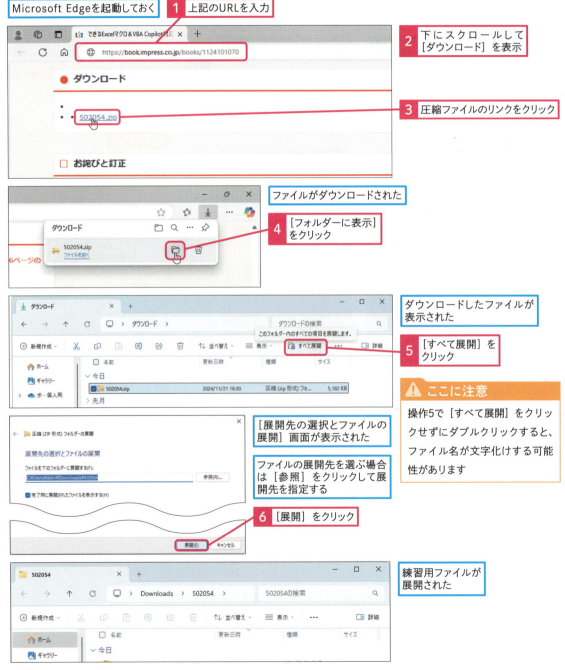

●練習用ファイルを使えるようにする

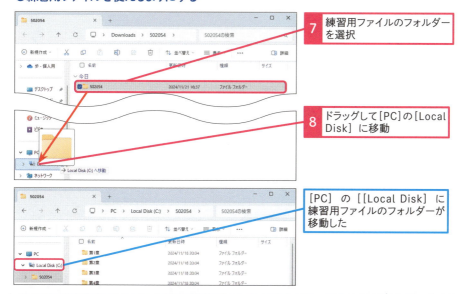

練習用ファイルの内容

練習用ファイルには章ごとにファイルが格納されており、ファイル先頭の「L」に続く数字がレッスン番号、次がレッスンの内容を表します。レッスンによって、練習用ファイルがなかったり、1つだけになっていたりします。手順実行後のファイルは、収録できるもののみ入っています。

［保護ビュー］が表示された場合は

インターネットを経由してダウンロードしたファイルを開くと、保護ビューで表示されます。ウイルスやスパイウェアなど、セキュリティ上問題があるファイルをすぐに開いてしまわないようにするためです。ファイルの入手時に配布元をよく確認して、安全と判断できた場合は［編集を有効にする］ボタンをクリックしてください。また、［セキュリティリスク］の警告（赤）が表示された場合は、337ページを参照してください。

目次

本書の前提	2
まえがき	3
本書の読み方	4
練習用ファイルの使い方	6
本書の構成	25
ご購入・ご利用の前に必ずお読みください	26

基本編

第1章 マクロの基本を覚えよう　27

01 いつもの操作を自動化しよう [Introduction]　28
単純作業はマクロにおまかせ！
マクロ機能でExcelがパワーアップ！
ボタン1つで操作完了！
中身ものぞいてみよう

02 マクロとは何かを知ろう [マクロ]　30
マクロとは、Excelの操作を自動実行するための指示書
マクロの実体はVBAのプログラム
マクロはどうやって作るの？

03 マクロ作成の準備をしよう [［開発］タブ]　32
［開発］タブを表示する
［開発］タブでよく使うボタンを確認する

04 マクロを記録してみよう [マクロの記録]　34
マクロの記録を開始する
記録したい操作を行う
マクロの記録を終了する
スキルアップ　相対参照でマクロを記録してみよう　37

05 マクロを含むブックを保存して開こう [マクロを含むブックの保存・開く]　38
「マクロ有効ブック」として保存する
開いたブックのマクロを有効にする

06 マクロを実行しよう [マクロの実行]　40
［マクロ］画面からマクロを実行する

07 マクロの中身を見てみよう　マクロの中身　42
[マクロ] 画面からマクロの内容を表示する
VBEからExcelに切り替える

08 マクロを削除しよう　マクロの削除　44
[マクロ] 画面で不要なマクロを削除する

この章のまとめ 基本操作を覚えておこう　46

基本編

第2章 マクロを作ってみよう　47

09 VBAを使ってみよう　Introduction　48
プログラミングなんて怖くない！
Excelに付属するVBEを使おう
文字を入力してすぐに実行できる！
ミスを防ぐのも大事

10 VBAとは何かを知ろう　VBAの基礎　50
VBAはExcelに処理を指示するための言語
VBAで作成されたマクロの構成

11 マクロを作成する画面を表示しよう　VBE　52
VBEの画面構成を確認する
VBEを起動して標準モジュールを追加する

12 マクロを作成してみよう　VBAでマクロ作成　54
作成するマクロの内容を確認する
マクロの名前を入力する
マクロの内容を入力する
VBEからマクロを実行する

13 マクロ作成で覚えておきたいこと　マクロ作成のコツ　58
1行を複数行に分ける
説明文を入れる
一部の処理を一時的に実行しないようにする

14 いろいろな実行方法を覚えよう　マクロの実行　60
クイックアクセスツールバーから実行する
ワークシートにボタンを配置して実行する
ショートカットキーを割り当てて実行する

| 15 | エラーの対処法を覚えておこう | エラー対処 | 64 |

コンパイルエラーに対応する
実行時エラーに対応する

| 16 | わからないことを調べるには | オンラインヘルプ | 66 |

オンラインヘルプを活用する

スキルアップ VBEの［オプション］画面を利用するには　67

この章のまとめ ExcelとVBEの画面を並べて作業しよう　68

基本編

第3章 VBAの文法の基本を覚えよう　69

| 17 | VBAの基本を覚えよう | Introduction | 70 |

VBAの三本柱、ついに登場！
オブジェクトはVBAの操作対象
プロパティはオブジェクトの属性
メソッドはVBAで行う指示

| 18 | オブジェクト・プロパティ・メソッドは何かを知ろう | オブジェクト・プロパティ・メソッド | 72 |

オブジェクトとは
プロパティとは
メソッドとは

| 19 | オブジェクトをもっと理解しよう | オブジェクト | 74 |

コレクションとオブジェクトの関係を知ろう
オブジェクトの階層構造を確認しよう

| 20 | プロパティをもっと理解しよう | プロパティ | 76 |

プロパティの値を取得する
プロパティに値を設定する
オブジェクトを取得するプロパティ

| 21 | メソッドをもっと理解しよう | メソッド | 78 |

メソッドを使用するには
オブジェクトを取得するメソッド

スキルアップ オブジェクトを取得するプロパティとメソッドについてもっと理解しよう　79

| 22 | 引数の設定方法を覚えよう 引数 | 80 |

引数でメソッドの詳細を設定するには
省略できる引数もある
プロパティで引数を設定するには

| 23 | オブジェクトを省略して記述するには Withステートメント | 82 |

Withステートメントを利用する
セルA1に複数の処理を行う

| この章のまとめ | VBAの基礎を固めよう | 84 |

基本編

第4章 変数や定数を覚えよう　85

| 24 | 値に名前を付けて自由に利用しよう Introduction | 86 |

ついに登場、変数と定数
変数は何かを入れておく「箱」のこと！
変数の動きを画面に表示してみよう
定数は何かをしまっておく「フタ付きの箱」！

| 25 | 変数を使ってみよう 変数 | 88 |

自由に出し入れできるデータの入れ物
変数は宣言して使う
複数の変数をまとめて宣言できる
変数に値を代入する
変数の宣言を強制する
長整数型の変数値をメッセージ表示する

| 26 | オブジェクト変数を使ってみよう オブジェクト変数 | 92 |

オブジェクト変数を宣言するには
オブジェクト変数にオブジェクトへの参照を代入する
Range型のオブジェクト変数を使用する

| 27 | 定数を使ってみよう 定数 | 94 |

出し入れできないデータの入れ物
定数を宣言して値を代入する
組み込み定数を確認しよう
ユーザー定義定数と組み込み定数を利用する

| この章のまとめ | 変数は必ずマスターしよう | 96 |

活用編

第5章 セルの基本的な参照方法を覚えよう　97

28 Rangeオブジェクトを取得しよう　Introduction　98
セルからシート全体まで自由自在に選べる！
Excelのシートをおさらいしておこう
プロパティを駆使してセル、行、列を選択できる
表の書式も一瞬で設定できる！

29 セルの参照と選択方法　Rangeプロパティ、Cellsプロパティ　100
セル番地を使ってセルを参照する
セル番地を参照してデザインを変える
行番号と列番号を使ってセルを参照する
全セルを消去してセルを選択する
セルを選択する
セル範囲を選択してセルを選択する

30 行と列の参照と選択方法　Rowsプロパティ、Columnsプロパティ　104
行や列を参照する
行と列を参照して色を付ける
指定したセルを含む行全体・列全体を参照する
指定したセルを含む列を選択する
行全体の表示・非表示を切り替える

31 セルや行・列を参照した活用マクロを使ってみよう　セルの参照、行・列の参照　108
表の書式を整形する
1行おきに行を挿入する

この章のまとめ　参照方法の種類と違いをおさえよう　110

活用編

第6章 表作成に便利なセルの参照方法を覚えよう　111

32 表の変化に柔軟に対応するセルを参照しよう　Introduction　112
表の大きさが変わったら、マクロも書き換え？
表全体を参照する方法を覚えよう
特定のセルから離れたセルも参照できる
表の端も簡単に参照できる

33 表全体・表内の行と列のセルを参照するには　表参照　114
表全体を参照する

スキルアップ　参照セル範囲に注意して表を作成しよう　114

表全体を選択する
表の行数・列数を数えて、1列目や最終列を参照する
表の行数・列数を数えて表示する
表の見出しや集計行に色を付ける

34 上下のセルや隣のセルを参照するには 〈離れた位置のセル参照〉 118

相対的な位置にあるセルを参照する
〇行〇列離れたセルに入力する
表全体をずらしたセル範囲を参照する

35 表の一番下の行や一番右の列のセルを参照するには 〈終端セル参照〉 120

表の上下左右の終端セルを参照する
表の上端、下端、右端、左端のセルを参照する
表の新規入力行に移動する

36 セル範囲を拡大・縮小するには 〈セル範囲の変更〉 122

セル範囲を変更する
スキルアップ 表のデータ部分だけを参照する 122
セル範囲を修正する

37 いろいろなセル参照方法を使ってデータを転記しよう 〈データ転記〉 124

申し込み表のデータを一覧表に転記する
スキルアップ セルの値を配列に変換する仕組みを学ぼう 125
この章のまとめ セルやセル範囲は柔軟に参照できる 126

活用編

第7章 セルの値や見た目などを変更しよう 127

38 セルを操作する方法を覚えよう 〈Introduction〉 128

セルを自由自在に操ろう！
セルのコピーや形式を選択して貼り付けができる
文字の書式を設定できる
色や高さ、幅の設定もできる

39 セルに値や数式を入力するには 〈値や式の入力〉 130

セルに値を入力する
セルにいろいろな値を入力する
セルに数式を入力する
セルやセル範囲に数式を入力する
スピル機能を使った計算式を入力する
スピル機能の数式と関数を入力する

40 セルの値や書式を削除するには　値や書式の削除　134
セルの値や書式を削除する
スキルアップ 削除できる内容を確認しておこう　134
セルの値や書式を個別に削除する

41 セルをコピーするには　セルのコピー　136
指定した範囲をコピーする
セル範囲を複製する
クリップボードに保管した内容を貼り付ける
クリップボードにコピーして貼り付ける
内容を指定して貼り付ける
表の値だけをコピーして貼り付ける
スキルアップ 列幅もコピーしたいときは　139

42 セルを挿入・削除する　セルの挿入と削除　140
セルを挿入する
表内の行を挿入する
セルを削除する
表内の行を削除する

43 セルに書式を設定するには　セルの書式設定　142
セル内の書式を設定する
タイトルと表の列見出しに書式を設定する

44 セル内の文字の配置を変更するには　文字の配置　144
文字の横方向・縦方向の位置を設定する
タイトル文字と見出し行の配置を変更する

45 セルの表示形式を設定するには　セルの表示形式　146
数値や日付の表示形式を設定する
セルごとにふさわしい表示形式を設定する
スキルアップ 主な書式記号を確認しよう　147

46 セルや文字に色を設定するには　セルや文字の色　148
セルと文字で別々のプロパティを使う
表見出しと一部のフォントに色を設定する
スキルアップ ColorIndexプロパティで色を指定するには　149
表にテーマの色を設定する
テーマの色と明暗を設定する

47 罫線を引くには 罫線 152
セル範囲に罫線を設定する
罫線の位置や種類を指定して罫線を引く
スキルアップ 表の周囲に罫線を設定する　153

48 行の高さや列の幅を変更するには セル範囲の変更 154
行の高さや列の幅を変更する
セルにあった高さと幅を設定する
列幅をセル内の文字列にあわせて自動調整する
セルの列幅を文字長にあわせる

49 特定のセルをまとめて参照するには セルの種類 156
空白セルや数値のセルを一括で操作する
表内の数値と文字を削除する

50 テキストデータを表形式に整形するには フリガナ列追加 158
フリガナ列を追加して整形する

この章のまとめ 対象となるオブジェクトをきちんと把握しよう　160

活用編

第8章 シートやブックの操作を覚えよう　161

51 シートやブックを操作する処理を覚えよう Introduction 162
シートもブックも自在に操作できる！
普段の操作はマクロで実行できる！
ブックの新規作成、保存も自由自在！
PDF形式にもできる！

52 シートの参照と選択方法を覚えよう シートの参照と選択 164
シートを参照する・選択するには
指定したシートを参照する
最前面のシートを参照する
複数のシートを参照する
ワークシート数を取得する
スキルアップ 配列変数とは　167

53 シートの移動とコピーの方法を覚えよう シートの移動・シートのコピー 168
シートを移動する・コピーするには
シートをコピーして移動させる

54 シートを追加するには　シートの追加　　　170
シートを追加する
位置と数を指定してシートを追加する
シートを末尾に追加する
シートを末尾に1つ追加する
ワークシートの追加と同時にシート名を設定する
シートの追加と同時に操作する

55 シートを削除するには　シートの削除　　　174
シートを削除する
確認メッセージを表示しないでシートを削除する

56 ブックの参照と選択方法を覚えよう　ブックの参照と選択　　　176
いろいろな方法でブックを参照できる
指定したブックを参照する
最前面のブックを参照する
マクロを実行しているブックを参照する

スキルアップ ブックのウィンドウを最大化、最小化するには　　　179

57 ブック名やブックの保存先を参照するには　ブック名と保存場所　　　180
ブックの名前と保存先を参照する
ブック名を取得する
ブックの保存先を参照する

58 ブックを開くには　ブックの開き方　　　182
ブックを開く
保存されている場所が異なるブックを開く
開いたブックを変数に代入して操作する

59 ブックを閉じるには　ブックの閉じ方　　　184
開いているブックを閉じる
ブックをそのまま閉じる
変更を保存してブックを閉じる

60 新規ブックを追加するには　ブックの追加　　　186
ブックを追加する・追加して操作する
新しいブックを追加する
新規追加したブックを操作する

61 ブックを保存するには　ブックの保存　　　188
上書き保存、名前を付けて保存などが指定できる
ブックに名前を付けて保存する

ブックを上書き保存する
　　　ブックの複製を保存する
　　　同名ブックの存在を調べる

62 PDF形式のファイルとして保存するには　〈PDFで保存〉　192

　　　ブックをPDF形式で保存する
　　　ワークシートをPDFファイルとして保存する

63 シートをコピーして保存するマクロを作ってみよう　〈複数ブックの操作〉　194

　　　[元表] シートを新規ブックにコピーし保存する

　この章のまとめ　シートやブックの扱いをマスターしよう　196

活用編

第9章 条件分岐と繰り返し処理を覚えよう　197

64 VBAの要になる処理を覚えよう　〈Introduction〉　198

　　　プログラミングの2大処理が登場！
　　　フローチャートの見方を覚えよう
　　　条件分岐をマスターしよう
　　　繰り返し処理もマスターしよう

65 条件分岐と繰り返し処理とは何かを知ろう　〈フローチャート〉　200

　　　条件分岐でできること
　　　繰り返し処理でできること

　スキルアップ　フローチャートの読み方を覚えよう　201

66 条件式の設定方法を覚えよう　〈条件式〉　202

　　　「比較演算子」で2つの値を比較する
　　　「論理演算子」で複数の条件を組み合わせる
　　　「Like演算子」で文字列をあいまいな条件で比較する
　　　「Is演算子」でオブジェクトどうしを比較する
　　　「以上」や「でない」を使った条件式を作成する

67 条件を満たす、満たさないで処理を分けるには　〈Ifステートメント〉　206

　　　条件を満たすときだけ処理を実行する
　　　条件を満たすときにメッセージ表示する
　　　条件を満たすときと満たさないときで処理を分ける
　　　条件を判定して数値計算を行う
　　　複数の条件で処理を分ける
　　　複数の条件を判定して数値計算を行う

　スキルアップ　独自の強調表示ルールでセルに色を付ける　211

68 1つの対象に対して複数の条件で処理を分けるには　Select Caseステートメント　212
複数の条件で場合分けして処理を分ける
複数の条件で場合分けして数値計算を行う

69 条件を満たす間処理を繰り返す　Do While…Loop ステートメント　214
条件を満たす間同じ処理を繰り返す
条件を満たす間処理を繰り返す
繰り返し処理を途中で抜ける
途中で抜ける処理を追加する
少なくとも1回は繰り返し処理を実行する
繰り返し処理をしてから条件判定をする

70 指定した回数処理を繰り返すには　For Nextステートメント　218
指定した回数だけ処理を繰り返す
指定した回数だけ同じ処理を繰り返す
加算値を変更して処理を繰り返す

71 コレクション全体に同じ処理を繰り返す　For Each …Nextステートメント　220
各オブジェクトすべてに同じ処理を繰り返す
セル範囲内に処理を繰り返す
全ワークシートに処理を繰り返す

72 フォルダー内のブックのシートを1つのブックにコピーするには　Dir関数　222
フォルダー内の各シートを1つのブックにコピーする

この章のまとめ 条件分岐と繰り返し処理を実務に役立てよう　224

活用編

第10章 VBA関数を使ってみよう　225

73 関数を使っていろいろな処理を行おう　Introduction　226
VBA関数って何ですか？
データの変換・操作が自在にできる！
いつものExcelの関数を使うこともできる
オリジナルの関数も作れる！

74 VBA関数とは　VBA関数　228
VBA関数とは
VBA関数をテストする
VBA関数とワークシート関数の違い

75 日付や時刻を操作する関数を使うには 〈日付時刻関数〉 230
日時を求めてデータを作成する
現在の日時を求める

76 文字列を操作する関数を使うには 〈文字列関数〉 232
指定セルから指定した文字列だけ取り出す
左から指定した文字列だけ取り出す

77 データの表示形式を変換する関数を使うには 〈表示形式変換〉 234
データを指定した表示形式に変換する
文字列、数値、日付を指定した表示形式に変換する

78 データ型を操作する関数を使うには 〈データ型操作〉 236
値が数値や日付として扱えるかどうかを調べる
文字列を数値や日付に変換するには
オブジェクトや変数の種類を調べるには

79 ワークシート関数をVBAで使うには 〈ワークシート関数の利用〉 238
VBAからワークシート関数を使うには
ワークシート関数を使う

80 オリジナルの関数を作成するには 〈ユーザー定義関数〉 240
ユーザー定義関数を作成する
Functionプロシージャを作成する
ユーザー定義関数「Gouhi」を使用する

スキルアップ ［関数の挿入］画面や［関数の引数］画面が使える 243

81 西暦の日付から元号の年を求めるには 〈元号のユーザー定義関数〉 244
ユーザー定義関数「Gengo」を作成する
Functionプロシージャを作成する

この章のまとめ 関数を使いこなしてデータ操作に役立てよう 246

活用編

第11章 並べ替えや抽出を使ってデータを操作しよう　247

82 データベースを操作する方法を学ぼう　Introduction　248
データベースを自在に操作できる！
オートフィルター機能が使える
データの検索・置換も実行できる
テーブルの操作も簡単にできる

83 データを並べ替えるには　データの並べ替え　250
データを大きい順、小さい順に並べ替える
支店を昇順、売上を降順に並べ替える

84 データを抽出するには　データの抽出　252
オートフィルターでデータを抽出する
1つの条件で抽出する
同じ列内で抽出する
異なる列内で抽出する
抽出を解除する

85 データを検索するには　データの検索　256
指定したデータを含むセルを検索する
指定した値のセルを検索する
引き続きセルを検索する
同じ条件で続けてセルを検索する

86 データを置換するには　データの置換　260
データを一括で別の値に置換する
指定した値を別の値に置換する

87 テーブルを操作するには　テーブル　262
テーブルを参照して、並べ替えや抽出をする
テーブルで抽出と並べ替えをする

88 支店別のデータを別シートにコピーするには　条件分岐の応用　264
指定した支店のデータだけ別シートにコピーする

この章のまとめ　検索の繰り返し処理を身につけよう　266

活用編

第12章 ユーザーと対話する処理をしよう　267

89 画面でユーザーとやり取りしよう　Introduction　268
ユーザーと対話する画面を表示する
さまざまな画面が表示できる
データを入力してセルに反映できる
ファイルの操作もできる

90 メッセージを表示して処理を選択させるには　メッセージボックス　270
メッセージ画面を表示する
[はい][いいえ]ボタンを表示して処理を分ける

91 ユーザーに入力させる画面を開くには　インプットボックス　272
入力のできるメッセージ画面を表示する
文字入力の画面を表示する
データ入力の画面を表示する

92 ユーザーにブックを選択して開かせるには　データを開く・保存する　274
ブックを選択させる画面を開く
選択したブックを開く
場所と名前を指定して保存する

93 処理を確認してからデータをまとめるには　シート内データまとめ　276
各支店のデータを1つにまとめる

この章のまとめ　ニーズにあった柔軟な処理ができる　278

活用編

第13章 その他の実用的な機能を覚えよう　279

94 仕事に役立つ処理を覚えよう　Introduction　280
実用的なマクロをまとめて学ぼう
変数やプロパティの値を確認できる
指定したファイルを検索できる
印刷もできる

95 ブックの開閉時に処理を自動実行するには　イベントプロシージャ　282
イベント・イベントプロシージャとは
イベントプロシージャを作成する
イベントプロシージャを記述する
ブックを閉じるときに日付を入力させる

96 エラー発生時に自動的に処理を終了させるには 〔エラー処理〕 286
エラー発生時の処理を記述する
自動で処理を終了する
エラーを無視して処理を続行する

97 処理をテストするには 〔デバッグ〕 288
ステップインで処理を1行ずつ確認する
1行ずつ実行して確認する
イミディエイトウィンドウを利用する
イミディエイトウィンドウに出力する

98 フォルダーやファイルを操作するには 〔フォルダー・ファイル操作〕 292
カレントフォルダーの取得と変更
カレントフォルダーを変更する
ファイルやフォルダーを検索する
ファイルを検索して結果を表示する
フォルダー内のExcelファイルを検索する

99 ワークシートを印刷するには 〔印刷〕 296
ワークシートを印刷する
印刷プレビューを表示する
ワークシートを印刷する

100 保存先とファイル名を確認してから保存するには 〔フォルダーとファイルの検索〕 298
フォルダーとファイルを確認してから保存する

この章のまとめ 実用的な機能を仕事に活用しよう 300

活用編

第14章 ユーザーフォームを作ってみよう 301

101 ユーザーフォームって何？ 〔Introduction〕 302
ここまで学んだことの、総まとめです！
簡単に操作できるフォームを作る
パーツを組み合わせて自由に作れる
VBAで処理を行う

102 ユーザーフォームってどうやって作るの？ 〔ユーザーフォームの概要〕 304
フォームを作成する流れを確認しよう
フォームの作成場所

103 フォームを追加するには　ユーザーフォームの追加　306

ユーザーフォームを追加して初期設定を行う
ユーザーフォームを追加する
フォームの初期設定をする

104 コントロールを配置するには　コントロールの配置　308

コントロールを配置して初期設定を行う
コマンドボタンを配置する
コマンドボタンの初期設定をする

105 ボタンクリック時の動作を記述するには　イベントプロシージャ　310

コマンドボタンに機能を搭載する
イベントプロシージャを作成する
実行する処理を記述する

106 ユーザーフォームを表示するボタンを用意するには　フォームを表示　312

ワークシートからフォームを表示させる
フォームを開くマクロを作成する
ワークシート上にボタンを配置する

107 並べ替えを実行するには　フォームの利用　314

テキストボックスとコマンドボタンを追加する
コントロールを配置する
並べ替えを実行する処理を記述する

108 いろいろなコントロールを使いこなすには　フォームの利用　316

いろいろなコントロールを配置する
コントロールを配置して初期設定を行う
実行する処理を記述する
処理を確認する

この章のまとめ　学んだ内容をスキルアップにつなげよう　322

活用編

第15章 Copilotをマクロに利用しよう　323

109 Microsoft Copilotを活用しよう　Introduction　324

いよいよ生成AIの登場です！
Copilotとは
コードを生成してみよう！
エラー修正にも使える！

110 わからない用語を調べる　Copilotへの質問　326
Copilotを起動する
スキルアップ　Copilotにサインインするには　327

111 マクロの意味を解説してもらう　Copilotでマクロを解説　328
ブックに保存されているマクロの意味を調べる
スキルアップ　Microsoft 365で利用できるCopilotとは　329

112 マクロを作成してもらう　Copilotでマクロの作成　330
集計表を作成するマクロを作成してもらう

113 マクロを修正してもらう　Copilotでマクロの修正　332
修正するマクロと修正したい内容を確認する
マクロを修正する

114 エラーの原因を調べる　Copilotでエラーの原因調査　334
エラーを確認し、Copilotへの質問を準備する
エラーの原因を調べてもらう

この章のまとめ　Copilotを上手に使って、マクロに活用しよう　336

付録　セキュリティリスクのメッセージを表示させないようにするには	337
VBA要素索引	338
用語集	340
索引	346
本書を読み終えた方へ	350

本書の構成

本書は手順を1つずつ学べる「基本編」、便利な操作をバリエーション豊かに揃えた「活用編」の2部で、VBAの基礎から応用まで無理なく身に付くように構成されています。

基本編 第1章〜第4章
マクロの基本から作り方、VBEを使ったコードの記述方法など、VBAの基本をひと通り解説します。また、変数や定数などプログラミングに必須の知識も紹介します。最初から続けて読むことで、VBAの基礎がよく身に付きます。

活用編 第5章〜第15章
条件分岐と繰り返し処理といった重要な概念のほか、データの操作に便利なVBA関数なども詳しく解説します。各章の最後のレッスンは、その章で学んだことのおさらいになっています。また、第15章ではCopilotをVBAに活用する方法を紹介します。

用語集・索引
重要なキーワードを解説した用語集、知りたいことから調べられる索引などを収録。基本編、活用編と連動させることで、VBAについての理解がさらに深まります。

登場人物紹介

VBAを皆さんと一緒に学ぶ生徒と先生を紹介します。各章の前後で重要なポイントを説明していますので、ぜひご参照ください。

北島タクミ（きたじまたくみ）
元気が取り柄の若手社会人。うっかりミスが多いが、憎めない性格で周りの人がフォローしてくれる。好きな食べ物はカレーライス。

南マヤ（みなみまや）
タクミの同期。しっかり者で周囲の信頼も厚い。タクミがミスをしたときは、おやつを条件にフォローする。好きなコーヒー豆はマンデリン。

エクセル先生
Excelのすべてをマスターし、その素晴らしさを広めている先生。基本から活用まで幅広いExcelの疑問に答える。好きな関数はVLOOKUP。

ご購入・ご利用の前に必ずお読みください

本書は、2024年11月現在の情報をもとに「Microsoft Excel 2024」の操作方法について解説しています。本書の発行後に「Microsoft Excel 2024」の機能や操作方法、画面などが変更された場合、本書の掲載内容通りに操作できなくなる可能性があります。本書発行後の情報については、弊社のWebページ（https://book.impress.co.jp/）などで可能な限りお知らせいたしますが、すべての情報の即時掲載ならびに、確実な解決をお約束することはできかねます。また本書の運用により生じる、直接的、または間接的な損害について、著者ならびに弊社では一切の責任を負いかねます。あらかじめご理解、ご了承ください。

本書で紹介している内容のご質問につきましては、巻末をご参照のうえ、お問い合わせフォームかメールにて問い合わせください。電話やFAX等でのご質問には対応しておりません。また、本書の発行後に発生した利用手順やサービスの変更に関しては、お答えしかねる場合があることをご了承ください。

基本編

第1章

マクロの基本を覚えよう

マクロを作成すると、月締めで行うような定型業務を自動化できます。この章では、マクロでできることを確認し、マクロの記録機能を使ってマクロを作成します。また、マクロを含むブックを保存する方法や開くときの注意、マクロの実行や削除などの基本操作を紹介します。

01	いつもの操作を自動化しよう	28
02	マクロとは何かを知ろう	30
03	マクロ作成の準備をしよう	32
04	マクロを記録してみよう	34
05	マクロを含むブックを保存して開こう	38
06	マクロを実行しよう	40
07	マクロの中身を見てみよう	42
08	マクロを削除しよう	44

レッスン 01

Introduction この章で学ぶこと

いつもの操作を自動化しよう

この章では、マクロの基本を紹介します。マクロ作成の最初の1歩としてマクロの記録という機能を使ってマクロ作成を体験します。ここでは、マクロとはどんなものかを理解し、基本操作を覚えましょう。

単純作業はマクロにおまかせ！

ファイルを開いて、範囲選択して、変更して、手が疲れたー！

これ、100件以上やるの？　何かいい方法ないのかしら。

単純作業は自動化しましょう！　ここはマクロの出番ですよ！

先生、よろしくお願いします！

マクロ機能でExcelがパワーアップ！

Excelには仕事を自動化する、強力なツールが搭載されています。それがマクロ機能。まずはこの機能を使えるようにするところから始めましょう。

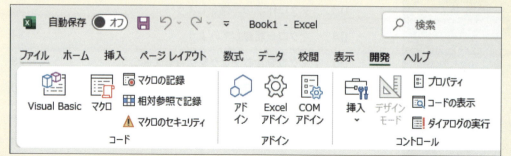

ボタン1つで操作完了！

このマクロ機能、使い方もとても簡単。操作を記録するだけで、いつでも取り出して繰り返し使えます。いくつかの操作をまとめて、ボタンを押すだけで実行できるんですよ。

本当だ、すぐに終わった！ マクロってすごい！

	A	B	C	D	E	F	G	H
1	修理受付表							
2								
3	受付日	顧客名	修理完了日	返却				
4								
5								
6								
7								
8								
9								

中身ものぞいてみよう

そしてここからが本番。マクロの中身はVBAというプログラミング言語で記述されています。どんなものか、ちょっとのぞいてみましょう。

さっき記録した操作が、自動でプログラミングされてるんですね。これもすごい機能です！

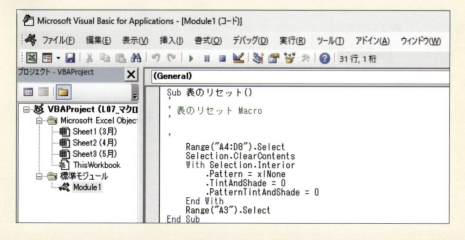

レッスン 02 マクロとは何かを知ろう

マクロ　　　　　練習用ファイル　なし

マクロを作成すれば、面倒な操作を自動化でき、作業を効率的に進めることができます。マクロを作成する前に、まずはマクロとは何かを知っておきましょう。ここでは、マクロがどんなもので、どのように作るのかを紹介します。

キーワード	
VBA	P.340
マクロ	P.344
マクロの記録	P.345

マクロとは、Excelの操作を自動実行するための指示書

マクロを作成すると、Excelに処理を自動実行させることができます。マクロにはExcelに処理してもらいたい内容が書かれています。マクロとは、Excelで操作を自動実行するための指示書といえます。

マクロの指示書があればExcel操作を自動実行できる

マクロの実体はVBAのプログラム

マクロはExcelの操作を自動実行するための指示書であり、その指示書の内容は、VBAによって作成されたプログラムです。VBAとは、「Visual Basic for Applications」の略で、Microsoft Office用のプログラミング言語です。VBAについては第2章以降で詳しく紹介します。

●マクロの指示書

| 表の中からA店のデータを抽出 |
| 抽出したデータを［A店］シートにコピー |
| ［A店］シートを印刷 |
| 抽出を解除 |

●プログラム

```
1  Sub A店データ抽出()
2      With Range("A3").CurrentRegion
3          .AutoFilter Field:=3, Criteria1:="A店"
4          .Copy Destination:=Worksheets("A店").Range("A1")
5          Worksheets("A店").PrintOut Preview:=True
6          .AutoFilter Field:=3
7      End With
8  End Sub
```

マクロの中身はVBAで作られたプログラム

マクロはどうやって作るの?

マクロの作成方法は2つあります。1つは、[マクロの記録]機能を使って実際に行った操作からマクロを作成する方法。もう1つは、VBAというプログラミング言語を使ってマクロを作成する方法です。

●[マクロの記録]機能を使ったマクロ作成

ユーザーが行った操作をExcelが記録してマクロを自動で作成します。実際には、マクロの記録によってExcelがバックグラウンドでプログラムを作成しています。VBA翻訳機だと思うとわかりやすいでしょう。

[マクロの記録]で実際の操作を記録して繰り返すことができる

●VBAを使ったマクロ作成

ユーザーがVBAを使ってプログラムを記述することでマクロを作成します。マクロの記録ではできない「条件分岐」や「繰り返し処理」など、より複雑な処理ができるようになります。そのためには、VBAの言語や文法を覚える必要があります。詳しくは第2章以降で解説します。

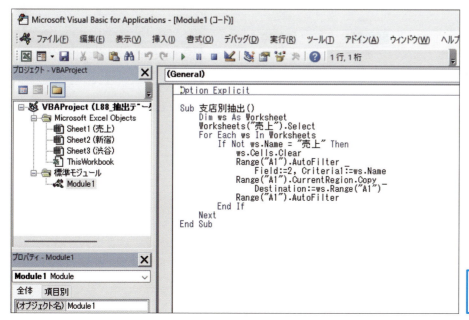

VBAを使うと多くの処理が行えるマクロが作成できる

レッスン 03 マクロ作成の準備をしよう

[開発] タブ　　練習用ファイル　なし

[開発] タブには、マクロ関連のボタンが用意されているので、マクロの作成や編集に便利です。[開発] タブは初期設定では表示されていないため、最初に [開発] タブを表示しておきましょう。

キーワード
[開発] タブ	P.340
Excelのオプション	P.340
マクロ	P.344

1 [開発] タブを表示する

使いこなしのヒント

マクロ関連ボタンは [表示] タブにもある

[表示] タブにもマクロ関連のボタンが用意されていますが、使用できるのは [マクロの表示]、[マクロの記録]、[相対参照で記録] の3つに限られています。

[表示] タブをクリックして [マクロ] をクリックするとマクロ関連のメニューを表示できる

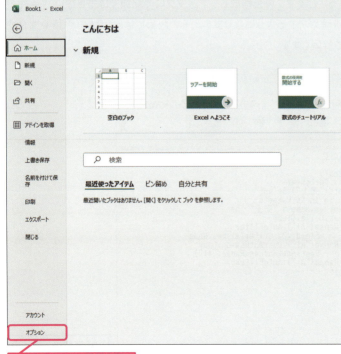

Excelを起動しておく

1 [ファイル] タブをクリック

[ホーム] 画面が表示された

2 [オプション] をクリック

●リボンの設定を行う

[Excelのオプション] 画面が表示された

3 [リボンのユーザー設定] をクリック

4 [メイン タブ] をクリックして選択

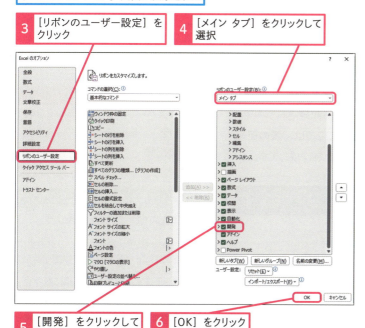

5 [開発] をクリックしてチェックマークを付ける

6 [OK] をクリック

[開発] タブが表示された

2 [開発] タブでよく使うボタンを確認する

[開発] タブのボタンを表示する

1 [開発] タブをクリック

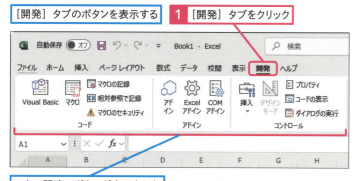

マクロ関連のボタンが表示された

時短ワザ
[Excelのオプション] 画面をすばやく表示するには

任意のタブ上で右クリックし、表示されるショートカットメニューで [リボンのユーザー設定] をクリックすると、[Excelのオプション] 画面の [リボンのユーザー設定] が表示されている状態で開くことができます。

1 タブ上を右クリック

[リボンのユーザー設定] をクリックするとオプション画面の [リボンのユーザー設定] を直接表示できる

まとめ [開発] タブの内容を確認しておこう

[開発] タブの中でも、よく使うのは [コード] グループにあるボタンと、[コントロール] グループにあるボタンです。[コード] グループには、[Visual Basic]、[マクロ]、[マクロの記録] などマクロを作成・設定・実行するためのボタンがまとめられています。[コントロール] グループには、[挿入] ボタンがあり、ワークシート上にボタンなどのコントロールを配置するときに使用します。それぞれの場所を覚えておきましょう。

レッスン 04 マクロを記録してみよう

マクロの記録 練習用ファイル L04_マクロの記録.xlsx

［マクロの記録］を使ってマクロを作ってみましょう。［マクロの記録］では、ユーザーがExcel上で行う操作がほぼ全部記録されるので、記録したい操作を事前に整理しておきましょう。ここでは、表のデータとセルの色をリセットするマクロ［表のリセット］を作成します。

キーワード
ステータスバー	P.342
相対参照	P.343
マクロの記録	P.345

1 マクロの記録を開始する

Excelで「L04_マクロの記録.xlsx」を開いておく

1 ［開発］タブをクリック

2 ［マクロの記録］をクリック

［マクロの記録］画面が開いた

記録するマクロに名前を付ける

3 「表のリセット」と入力

マクロ名(M): 表のリセット
ショートカット キー(K): Ctrl+
マクロの保存先(I): 作業中のブック
説明(D):

4 ［OK］をクリック

使いこなしのヒント
マクロ名の命名規則を覚えよう

マクロ名は、漢字、ひらがな、カタカナ、アルファベット、数字、アンダースコア「_」が使えます。ただし、先頭に数字は使えません。アルファベットの大文字と小文字は区別されません。また、「Sub」や「End」などあらかじめ用途が決められているキーワードと同じ単語は使えません。これら命名規則に反する名前を指定しようとするとエラーメッセージが表示されますので、名前を付け直してください。

ここに注意

［セキュリティリスク］の警告（赤）が表示された場合は、337ページを参照してください。

時短ワザ
ステータスバーのアイコンを使って開始する

ステータスバーの左側にあるアイコンをクリックすると［マクロの記録］画面が表示されます。

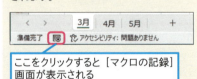

ここをクリックすると［マクロの記録］画面が表示される

2 記録したい操作を行う

ここでは表のデータとセルの色を
リセットする操作を記録する

1 セルA4 ～ D8を
ドラッグして選択

2 Delete キーを押す

表のデータが消去された

3 ［ホーム］タブを
クリック

4 ［塗りつぶしの色］の
ここをクリック

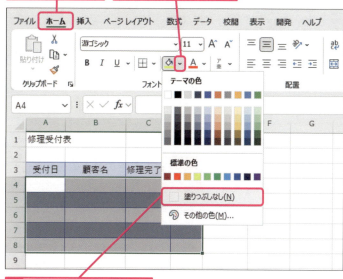

5 ［塗りつぶしなし］をクリック

---

04 マクロの記録

使いこなしのヒント
記録時は慎重に操作しよう

マクロの記録中は、Excel上で行った操作が、行った順序でほぼすべて記録されます。マクロの記録を開始する前に、操作の予行演習をして、記録中はスムーズに操作できるようにしておくといいでしょう。なお、描画ツールでのドラッグ操作など、記録できない操作があることも覚えておいてください。

使いこなしのヒント
［元に戻す］ボタンで操作を取り消せる

マクロの記録中に、間違えてセルの内容を消してしまったなど、操作を間違えた場合は、直後であれば［元に戻す］ボタンをクリックして操作を取り消せば、その内容は記録されません。

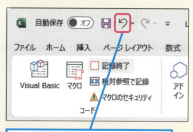

［元に戻す］ボタンをクリックすると
操作を取り消すことができる

使いこなしのヒント
マクロはどこに保存されるの？

マクロの保存先は、初期設定では［作業中のブック］が選択されています。この場合、現在最前面に表示されているブックにマクロが作成されます。別の項目が表示されている場合は、［作業中のブック］を選択しておいてください。

3 マクロの記録を終了する

表の塗りつぶしが解除された　　1 セルA3をクリック

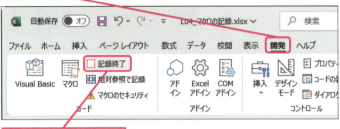

2 [開発] タブをクリック

3 [記録終了] をクリック

マクロの記録が終了した

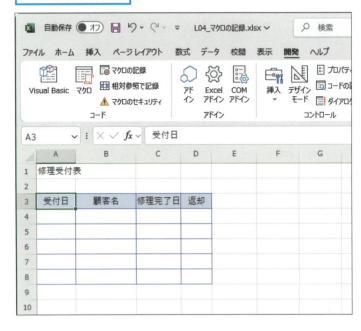

⏱ 時短ワザ

ステータスバーのアイコンを使って終了する

マクロの記録中にステータスバーの左側にアイコン□が表示されています。これをクリックするとマクロの記録が終了し、アイコンが元に戻ります。

1 ここをクリックするとマクロの記録が終了する

👉 まとめ　最後のセルの位置を意識しよう

手順3では、最後にセルA3をクリックしてマクロの記録を終了しています。範囲を選択したままで終わるのではなく、次の操作がしやすくなる位置など、基準となるセルに移動して終了するといいでしょう。

スキルアップ

相対参照でマクロを記録してみよう

L04_相対参照.xlsm

［開発］タブの［相対参照で記録］ボタンをオンにすると、セルの参照方法がアクティブセルに対する相対的な位置（例えば、アクティブセルの1行下で2列右のセル）で記録されます。そのため、処理の対象となるセルは、マクロ実行時のアクティブセルの位置を基準にしたセルになり、臨機応変な処理に対応できます。

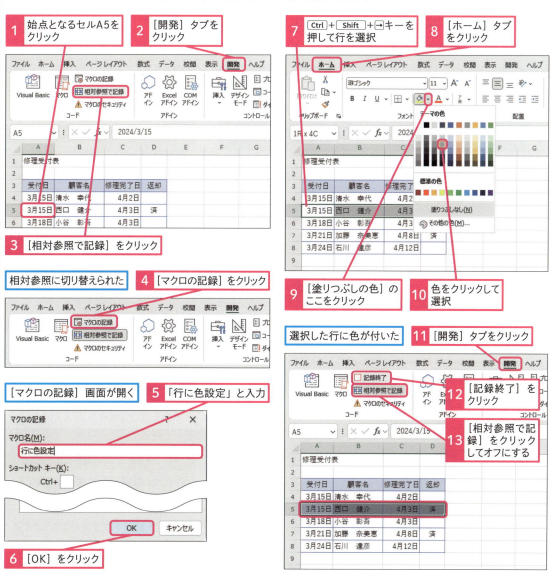

使いこなしのヒント

相対参照とは

相対参照とは、特定のセルを起点として「1つ上の行で2つ右の列」のように相対的な位置にあるセルやセル範囲を参照する方法です。［相対参照で記録］では、マクロの記録開始時のアクティブセルを起点として、相対的な位置にあるセルやセル範囲を処理の対象として指定することができます。

レッスン 05 マクロを含むブックを保存して開こう

マクロを含むブックの保存・開く | 練習用ファイル　L05_保存.xlsm

マクロを含むブックは、安全性の観点からファイルの種類を［マクロ有効ブック］として保存します。ブックを開く場合も、基本的にはマクロが実行できない状態で開きます。ここでは、保存方法と開き方をそれぞれ確認してください。

キーワード

拡張子	P.341
セキュリティの警告	P.343
マクロ有効ブック	P.345

1 「マクロ有効ブック」として保存する

ここではレッスン04で作成したブックを「マクロ練習.xlsm」として保存する

1 ［ファイル］タブをクリック

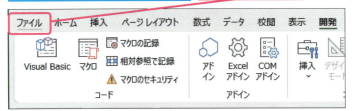

［ホーム］画面が表示された

2 ［名前を付けて保存］をクリック

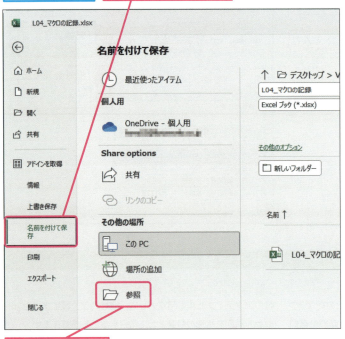

3 ［参照］をクリック

使いこなしのヒント
通常のブックとして保存できない

マクロを含むブックは、通常のブックとして保存することができません。保存しようとすると、以下のメッセージが表示されます。［はい］をクリックすると通常のブックとして保存できますが、マクロは削除されます。マクロを保存したい場合は、［いいえ］をクリックしてファイルの種類を［マクロ有効ブック］に変更します。

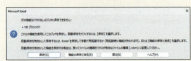

ショートカットキー
［名前を付けて保存］画面を開く　F12

使いこなしのヒント
アイコンの種類と拡張子が異なる

マクロ有効ブックと通常のブックでは、エクスプローラーなどで表示されるアイコンの種類とファイルの拡張子が異なります。拡張子は、マクロ有効ブックは「.xlsm」、通常ブックは「.xlsx」です。ファイルを選択するときの目安となります。

● 保存場所を指定する

[名前を付けて保存]画面が表示された

4 [ドキュメント]をクリック

5 「マクロ練習」と入力

6 [Excelマクロ有効ブック]を選択

7 [保存]をクリック

2 開いたブックのマクロを有効にする

保存したファイルを開いてセキュリティの警告を解除する

1 先ほど保存した「マクロ練習」ブックをExcelで開く

マクロは無効化された状態になっている

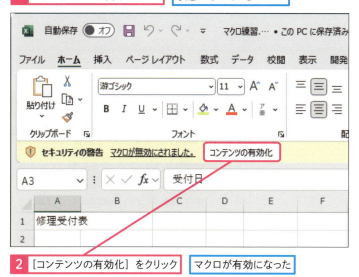

2 [コンテンツの有効化]をクリック

マクロが有効になった

💡 使いこなしのヒント
セキュリティに関する通知画面が表示された場合は

VBAを記述するためのツールであるVBEを起動しているときにマクロを含むブックを開くと以下の画面が表示されます。[マクロを有効にする]をクリックするとマクロが実行できる状態でブックが開きます。VBEの使い方については、レッスン07で紹介します。

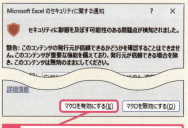

1 [マクロを有効にする]をクリックしてマクロを有効にして開く

💡 使いこなしのヒント
拡張子を表示するには

ファイルの拡張子を表示したい場合は、フォルダー上側の[表示]→[表示]→[ファイル名拡張子]をクリックします。

[ファイル名拡張子]をクリックすると拡張子が表示される

📘 まとめ マクロを含むブックの扱いに注意しよう

マクロを含むブックは、通常のブックとは扱いが異なることを覚えましょう。マクロを含むブックを開くときは、信頼できることを確認してからマクロを有効にしてください。なお、一度マクロを有効にすると、次からはマクロが有効な状態でブックが開くようになります。

レッスン 06 マクロを実行しよう

マクロの実行　　　**練習用ファイル** L06_マクロの実行.xlsm

作成したマクロを実行してみましょう。マクロの実行方法はいくつかありますが、ここでは［マクロ］画面で保存されているマクロの一覧からマクロを選択して実行する方法を紹介します。

キーワード

［開発］タブ	P.340
相対参照	P.343
マクロ	P.344

ショートカットキー

［マクロ］画面を表示する
Alt + F8

1 ［マクロ］画面からマクロを実行する

1 ［開発］タブをクリック

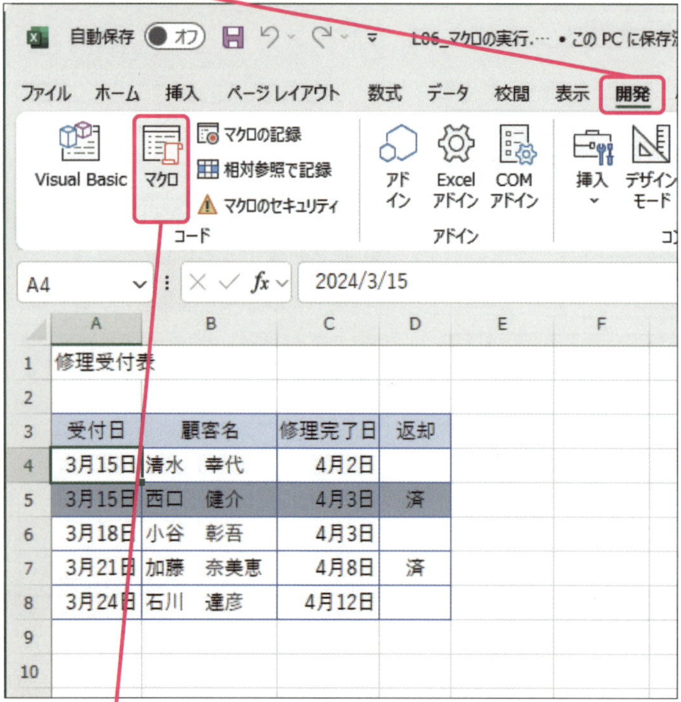

2 ［マクロ］をクリック

使いこなしのヒント

［マクロの保存先］で表示するマクロの数を調整できる

手順1では1つのブックしか開いていませんが、マクロを含むブックを複数開いている場合、［マクロの保存先］が［開いているすべてのブック］だと一覧に多くのマクロが表示されてしまい選びにくいことがあります。そのような場合は［マクロの保存先］で［作業中のブック］を選択すると最前面に表示されているブックに保存されているマクロだけが表示されます。また、［マクロの保存先］からブック名を選択するとそのブックに保存されているマクロだけが表示されます。

●マクロを実行する

[マクロ]画面が表示された　ここでは[表のリセット]マクロを実行する

3 [表のリセット]をクリック

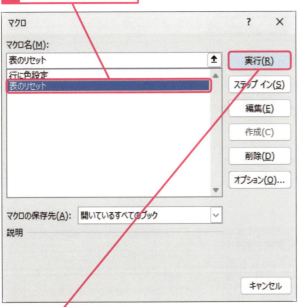

4 [実行]をクリック

[表のリセット]マクロが実行され、表のデータとセルの色がリセットされた

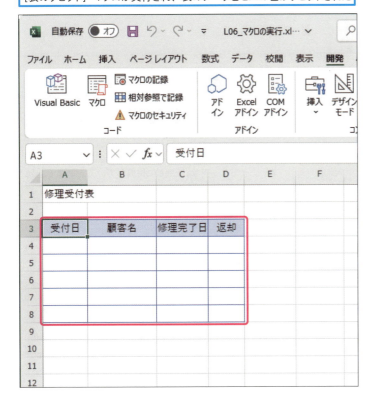

06 マクロの実行

⚠ ここに注意

マクロで実行した処理は、[元に戻す]ボタンを使って元に戻すことはできません。間違えて実行した場合に大切なデータがなくなってしまわないよう、マクロを実行する前にバックアップを取っておくといいでしょう。

💡 使いこなしのヒント
相対参照で記録したマクロを実行する場合は

相対参照で記録したマクロを実行する場合は、[マクロ]画面を表示する前に、アクティブセルを適切な場所に移動しておく必要があります。例えば、**レッスン04**のスキルアップで作成した[行に色設定]マクロの場合は、色を設定したい行の先頭に移動してからマクロを実行します。

💡 使いこなしのヒント
実行時エラーが表示されてしまった場合は

マクロの記録で操作したときは問題なくできたのに、作成したマクロを実行したら実行時エラーになる場合があります。例えば、マクロの記録でグラフを作ったり、ピボットテーブルを作ったりするとよく起こります。これに対処するには、VBAでプログラミングする必要があります。

👍 まとめ
記録したマクロは[マクロ]画面から実行しよう

マクロの記録で作成したマクロは、[マクロ]画面に表示されます。そのため、マクロの記録で作成したマクロの動作確認は[マクロ]画面を使うのが基本です。また、マクロの記録では、アクティブシートが処理の対象となるため、対象となるワークシートを選択してから実行するようにしましょう。

レッスン 07 マクロの中身を見てみよう

マクロの中身 　　**練習用ファイル** L07_マクロの中身.xlsm

マクロの記録で作成したマクロの中身はどうなっているのか見てみましょう。レッスン02でも触れたようにマクロの実体はVBAのプログラムです。自分で行った操作がどのようにプログラムに書き換えられているのか確認しましょう。

キーワード

Subプロシージャ	P.340
VBA	P.340
VBE	P.340

使いこなしのヒント
マクロの中身はVBEで確認する

マクロの中身は、VBAのプログラムなので、確認するには専用の画面を表示します。VBAは、VBEというプログラム作成ツールを使ってプログラムを作成します。[マクロ]画面の[編集]ボタンをクリックするとVBEが自動で起動し、選択しているマクロに対応するプログラム内にカーソルが表示されます。

1 [マクロ]画面からマクロの内容を表示する

1 [開発]タブをクリック
2 [マクロ]をクリック

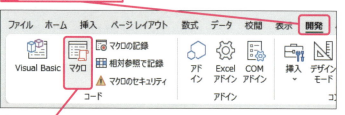

[マクロ]画面が表示された

ここでは[表のリセット]マクロの中身を確認する

3 [表のリセット]をクリックして選択

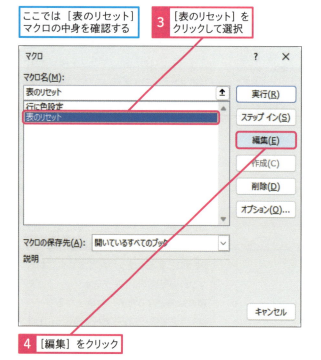

4 [編集]をクリック

用語解説
VBE

VBEとは、Visual Basic Editorの略で、VBAでプログラミングをするためのツールです。Excelに付属していて、単独で起動することはできません。

使いこなしのヒント
[開発]タブからVBEを起動する

[開発]タブをクリックし、[Visual Basic]をクリックしてもVBEを起動することができます。

●VBEで中身を確認する

VBEが起動した　選択したマクロの中身が表示された

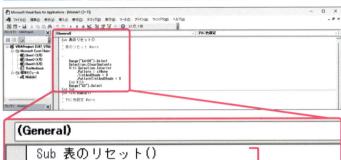

```
Sub 表のリセット()
'
' 表のリセット Macro
'

    Range("A4:D8").Select
    Selection.ClearContents
    With Selection.Interior
        .Pattern = xlNone
        .TintAndShade = 0
        .PatternTintAndShade = 0
    End With
    Range("A3").Select
End Sub
```

VBAで記述された内容が確認できる

「Sub」から「End Sub」までが1つのマクロになっている

2　VBEからExcelに切り替える

VBEの画面からExcelの画面に切り替える

1　[表示 Microsoft Excel] ボタンをクリック

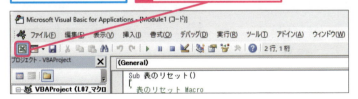

VBEは起動したままExcelの画面に切り替わった

	A	B	C	D	E	F	G	H
1	修理受付表							
2								
3	受付日	顧客名	修理完了日	返却				
4	3月15日	清水 幸代	4月2日					
5	3月15日	西口 健介	4月3日	済				
6	3月18日	小谷 彰吾	4月3日					
7	3月21日	加藤 奈美恵	4月8日	済				
8	3月24日	石川 達彦	4月12日					

A4セル: 2024/3/15

ショートカットキー
VBEの起動
　　　　　　　Alt + F11

使いこなしのヒント
Excelを終了するとVBEも終了する

VBEは、Excelに付属しているため、Excelを終了すると、VBEも同時に終了します。

ショートカットキー
Excelに切り替える
　　　　　　　Alt + F11

まとめ
VBAの表記に慣れておこう

起動したVBEでは、マクロの記録によってVBAで記述されたプログラムが表示されます。手順1で確認した内容では「Sub 表のリセット()」から始まり、「End Sub」で終わっています。これがマクロの単位になります。書かれている内容をみると、「Select」(選択する)や「ClearContents」(内容を消去する)のように英語の意味からなんとなく意味を類推しやすいため、親しみやすいと思います。また、この画面でマクロを編集することができます。それには、VBAの知識が必要ですが、マクロ名を変更する程度であれば簡単に修正できるでしょう。

レッスン 08 マクロを削除しよう

マクロの削除　　**練習用ファイル** L08_マクロの削除.xlsm

間違って作成したり、不要になったりしたマクロはすぐに削除しましょう。マクロを誤って実行し、大切なデータを失ってしまうと大変です。ここでは［マクロ］画面からマクロを削除します。

キーワード
［開発］タブ	P.340
VBE	P.340
マクロ	P.344

1 ［マクロ］画面で不要なマクロを削除する

1 ［開発］タブをクリック

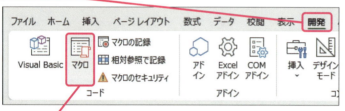

2 ［マクロ］をクリック

［マクロ］画面が表示された

ここでは［表のリセット］マクロを削除する

3 ［表のリセット］をクリックして選択

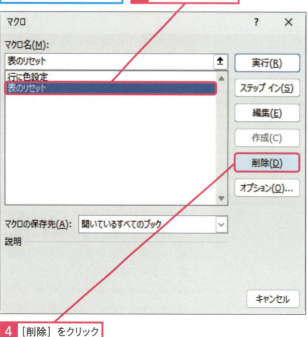

4 ［削除］をクリック

使いこなしのヒント
VBEでマクロを削除するには

VBEで削除したいマクロを表示し、「Sub マクロ名」の行から「End Sub」の行までをドラッグして選択したら、Delete キーを押します。

コードをドラッグして選択し、Delete キーを押して削除する

使いこなしのヒント
間違えてマクロを削除した場合は

間違えてマクロを削除した場合は、直後であればVBEの［元に戻す］ボタンで復活させることができます。あるいは、ブックを保存しないでいったん閉じ、再度開いてみてください。

●マクロを削除する

マクロの削除を確認する画面が表示された

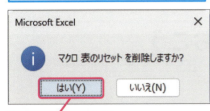

5 [はい] をクリック

マクロが削除されたかどうか確認する　　6 [開発] タブをクリック

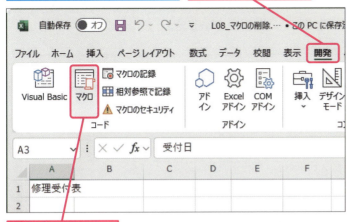

7 [マクロ] をクリック

[マクロ] 画面が表示された　　[表のリセット] マクロが削除されていることが確認できる

使いこなしのヒント

マクロを削除して通常ブックとして保存するには

ブックに含まれるマクロをすべて削除して通常ブックとして保存したい場合は、Excelの [名前を付けて保存] 画面でファイルの種類を [Excelブック] に変更し保存します。以下のメッセージが表示されたら、[保存] ボタンをクリックしてください。ブック内のすべてのマクロが自動的に削除され通常のブックとして保存されます。

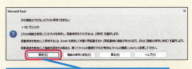

[保存] をクリックするとブック内のすべてのマクロが削除される

まとめ　不要なマクロは残さない

マクロの記録でマクロを作成した場合、操作ミスでうまく記録できなかったマクロや、表のサイズが変わったことで作り直さないといけなくなったマクロなど、誤って実行することによるデータ消失の危険を避けるために、不要なマクロは残さず、すぐに削除するようにしてください。

この章のまとめ

基本操作を覚えておこう

この章では、マクロの概要と基本的な操作を紹介しました。これからマクロを扱っていく上で土台となる知識ですので、しっかり覚えておきましょう。また、マクロの記録という機能を使ってマクロを作成してみましたがいかがでしたか？ 自動で動くとわくわくしませんか？ でも、業務に合わせたより複雑な処理を行うにはマクロの記録だけでは対応できなさそうだということも感じているのではないでしょうか。第2章からはいよいよVBAの学習が始まります。

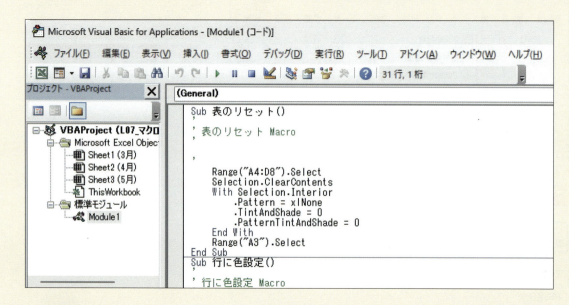

なんとなくですけど、マクロのことがわかってきました。

最初はそれでバッチリです！ 練習用ファイルを使って、基本的な操作を覚えておきましょう。

プログラミングにも興味が出てきました！

VBAを使うと、さらに複雑な処理を自動化できます。次の章でVBAの書式などを解説しますので、しっかりマスターしましょう！

基本編

第2章

マクロを作ってみよう

この章では、VBAの概要や、VBAでマクロを作成する画面、作成手順や実行方法、エラー発生時の対処方法やわからないことの調べ方など、VBAでマクロを作成するときに覚えておくべき基礎知識を紹介します。

09	VBAを使ってみよう	48
10	VBAとは何かを知ろう	50
11	マクロを作成する画面を表示しよう	52
12	マクロを作成してみよう	54
13	マクロ作成で覚えておきたいこと	58
14	いろいろな実行方法を覚えよう	60
15	エラーの対処法を覚えておこう	64
16	わからないことを調べるには	66

レッスン 09

Introduction この章で学ぶこと

VBAを使ってみよう

ここからは、いよいよVBAを使っていきます。プログラムを作ったことがないと心配に思ってしまう方もいるかもしれませんね。ここでは、VBAでマクロを作成するための基本をみっちり解説します。1つ1つ丁寧に進めていきますので安心してついてきてください。

プログラミングなんて怖くない！

え～プログラミングしなくちゃダメですか？全然やったことないんですけど……。

そう言うと思ってました！ 大丈夫、画面に表示されている内容から、1つ1つ紹介しますよ。ゆっくり進めましょう。

Excelに付属するVBEを使おう

Excelにはもともと、VBE（Visual Basic Editor）という専用のプログラミングツールが付属しています。普段は表示されていませんが、設定をちょっと変更するだけですぐに使えるんですよ。

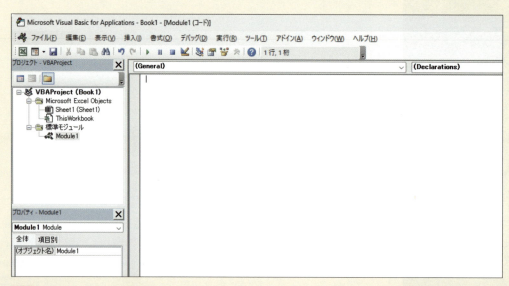

文字を入力してすぐに実行できる！

早速、プログラミングしてみましょう。コードをよく見て入力すればできあがり！　ボタンを押すだけで、Excel上ですぐに実行できますよ♪

すごい！　こんなに簡単だったんだ！

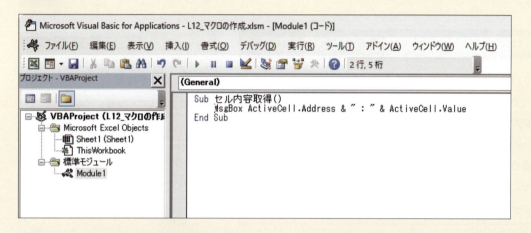

ミスを防ぐのも大事

手軽にできるとはいえ、そこはプログラムなので、間違いがあると動きません。正確にコードを入力するコツや、エラーが出たときの対処方法も紹介します。

コードを修正する機能も付いてるんですね。エラーが出ても慌てなくて済みそうです！

レッスン 10 VBAとは何かを知ろう

VBAの基礎　　　　　　　　　**練習用ファイル**　なし

VBAとは、「Visual Basic for Applications」の略で、マイクロソフト社のOfficeアプリケーション用に開発されたプログラミング言語です。Excelで処理を自動化する場合は、VBAを使ってプログラムを作成します。

キーワード

コメント	P.342
ステートメント	P.342
プロシージャ	P.344

VBAはExcelに処理を指示するための言語

レッスン02で、マクロはExcelの操作を自動実行するための指示書であり、その指示書の内容はVBAによって作成されたプログラムです、と説明しました。指示書の内容をコンピューターに理解してもらうためには、コンピューター用の言語にしないと伝わりません。Excelの場合は、VBAというプログラミング言語を使うことでコンピューターに処理を指示します。

使いこなしのヒント

コンピューター内でさらに違う言語に変換される

実際には、人間が理解できるVBAのプログラム（ソースコード）はさらに機械語（オブジェクトコード）に変換して直接コンピューターが理解できるようにします。この変換をコンパイルといいます。

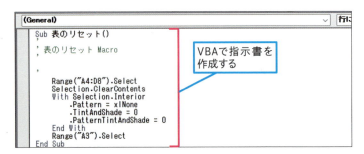

VBAで指示書を作成する

VBAで作成されたマクロの構成

VBAで作成されたマクロは、次のような構成になっています。ここで、マクロを構成する用語を覚えておきましょう。「Sub マクロ名()」から「End Sub」までが1つのマクロとなります。VBAでは、このひとまとまりの処理単位を「プロシージャ」といいます。

●マクロの構成

◆コメント
◆プロシージャ
◆ステートメント

使いこなしのヒント

コメントを使って連絡事項を残しておく

先頭に「'」（アポストロフィ）を付け、コメントにすると、マクロ実行時に無視されます。そのため、連絡事項用のメモ書きとして残したり、一時的に実行したくないステートメントをコメントにしたりできます。また、行の途中に「'」を入力すれば、以降の文字列をコメントにすることもできます。

名称	説明
プロシージャ	「Sub マクロ名」から「End Sub」までのひとまとまりの処理の単位。Subで始まるプロシージャを「Subプロシージャ」という。マクロの記録ではSubプロシージャが作成される
コメント	マクロの説明書き。文字列の前に「'」（アポストロフィ）を記述すると文字列として扱うことができ、命令文にはならない。通常、緑色で表示される
ステートメント	1つの命令の単位。通常は1行で1ステートメント。「:」（コロン）を使用すると1行に複数のステートメントが記述できる

●VBAで記述されたマクロの例

1	Sub␣表のリセット()⏎
2	[Tab] Range("A4:D8").Select⏎
3	[Tab] Selection.ClearContents⏎
4	[Tab] With␣Selection.Interior⏎
5	[Tab][Tab] .Pattern␣=␣xlNone⏎
6	[Tab][Tab] .TintAndShade␣=␣0⏎
7	[Tab][Tab] .PatternTintAndShade␣=␣0⏎
8	[Tab] End␣With⏎
9	[Tab] Range("A3").Select⏎
10	End␣Sub

1	マクロ［表のリセット］を開始する
2	セル範囲A4〜D8を選択する
3	選択されている範囲のデータを消去する
4	選択されている範囲の塗りつぶしについて以下の処理を行う（Withステートメントの開始）
5	網掛けはなしに設定する
6	色の濃淡は0に設定する
7	網掛けの濃淡は0に設定する
8	Withステートメントを終了する
9	セルA3を選択する
10	マクロを終了する

VBAのマクロは行ごとに意味を翻訳できる

使いこなしのヒント
ステートメントが単語を指す場合もある

VBAでは、基本的には1行が1ステートメントで1つの命令の単位とされますが、VBAの命令を含む単体の単語もステートメントと呼ばれます。例えば、変数を宣言する「Dim」はDimステートメント、カレントフォルダーを変更する「ChDir」はChDirステートメントといいます。また、「With...End With」のように複数行で構成されるものもあり、これはWithステートメントといいます。

用語解説
キーワード

VBAによってあらかじめ意味が割り当てられている単語のことをキーワードといいます。予約語ともいい、キーワードと同じ文字列をマクロ名や変数名などに使用することはできません。

まとめ　VBAの実体を知ろう

VBAとはどのようなものなのか、実際のマクロを例に紹介しました。中身を見ると複雑そうに思えるかもしれませんが、一定のパターンで作成されているので、基本の構成をきちんと押さえておけば大丈夫です。また、内容を1行ずつ確認していくと、英語の意味と処理が対応していることがわかり、理解のヒントになると思います。

レッスン 11 マクロを作成する画面を表示しよう

VBE　練習用ファイル　なし

VBAでは、「VBE」というツールを使ってマクロを作成します。また、マクロは基本的に標準モジュールという場所に記述します。ここでは、VBEを起動し、標準モジュールを追加してVBAでマクロを作成する準備を整えます。

キーワード

コードウィンドウ	P.342
プロジェクトエクスプローラー	P.344
プロパティウィンドウ	P.344

ショートカットキー

VBEを起動する　Alt + F11

VBEの画面構成を確認する

VBEとは、「Visual Basic Editor」のことでVBAでマクロを作成するときに使います。VBEは、Excelに付属しているツールなので新しくインストールする必要はありませんが、単独で起動することはできません。そのため、Excelが終了するとVBEも同時に終了します。
VBEは、基本的に［プロジェクトエクスプローラー］、［プロパティウィンドウ］、［コードウィンドウ］の3つの画面で構成されます。

用語解説

標準モジュール

マクロは標準モジュールという場所に記述していきます。標準モジュールはブック内にいくつでも追加できます。また、標準モジュールには、複数のマクロ（プロシージャ）を記述することができます。別々の標準モジュールに作成されたマクロは切り取り・貼り付けで、1つのモジュールにまとめることができます。

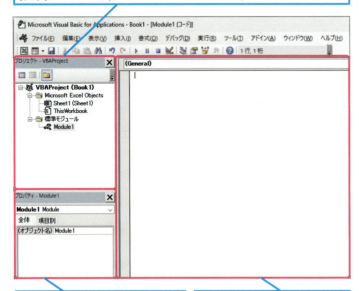

◆プロジェクトエクスプローラー
ブック（プロジェクト）内に作成されるモジュールを一覧表示し、管理する。［表示］メニュー→［プロジェクトエクスプローラー］で表示する

◆プロパティウィンドウ
現在選択されているモジュールやユーザーフォームやコントロールなどのオブジェクトの設定値の確認や編集をする。［表示］メニュー→［プロパティウィンドウ］で表示する

◆コードウィンドウ
モジュールを開いた画面で、マクロを記述する場所。モジュールをダブルクリックするか、モジュールを右クリックして［コードの表示］で表示する

使いこなしのヒント

VBEからExcelに戻るには

VBEからExcelに戻るには、VBEのツールバーの左端にある［表示 Microsoft Excel］ボタン📊をクリックします。この場合、VBEは起動したままExcelが表示されます。また、VBEのタイトルバー右端にある［閉じる］ボタン❌をクリックするとVBEが終了してExcelに戻ります。なお、Alt + F11 キーを押すごとにExcelとVBEを切り替えることができます。

1 VBEを起動して標準モジュールを追加する

Excelを起動しておく

1 [開発] タブをクリック

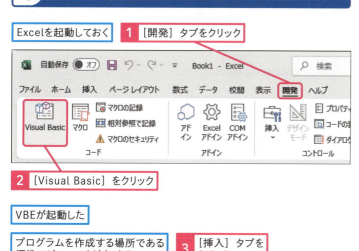

2 [Visual Basic] をクリック

VBEが起動した

プログラムを作成する場所である標準モジュールを追加する

3 [挿入] タブをクリック

4 [標準モジュール] をクリック

標準モジュール「Module1」が追加された

コードウィンドウが表示された

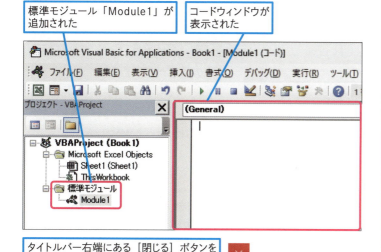

タイトルバー右端にある [閉じる] ボタンをクリックすると終了する

使いこなしのヒント

標準モジュールを削除するには

追加した標準モジュールを削除するには、プロジェクトエクスプローラーで削除したい標準モジュールを右クリックし、[(モジュール名) の解放] をクリックし、次に表示される画面で [いいえ] をクリックします。

削除したい標準モジュールを右クリックして [(モジュール名) の解放] をクリックする

ここに注意

複数のブックを開いている場合、プロジェクトエクスプローラーには、開いているすべてのブックが表示されます。標準モジュールを追加する前に、マクロを保存したいブック名をクリックして選択してから標準モジュールを追加してください。

まとめ　VBAの作成はここからスタートする

このレッスンではVBEを起動してみました。マクロの作成は、VBEを起動し、標準モジュールを追加することからスタートします。[マクロの記録] 画面を使用した場合（レッスン04参照）も、自動的に標準モジュールが追加され、そこにマクロが記録されていきます。VBEの3つの画面の役割と、標準モジュールの追加方法をしっかり確認しておきましょう。

レッスン 12 マクロを作成してみよう

VBAでマクロ作成 | **練習用ファイル** L12_マクロの作成.xlsm

VBAを使ってマクロを作成してみましょう。ここでは、VBAでマクロを作成して実行するまでの流れを確認してください。VBEには入力を補助する入力支援機能が用意されています。その利用方法もあわせて確認しましょう。

キーワード
VBA	P.340
VBE	P.340
コード	P.342

1 作成するマクロの内容を確認する

このレッスンでは、アクティブセルのセル番地とセルの内容をメッセージで表示する簡単なマクロを作成していきます。以下は、VBEで入力するマクロの例と、その意味です。これから作成するマクロの内容を確認してください。

●入力例

1	Sub␣セル内容取得()⏎
2	[Tab] MsgBox␣ActiveCell.Address␣&␣"␣:␣"␣&␣ActiveCell.Value⏎
3	End␣Sub

1	マクロ［セル内容取得］を開始する
2	アクティブセルのセル番地と「：」とアクティブセルの値をメッセージ表示する
3	マクロを終了する

使いこなしのヒント
単語を確認しておこう

このレッスンでは以下のような単語を入力します。それぞれの詳しい使い方は別のレッスンで紹介します。

・MsgBox関数（レッスン90）
　メッセージを表示するVBA関数
・ActiveCellプロパティ（レッスン29）
　アクティブセルを参照する
・Addressプロパティ
　指定したセルのセル番地を参照する
・Valueプロパティ（レッスン39）
　指定したセルなどのオブジェクトの内容を参照する

使いこなしのヒント
入力はすべて半角で行う

コードの入力は、マクロ名やコード内の「"」（ダブルクォーテーション）で囲まれた文字列以外はすべて半角で行います。

2 マクロの名前を入力する

Excelで「L12_マクロの作成.xlsm」を開いておく

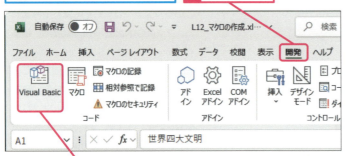

1 ［開発］タブをクリック
2 ［Visual Basic］をクリック

ここに注意
本書の練習用ファイルには、あらかじめ白紙の標準モジュール「Module1」が追加されています。練習用ファイルを開いて、VBEを起動したら、［Module1］をダブルクリックしてコードウィンドウを表示してください。

● 名前を入力する

VBEが起動した ｜ 3 「sub セル内容取得」と入力

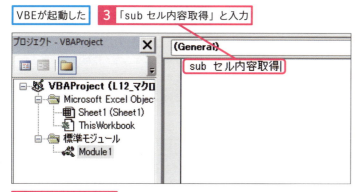

4 Enterキーを押す

カーソルが2行目に移動した ｜ 1行目の「sub」が「Sub」に変換された ｜ 行末に「()」が追加された

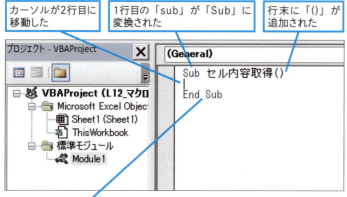

3行目に「End Sub」が追加された

3 マクロの内容を入力する

続けてマクロの内容を入力していく

1 Tabキーを押す ｜ 2 「MsgBox ActiveCell.」と入力

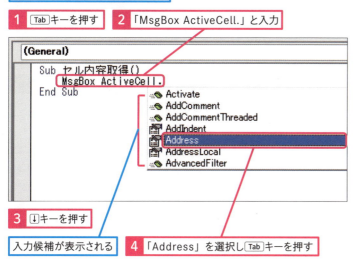

3 ↓キーを押す

入力候補が表示される ｜ 4 「Address」を選択しTabキーを押す

使いこなしのヒント
命名規則を知ろう

マクロ名や変数名などの名前の付け方には次のような規則があります。規則に反する名前を付けようとするとエラーになります。

・漢字、ひらがな、カタカナ、アルファベット、数字、アンダースコア（_）が使える。
・先頭文字に数字やアンダースコア（_）は使えない。例：×…1月、○…一月、×…_test、○…test_1
・用途が決められている予約語は使用できない。

用語解説
Subプロシージャ

Subプロシージャは、指定した処理を実行させるために基本的に作成されるマクロです。マクロの記録では必ずSubプロシージャが作成されます。

使いこなしのヒント
入力時の大文字と小文字は区別しなくていい

マクロの入力時に小文字で「sub」と入力しても、正しく入力されていると自動的に「Sub」と正しい表記に変換されますので、大文字小文字の区別を気にせずにすべて小文字で入力しても問題ありません。逆に自動的に変換されることを利用して、正しく入力できているかどうかの判断ができます。

用語解説
コード

VBAで記述するマクロの内容のことをプログラミング用語で「コード」または「ソースコード」といいます。

●マクロの続きを入力する

「Address」が追加された

5 「 & " : " & ActiveCell.」と入力

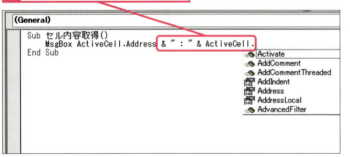

6 「V」と入力　Vで始まる入力候補が表示される

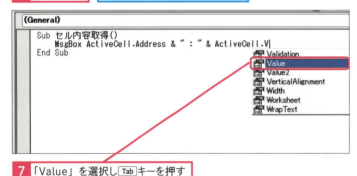

7 「Value」を選択し Tab キーを押す

「Value」が追加された

```
(General)
Sub セル内容取得()
    MsgBox ActiveCell.Address & " : " & ActiveCell.Value
End Sub
```

マクロが完成した

使いこなしのヒント
入力支援機能

VBEには、間違いなく効率的に入力するためのさまざまな入力支援機能が用意されています。詳細はレッスン16のスキルアップを参照してください。

用語解説
自動インデント

行頭で Tab キーを押して字下げを設定すると、2行目以降の行で前の行と同じ位置にカーソルが表示される機能で、書き出しの位置を揃えることができます。

用語解説
自動クイックヒント

関数やプロパティなどを入力したときに自動的にその構文がポップヒントで表示される機能です。

用語解説
自動メンバー表示

マクロの内容を入力しているときに、「.（ピリオド）」を入力したタイミングなどで、入力候補となる一覧が表示される機能です。目的の項目を選択するには、矢印キーを押して目的の項目を選択し、Tab キーを押します。

使いこなしのヒント
文字列を入力する場合は

マクロの中で文字列を入力する場合は、半角の「"（ダブルクォーテーション）」で囲みます。VBAのコードの中で単語と組み合わせる場合は、操作5のように「&（アンパサンド）」でつなげて指定します。なお、「&」の前後は半角スペースを空けてください。

4 VBEからマクロを実行する

完成したマクロを動作確認する

1 ［Sub/ユーザーフォームの実行］をクリック

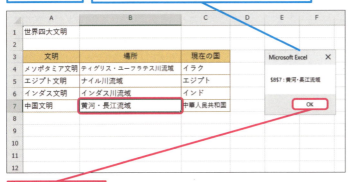

Excelの画面に切り替わった

アクティブセルのセル番地と「：」とアクティブセルの値がメッセージ表示された

2 ［OK］をクリック

メッセージが閉じた

3 違うセルをクリックして選択して同様にマクロを実行する

アクティブセルを変えるとメッセージ表示も切り替わる

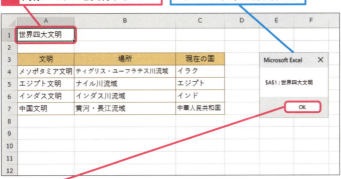

4 ［OK］をクリック

メッセージが閉じるので［閉じる］ボタンをクリックしてExcelを閉じる

使いこなしのヒント
VBEからマクロを実行するには

作成したマクロをVBEから実行する場合は、実行したいマクロの中でクリックしてカーソルを移動してから、［Sub/ユーザーフォームの実行］ボタンをクリックします。

ショートカットキー
マクロを実行する　　`F5`

使いこなしのヒント
ExcelとVBEを並べて表示しておこう

VBEからマクロを実行するときは、ExcelとVBEの画面を並べて表示しておくと、動作確認しやすくなり便利です。

用語解説
セル番地

ワークシート内のセルの位置を示すもので、アルファベットの列番号と数字の行番号を組み合わせて指定します。例えば、B列の10行目にあるセルのセル番地は「B10」となります。

まとめ
マクロ作成の流れを押さえよう

マクロを実際に作成してみていかがだったでしょうか。大文字小文字の区別を気にせず入力でき、また、さまざまな入力支援機能が用意されていることから、思っていたよりも難しくなかったのではないでしょうか。これらの機能を活用して、正確で効率の良いマクロ入力を目指しましょう。作成したマクロを実際に実行する方法も紹介しました。この一連の流れが基本となりますので、きちんと確認しておきましょう。

レッスン 13 マクロ作成で覚えておきたいこと

マクロ作成のコツ　　**練習用ファイル** L13_マクロ作成のコツ.xlsm

マクロを作成していると、「1行が長すぎて読みづらい」「どんな内容の処理なのか理解するのに時間がかかる」「処理の一部を一時的に実行しないようにしたい」など、いろいろな要求が出てきます。ここでは、マクロを作成するときに覚えておくと便利なことを紹介します。

キーワード
VBE	P.340
コメント	P.342
マクロ	P.344

1 1行を複数行に分ける

1行が長いとコードが読みにくく、編集しにくい

1 改行したい位置でクリック

```
Sub セル内容取得()
    MsgBox ActiveCell.Address & ":" & ActiveCell.Value
End Sub
```

2 「 _ 」と入力

```
Sub セル内容取得()
    MsgBox ActiveCell.Address & _ ":" & ActiveCell.Value
End Sub
```

3 [Enter]キーを押す

```
Sub セル内容取得()
    MsgBox ActiveCell.Address & _
    ":" & ActiveCell.Value
End Sub
```

コードを改行できた

使いこなしのヒント
1行を複数行に分けて表示するには

コードを記述していると1行が長すぎて読みづらかったり編集しづらくなったりします。VBAでは1行（ステートメント）の途中で勝手に改行するとエラーになってしまいます。VBAで改行する場合は、改行位置で「 _ 」（半角スペース+アンダースコア）を記述してから改行すれば、エラーになることなく複数行に分けて表示できます。

2 説明文を入れる

「'」以降の文字はマクロ実行時には無視され、コメントとして扱われる

1 「'」に続けて説明文を入力

```
Sub セル内容取得2()
    'アクティブセルのアドレス表示
    MsgBox ActiveCell.Address
    'アクティブセルの内容表示
    MsgBox ActiveCell.Value
End Sub
```

コメントは緑色の文字で示される

マクロの内容の説明文をコメントとして残しておくと後から編集する際に参考にできる

使いこなしのヒント
コメント機能をメモとして利用する

「'（アポストロフィー）」を入力すると、それより右側の文字列はコメントとなりマクロ実行時に無視されます。そのため、マクロの中に説明文やメモ書きを残すのに利用できます。特に、コードを後から見直したり、他の人に引き継いだりする場合に、適切な説明文が残されていると、コードを理解しやすくなり便利です。

3 一部の処理を一時的に実行しないようにする

一部のコードを一時的にコメント化して動作しないようにすることもできる

1 [表示] タブをクリック

2 [ツールバー] をクリック
3 [編集] をクリック

ツールバーが表示された
4 コメント化したいコードの行頭をクリック

```
Sub セル内容取得2()
    'アクティブセルのアドレス表示
    MsgBox ActiveCell.Address
    'アクティブセルの内容表示
    MsgBox ActiveCell.Value
End Sub
```

5 [コメントブロック] ボタンをクリック

選択したコードがコメント化された

```
Sub セル内容取得2()
    'アクティブセルのアドレス表示
    MsgBox ActiveCell.Address
    'アクティブセルの内容表示
    '    MsgBox ActiveCell.Value
End Sub
```

使いこなしのヒント
コメント機能で処理を調整する

実行するコードの行頭に「'」(アポストロフィー)を入力すると、その行はコメントとなり実行されません。削除するのではなく、一時的に実行しないようにするだけなので、「'」を削除すればまた実行できます。例えば、「動作確認中なのでプリントアウトの処理はしなくていい」というような場合に該当するコードをコメントにします。

使いこなしのヒント
[コメントブロック] ボタンを使用してまとめてコメント化する

[編集] ツールバーの [コメントブロック] ボタン をクリックすると、選択されている行の先頭に自動的に「'」が付き、コメントにできます。複数行をまとめてコメントにしたい場合に特に便利です。なお、コメントを解除するには、[非コメントブロック] ボタン をクリックします。

まとめ
マクロ作成のコツを知っておこう

後から編集することを考えて、とにかく読みやすいマクロ作成を心がけましょう。長文は意味のわかりやすい位置で改行するといいでしょう。また、コメントを利用して説明文を残しておくと、編集するときの参考になります。さらに、コメント機能を活用すると、一部の処理を一時的に無効にして動作検証するといったことも可能になります。

レッスン 14 いろいろな実行方法を覚えよう

マクロの実行 | **練習用ファイル** L14_マクロの実行.xlsm

完成したマクロを使うために、ユーザーが使いやすいように設定しておきましょう。例えば、クイックアクセスツールバーやワークシート上にボタンを配置しておけば簡単に実行できます。ここでは、マクロのいろいろな実行方法を紹介します。

キーワード
[開発] タブ	P.340
Excelのオプション	P.340
ワークシート	P.345

1 クイックアクセスツールバーから実行する

1 任意のタブ上で右クリック
2 [リボンのユーザー設定] をクリック

[Excelのオプション] 画面が開いた

3 [クイックアクセスツールバー] をクリック

4 [マクロ] を選択
5 [(ブック名) に適用] を選択

使いこなしのヒント
ボタンを押すだけでマクロを実行できる

クイックアクセスツールバーにマクロ用のボタンを配置すると、常にボタンが表示されているのでいつでもマクロを実行できます。

使いこなしのヒント
別のブックにマクロが実行されることを防ぐ

[クイックアクセスツールバーのユーザー設定] で [(ブック名) に適用] を選択すると、そのブックが最前面に表示されているときだけボタンが表示されるので、誤って別のブックに対してマクロが実行されることを防げます。なお、[すべてのドキュメントに適用（既定）] を選択するとExcelが起動している間は常に表示されるため、汎用的なマクロを作成したときに便利です。

●コマンドを追加する

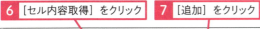
コマンド［セル内容取得］を追加する

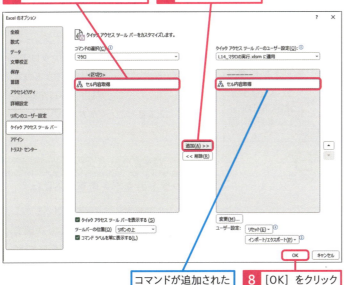

6 ［セル内容取得］をクリック
7 ［追加］をクリック
コマンドが追加された
8 ［OK］をクリック

コマンド［セル内容取得］がクイックアクセスツールバーに表示された

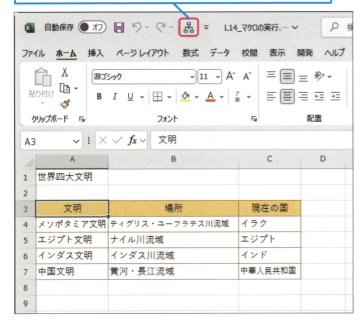

使いこなしのヒント
ボタンのイラストは変更できる

マクロを割り当てたボタンのイラストを変更することができます。操作7の後、右下にある［変更］ボタンをクリックすると表示される［ボタンの変更］画面で、イラストを選択し、[OK]ボタンをクリックします。

1 変更したいイラストをクリック

2 ［OK］をクリック

ボタンのイラストが変更された

使いこなしのヒント
クイックアクセスツールバーに追加したボタンを削除するには

クイックアクセスツールバーに追加したボタンを削除するには、削除したいボタンで右クリックし、［クイックアクセスツールバーから削除］をクリックします。

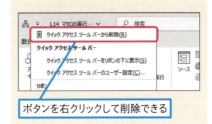

ボタンを右クリックして削除できる

2 ワークシートにボタンを配置して実行する

ここではワークシート上にマクロのボタンを配置する

1 [開発] タブをクリック

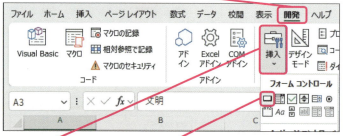

2 [挿入] をクリック　　**3** [ボタン（フォームコントロール）] をクリック

4 ワークシート上でドラッグ

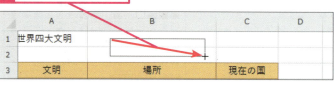

[マクロの登録] 画面が表示された

5 登録するマクロをクリック

6 [OK] をクリック

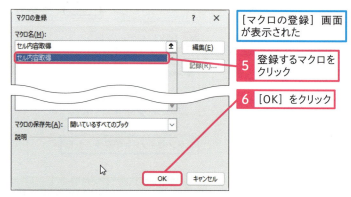

ボタンが配置された

7 ボタンの文字上でクリック　　**8** 「セル内容表示」と入力

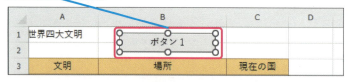

ワークシートの他のセルをクリックして選択を解除する

使いこなしのヒント
表示中のワークシートにマクロを実行できる

ワークシートにマクロを実行するボタンを配置しておけば、そのワークシートが最前面に表示されている（アクティブシート）時にマクロが実行されます。マクロ実行時のアクティブシートが固定できるので、誤って別のシートに対してマクロが実行されることを防ぐことができます。

使いこなしのヒント
ボタン上の文字を変更するには

ボタンに表示された文字を変更するには、ボタンを右クリックし、[テキストの編集] をクリックします。カーソルが表示されたら、表示したい文字に変更します。変更したら、ワークシートのセルをクリックして確定してください。

使いこなしのヒント
ボタンを編集するには

作成したボタンをサイズ変更、移動、削除したい場合は、Ctrl キーを押しながらボタンをクリックしてボタンを編集状態にします。ボタンの周囲に表示される白いハンドルにマウスポインターをあわせてドラッグするとサイズ変更でき、ボタンの辺上にマウスポインターを合わせてドラッグすると移動できます。また、Delete キーを押すと削除できます。

使いこなしのヒント
マクロ実行時はマウスポインターの形が変わる

マクロを登録したボタンにマウスポインターを合わせると、👆の形に変わります。クリックすると登録したマクロが実行されます。

3 ショートカットキーを割り当てて実行する

ここではマクロにショートカットキー
[Ctrl]+[J]を登録する

1 [開発] タブをクリック

2 [マクロ] をクリック

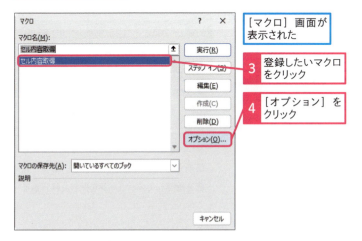

[マクロ] 画面が表示された

3 登録したいマクロをクリック

4 [オプション] をクリック

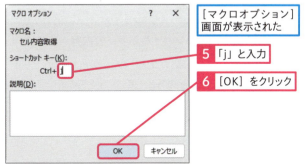

[マクロオプション] 画面が表示された

5 「j」と入力

6 [OK] をクリック

7 ここをクリックして [マクロ] 画面を閉じる

使いこなしのヒント
特定のキーの組み合わせでマクロを実行できる

マクロにショートカットキーを割り当てると、ショートカットキーを押すだけで素早くマクロを実行できます。

使いこなしのヒント
大文字で入力すると[Shift]キーが含まれる

マクロにショートカットキーを割り当てるには、半角のアルファベットで指定します。[マクロオプション] 画面の [ショートカットキー] の入力欄で半角小文字で入力すると、[Ctrl]+[アルファベット] の組み合わせになり、半角大文字で入力すると、[Ctrl]+[Shift]+[アルファベット] の組み合わせになります。

ここに注意

マクロに登録したショートカットキーは、マクロを含むブックを開いている間はExcelに割り当てられているショートカットキーより優先されます。

まとめ
マクロにあった実行方法を使おう

マクロの実行方法には、クイックアクセスツールバーのボタン、ワークシート上のボタン、ショートカットキー、の3種類があることを紹介しました。どれか1つに絞るのではなく、ユーザーがそのマクロを使用するときはどのような実行方法が一番使いやすくなるのかを想定して、マクロごとに最適な実行方法を選択しましょう。

レッスン 15 エラーの対処法を覚えておこう

エラー対処　　練習用ファイル：手順見出しを参照

マクロを記述していると、エラーが発生することがあります。マクロ記述中に発生するエラーには、コンパイルエラーと実行時エラーがあります。それぞれの違いを確認し、適切な対処方法を覚えましょう。

1 コンパイルエラーに対応する

L15_コンパイルエラー.xlsm

コードの文法ミスがあると該当部分が赤字で表示される（コンパイルエラー）

エラーメッセージが表示されるので内容を確認する

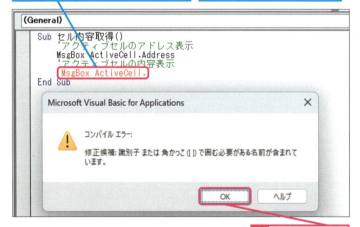

1　[OK] をクリック

2　「Value」と入力

コードが修正されコンパイルエラーが消えた

キーワード

コンパイル	P.342
コンパイルエラー	P.342
デバッグ	P.343

使いこなしのヒント
コンパイルエラーはなぜ発生するの？

マクロの入力中や実行時に文法が間違っている場合にコンパイルエラーが発生します。コンパイルエラーが発生するとエラーメッセージが表示され、間違っている箇所が赤文字で表示されます。エラー内容を確認してメッセージを閉じ、修正してください。

使いこなしのヒント
コンパイルエラーの内容

手順1のコンパイルエラーは、「.」（ピリオド）のあと、カーソルを別の行に移動し、ステートメントが完結していないためのエラーになります。

使いこなしのヒント
マクロ実行時に発生するコンパイルエラーもある

マクロ記述中に発生しなくても、マクロを実行したときにコンパイルエラーが発生するときがあります。例えば、「With」に対応する「End With」が入力されていないような場合に発生します。この場合は、実行時エラーのときと同じ対処法になります。

2 実行時エラーに対応する

L15_実行時エラー.xlsm

マクロを実行すると、エラーメッセージが表示されるので内容を確認する

ここでは「売上表」シートが存在しないために実行時エラーが発生している

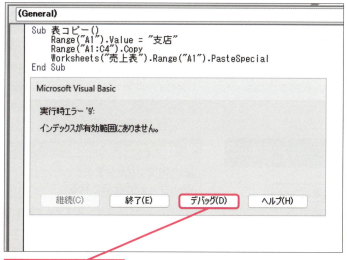

1 [デバッグ] をクリック

VBEが [中断] モードになった

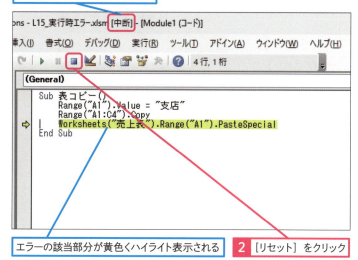

エラーの該当部分が黄色くハイライト表示される

2 [リセット] をクリック

処理が停止された

エラーが発生した箇所の問題点を確認し、修正を行う

ここでは、Excelで [Sheet1] シートのシート名を [売上表] と変更することで解決する

使いこなしのヒント
実行時エラーはなぜ発生するの？

実行時エラーは、マクロを実行したときに処理が正しく実行できない場合に発生します。例えば、指定したワークシートが存在しないとか、ブック名の指定が間違っているといった場合に発生します。実行時エラーが発生すると、実行できない行で処理が止まり、実行時エラーメッセージが表示されます。

用語解説
中断モード

中断モードとは、プロシージャの実行が中断されている状態です。VBEで中断している行が黄色くハイライト表示されます。中断モードの時にコードを修正することができます。

使いこなしのヒント
実行時エラーを解決するには

実行時エラーを解決するには、黄色くハイライト表示された問題のある行を修正します。間違いを解決する作業をデバッグといいます（レッスン97参照）。

まとめ　エラーによって対処法が異なる

コンパイルエラーと実行時エラー、2つのエラーの違いと対処方法について解説しました。コンパイルエラーが表示されたら赤字で表示部分の内容を確認し、修正しましょう。実行時エラーが表示されたらまずは [デバッグ] をクリックして処理を中断し、エラー箇所をきちんと確認してから、[リセット] ボタンでマクロを終了しましょう。

レッスン 16 わからないことを調べるには

オンラインヘルプ　練習用ファイル　なし

［マクロの記録］で作成したマクロの中の単語の意味や文法など、わからないことがある場合は、マイクロソフト社が提供する技術情報のWebサイトに接続して調べることができます。利用するには、インターネットに接続している必要があります。

キーワード

Option Explicit	P.340
コンパイルエラー	P.342
マクロの記録	P.345

1 オンラインヘルプを活用する

ここではインターネットに接続している状態でVBEを起動している

1 知りたい語句をクリック　2 [F1]キーを押す

ブラウザーが起動した　該当する語句の解説ページが表示された

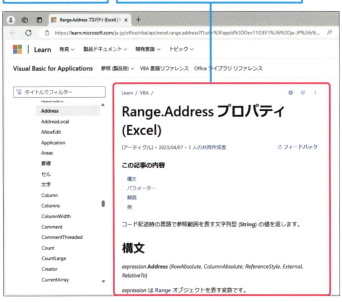

使いこなしのヒント
単語内でクリックするとWebサイトが表示される

マクロの中でわからない単語がある場合、その単語内でクリックしてカーソルを表示し、[F1]キーを押します。マイクロソフト社のWebサイトに接続し、単語の解説画面が表示されます。また、表示されたWebサイトの［検索］ボックスに単語を入力して[Enter]キーを押して調べることもできます。

使いこなしのヒント
インターネットが利用できない場合

インターネットが利用できない場合は、Excel VBAのリファレンス本を手元に置いておくといいでしょう。わからないことをピンポイントで調べることもできますし、単語に関連するいろいろな情報を知ることもできます。

まとめ
手軽に調べられるオンラインヘルプを活用しよう

マクロの中の単語や文法などは最初はよくわからないものです。クリックするだけで専用の解説ページを表示してくれるオンラインヘルプ機能をどんどん活用していきましょう。また、Microsoftの生成AIツールであるCopilotを使って質問する方法もあります（第15章参照）。

スキルアップ

VBEの［オプション］画面を利用するには

入力候補が表示されないとか、コンパイルエラーのメッセージ画面を非表示にしたいといった場合、VBEの［オプション］画面で設定の確認と変更ができます。VBEの［ツール］メニューの［オプション］をクリックして［オプション］画面を表示し、［編集］タブで設定の確認と変更ができます。

初期状態では、以下の画面のような設定になっています。使用する上では、［変数の宣言を強制する］のチェックを付けておきます（レッスン25参照）。また、慣れてきたら［自動構文チェック］のチェックを外してコンパイルエラーメッセージを非表示にするといいでしょう。

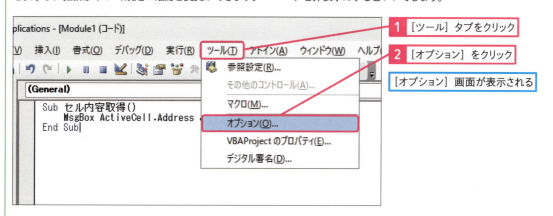

1 ［ツール］タブをクリック
2 ［オプション］をクリック
［オプション］画面が表示される

● ［オプション］画面で設定できる内容

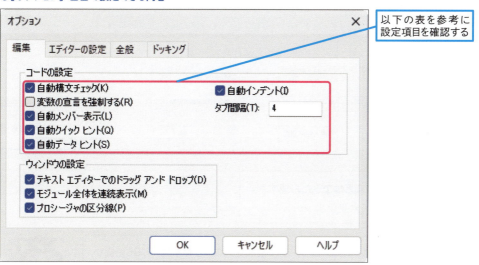

以下の表を参考に設定項目を確認する

設定項目	内容
自動構文チェック	入力時に、次の行に移動したタイミングで構文が正しいかどうかを自動的に確認し、正しくない場合はコンパイルエラーのメッセージを表示する
変数の宣言を強制する	オンにすると、新しくモジュールを追加したときに自動的に「Option Explicit」が追加され、変数の使用を宣言していない場合にメッセージが表示される
自動メンバー表示	入力候補となる一覧を自動的に表示する
自動クイックヒント	入力中に関数などの書式がポップヒントで表示される
自動データヒント	カーソルが表示されている変数の値を表示する。中断モードの場合のみ有効
自動インデント	改行したときに、前の行と同じ開始位置になるように自動的に字下げされる

この章のまとめ

ExcelとVBEの画面を並べて作業しよう

この章では、VBAを使ったマクロの作成手順と、マクロ入力中に注意したいことや実行の仕方など、マクロ作成中に知っておきたい基本的な操作や知識を紹介しました。この章の内容を一通りマスターすれば、マクロ入力中に困ったことがあっても対処することができるでしょう。

また、マクロを作成するときは、VBEとExcelを切り替えながらの作業がとても多くなります。VBEとExcelの切り替えは、Alt+F11キーを活用するといいですね。また、VBEとExcelを横に並べておくと、Excelの画面を見ながら動作確認ができるのでおすすめです。

VBEとExcelの画面を並べて作業すると結果を確認しやすい

とりあえず動かすことはできたんですが、覚えることが多くて大変です……。

まとめて紹介しましたからね。一度に全部覚えようとせずに、VBEを使いながら慣れていきましょう。わからないことが出てきたら、この章に戻ってきて基本を確認するといいですよ。

入力補助がすごく便利でした！

そうですね。VBEにはプログラミングを助けてくれる機能がたくさん搭載されています。デバッグの機能やオンラインヘルプなど、コードが上手く実行できなかったときに活用しましょう！

基本編

第3章

VBAの文法の基本を覚えよう

この章では、VBAの基本となるオブジェクト・プロパティ・メソッドについて学びます。VBAでExcelのセル、ワークシート、ブックなどを処理する場合、処理の対象を正確に指定し、どのように設定し、動かすのかを指示するのに必要となる、最も基本的な文法になります。

17	VBAの基本を覚えよう	70
18	オブジェクト・プロパティ・メソッドは何かを知ろう	72
19	オブジェクトをもっと理解しよう	74
20	プロパティをもっと理解しよう	76
21	メソッドをもっと理解しよう	78
22	引数の設定方法を覚えよう	80
23	オブジェクトを省略して記述するには	82

レッスン 17

Introduction この章で学ぶこと
VBAの基本を覚えよう

Excelでは、主にブックやワークシート、セルに対して操作をします。VBAでこれらを処理するために、オブジェクト、プロパティ、メソッドを使います。この章では、それぞれの概要と指定方法、そして基本構文を紹介します。

基本編 第3章 VBAの文法の基本を覚えよう

VBAの三本柱、ついに登場！

この章から本格的にVBAを学ぶ感じですね。まずは何から始めますか？

はい。この章ではVBAの3つの重要な要素、「オブジェクト」「プロパティ」「メソッド」を紹介します！

オブジェクトはVBAの操作対象

トップバッターはオブジェクト。これはExcelのセルやシート、ブックなど操作対象になるものをまとめて指します。グラフや図形もこれに含まれます。

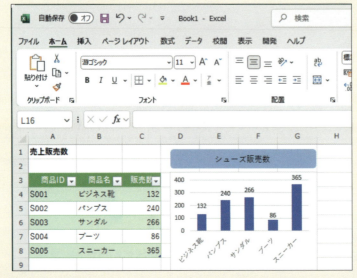

オブジェクトはVBAの操作対象の総称

プロパティはオブジェクトの属性

次はプロパティ。日本語では「性格、特性」などの意味がありますが、VBAの場合はオブジェクトの属性を指します。「どんなものか」を表している、と思ってください。

 「属性」だと難しいけど、この場合はセルの内容のことですね！

	A	B	C	D
1	100			
2				
3				
4				

セルA1のプロパティは「列番号がA、行番号が1、値が100」といった内容になる

メソッドはVBAで行う指示

そして最後はメソッド。これはVBAで行う指示だと考えましょう。オブジェクトのプロパティを確認して、メソッドで変化させるのがVBAということになります。

 メソッドは「方法」とか「手法」みたいな意味で使われますね。日本語にすると覚えやすそうです！

	A	B
1	100	
2		
3		
4		

	A	B
1		
2		
3		
4		

セルA1に「消去する」というメソッドを使用すると、空欄になる

レッスン 18 オブジェクト・プロパティ・メソッドは何かを知ろう

オブジェクト・プロパティ・メソッド　練習用ファイル　なし

VBAでは、「ブックを開く」とか「セルの値を100に設定する」というように、操作の対象となるものを指定し、その対象をどうするかを指定します。その基本となるのがオブジェクト、プロパティ、メソッドです。このレッスンでは、それぞれの概要と関係を確認しましょう。

🔍 キーワード	
オブジェクト	P.341
メソッド	P.345
ワークシート	P.345

オブジェクトとは

ワークシートやセルのような操作の対象となるものを「オブジェクト」といいます。Excelでは、通常よく使用するブックやワークシート、セルを始め、テーブル、グラフ、図形といったものもオブジェクトとして扱います。「何を、どうする」の「何」に相当する部分だと思ってください。

●主なオブジェクト

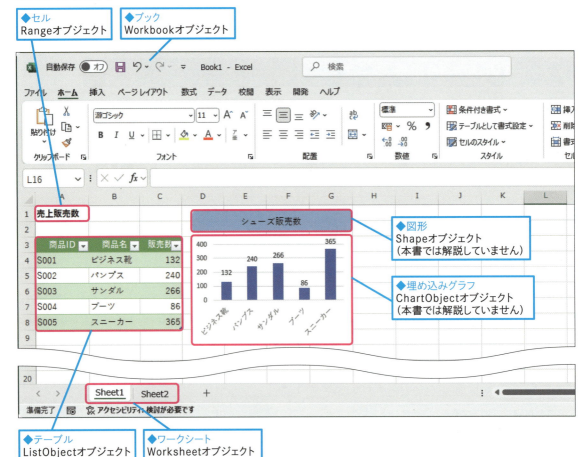

72 できる

プロパティとは

オブジェクトの属性を「プロパティ」といいます。つまり、オブジェクトがどのようなものかを説明するものです。例えば、下図のセルをオブジェクトとする場合、このオブジェクトをどのように説明できるでしょうか。「値は100」、「列番号はA」、「行番号は1」ですね。この「値」、「列番号」、「行番号」の部分がプロパティになります。

●オブジェクト

●プロパティ

属性	内容
値	100
列番号	A
行番号	1

セルA1を表すオブジェクト
Range("A1")

セルA1の属性を表すプロパティ
値：Value
列番号：Column
行番号：Row

メソッドとは

オブジェクトの動作を「メソッド」といいます。前述のセルA1をオブジェクトとしてみましょう。下の図では、このオブジェクトはどのように動作したでしょうか？ それぞれ「セルA1を選択する」「セルA1を消去する」ですね。この「選択する」「消去する」がメソッドになります。

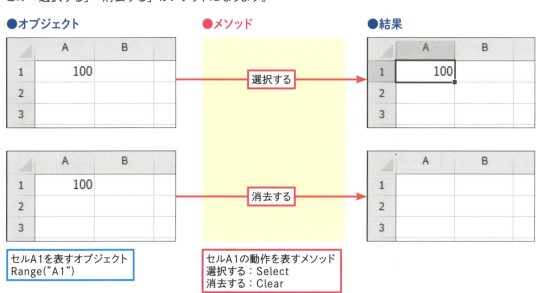

●オブジェクト　●メソッド　●結果

セルA1を表すオブジェクト
Range("A1")

セルA1の動作を表すメソッド
選択する：Select
消去する：Clear

レッスン 19 オブジェクトをもっと理解しよう

オブジェクト　　　練習用ファイル　なし

レッスン18で説明した通り、オブジェクトは操作の対象となります。VBAでは、操作対象となるオブジェクトを正確に指定することが重要です。このレッスンでは、オブジェクトの指定方法を説明します。

1 コレクションとオブジェクトの関係を知ろう

Excelでは、複数のブックを同時に開いたり、ブックの中に複数のワークシートを含めたりできます。VBAでは、同じ種類のオブジェクトの集まりを「コレクション」といいます。複数のブックやワークシートをコレクションとして扱えば、まとめて処理ができるようになります。例えば、開いているすべてのブックは「Workbooksコレクション」、ブック内のすべてのワークシートは「Worksheetsコレクション」となり、それぞれのコレクションの中に、「Workbookオブジェクト」、「Worksheetオブジェクト」が含まれています。

なお、コレクションの中に含まれるオブジェクトのことを「メンバー」といいます。例えば、ワークシート［Sheet1］はWorksheetsコレクションのメンバーです。

●コレクションとオブジェクトの関係

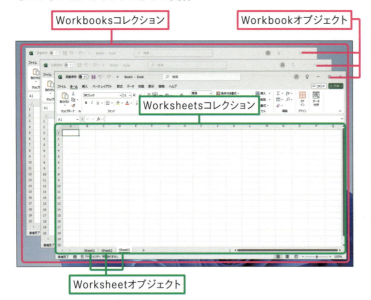

キーワード
オブジェクト	P.341
書式	P.342
メソッド	P.345

使いこなしのヒント
オブジェクトには連番が自動的に振られる

コレクションに含まれる各オブジェクトには、インデックス番号が自動的に振られます。例えば、Worksheetオブジェクトは左から1、2、3…、Workbookオブジェクトは開いた順に1、2、3…と振られます。

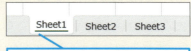

Sheet1はインデックス番号1、オブジェクト名はWorksheets(1)として自動で番号が振られる

使いこなしのヒント
オブジェクトはプロパティで取得する

VBAでは、ブック［Book1.xlsx］は、「Workbooks("Book1.xlsx")」と記述して指定しますが、この「Workbooks」はコレクション名と同名のプロパティです。プロパティの引数（レッスン22参照）として（　）の中でブック名を指定することで、Workbookオブジェクトを取得しています。Worksheetオブジェクトについても同様です。オブジェクトはプロパティ（またはメソッド）によって取得することを頭に入れておいてください（レッスン20、レッスン21参照）。

●コレクション内のオブジェクトの取得方法

ブックやワークシートなどのコレクションの中に含まれるオブジェクトを取得する場合は、以下の書式でコレクション名に続く()の中でオブジェクトの名前やインデックス番号を使います。また、()を省略した場合は、コレクションがオブジェクトとなり、コレクション内のすべてのオブジェクトが処理対象になります。

●基本構文

> コレクション名(名前/インデックス番号)

●入力例1

Worksheets("Sheet1").Delete

意味　[Sheet1]シートを削除する

●入力例2

Worksheets.Select

意味　ブック内のすべてのシートを選択する

2 オブジェクトの階層構造を確認しよう

オブジェクトは、階層構造で管理されています。例えば、セルA1を指定するとき、どのワークシートにあるセルA1なのかApplicationオブジェクトから続く階層構造を使って指定する必要があります。

●階層構造を使ったオブジェクトの指定方法

階層構造は「.(ピリオド)」でつなげて指定します。通常Applicationオブジェクトの記述は省略します。また、アクティブブックやアクティブシートの場合は記述を省略できます。なお、下記の赤字部分がオブジェクトに該当します。また ☑ は本書のスペースに合わせて改行を入れる場合の記号です。実際のコードには含まれません。

●入力例1

**Workbooks("Book1.xlsx").Worksheets ☑
("Sheet1").Range("A1").Value = 100**

意味　[Book1.xlsx]ブックの[Sheet1]シートのセルA1の値に100を代入する。Applicationオブジェクトは省略

●入力例2

Worksheets("Sheet1").Range("A1").Select

意味　アクティブブックの[Sheet1]シートのセルA1を選択する。アクティブブックなのでブックの指定は省略している

⚠ ここに注意

ブック名やシート名を省略した場合、処理の対象がアクティブブック、アクティブシートになります。マクロ実行時に、処理対象ではないブックやシートがアクティブであると誤った処理が実行されてしまいますので、注意してください。

💡 使いこなしのヒント
書式や機能もオブジェクトとして扱う

セルの下の階層にフォント(Font)や塗りつぶし(Interior)、罫線(Border)がありますが、これらもVBAで書式を設定するためにオブジェクトとして扱います。また、並べ替え(Sort)のような機能もオブジェクトとして扱います。

💡 使いこなしのヒント
主なオブジェクトの階層構造を確認しよう

主なオブジェクトは以下のような階層構造になっています。

●主なオブジェクトの階層構造

```
アプリケーション
(Application オブジェクト)
  └─ ブック
     (Workbook オブジェクト)
       └─ ワークシート
          (Worksheet オブジェクト)
            └─ セル
               (Range オブジェクト)
                 ├─ フォント
                 │  (Font オブジェクト)
                 ├─ 塗りつぶし
                 │  (Interior オブジェクト)
                 └─ 罫線(Border
                    オブジェクト)
```

まとめ　操作対象を正確に指定しよう

VBA構文は、まずその操作対象を正確に指定することから始まります。コレクションとオブジェクトの関係や、オブジェクトの階層構造をきちんと把握してから、次レッスンのプロパティ取得につなげましょう。

レッスン 20 プロパティをもっと理解しよう

プロパティ　　　練習用ファイル　なし

プロパティはオブジェクトの属性です。指定したオブジェクトのプロパティの値を参照することを「取得」、変更することを「設定」といいます。ここでは、プロパティの値の取得と設定の方法をまとめて紹介します。

1 プロパティの値を取得する

プロパティの値を取得するには、オブジェクトとプロパティを「.（ピリオド）」でつなげて記述します。

●基本構文

オブジェクト.プロパティ

Range("A1").Value

意味　セルA1の値

●入力例1
Range("A1").Value = Range("B1").Value

意味　セルB1の値を取得して、セルA1の値に代入する

●入力例2
MsgBox Range("A1").Value

意味　セルA1の値を取得してメッセージ表示する

2 プロパティに値を設定する

プロパティに値を設定するには、「オブジェクト.プロパティ = 設定値」と記述します。この「=」は「代入する」という意味になります。

キーワード
オブジェクト	P.341
引数	P.344
変数	P.344

使いこなしのヒント

取得したプロパティは他のプロパティや引数や変数に代入して使う

プロパティを取得する書式の「オブジェクト.プロパティ」は、これだけを単体で1つの命令文としては使用しません。取得したプロパティの値しか持っていないため、入力例1のように取得した値を他のプロパティの値に代入したり、入力例2のように関数やメソッドなどの引数（レッスン22参照）にしたり、変数（レッスン25参照）に代入するなどして使用します。

用語解説

MsgBox関数

MsgBox関数は、引数で指定した値をメッセージ表示します。引数の設定方法によっては、いくつかのボタンを表示でき、クリックしたボタンの戻り値を使って処理を指定できます（レッスン90参照）。

●基本構文

> オブジェクト.プロパティ ＝ 設定値

Range("A1").Value = 100

意味　セルA1の値に100を代入する

●入力例1
Range("A1").Value = "Excel VBA"

意味　セルA1の値に文字列「Excel VBA」を代入する

●入力例2
Range("A1").ColumnWidth = 8

意味　セルA1の列幅を8に設定する

3 オブジェクトを取得するプロパティ

オブジェクト名と同名のプロパティを使うとオブジェクトを取得できます。例えば、Rangeプロパティは「Range("A1")」と記述するとセルA1を表すRangeオブジェクトを取得します。また、Workbookオブジェクトのようなコレクションがあるオブジェクトの場合は、コレクション名と同名のプロパティを使い、「Workbooks("Book1.xlsx")」のように記述してBook1.xlsxを表すWorkbookオブジェクトを取得します。

●オブジェクトを取得するプロパティ例

プロパティ	取得するオブジェクト	例
ActiveWorkbook	Workbookオブジェクト	ActiveWorkbook.Close アクティブブックを閉じる
Worksheets	Worksheetオブジェクト	Worksheets(1).Select 左から1つ目のシートを選択する
Range	Rangeオブジェクト	Range("A1:B2").Clear セル範囲A1〜B2をクリアする
Offset	Rangeオブジェクト	Range("A1").Offset(1, 1).Select セルA1の1行下1行右のセルを選択する
Font	Fontオブジェクト	Range("A1").Font.Size = 14 セルA1のフォントのサイズを14にする

使いこなしのヒント
「代入する」は「変更する」という処理になる

構文上の「代入する」は処理上では「変更する」にあたります。例えば、手順2の入力例1ではセルA1に「Excel VBA」という文字列を入力するという処理になります。入力例2ではセルA1の列幅を8にするという処理になります。

使いこなしのヒント
取得のみで設定できないプロパティもある

プロパティには取得のみで設定はできないものがあります。例えば、RangeオブジェクトのRowプロパティは指定したセルの行番号を取得しますが、設定することはできません。

まとめ　プロパティの役割を理解しよう

このレッスンではプロパティの値を取得する方法や設定する方法を解説しました。プロパティの基本的な役割は、オブジェクトがどのようなものであるか説明することです。もう1つ、プロパティによってオブジェクトが取得されることも覚えておきましょう。

レッスン 21 メソッドをもっと理解しよう

| メソッド | 練習用ファイル | なし |

メソッドは、オブジェクトの動作です。このレッスンでは、メソッドを使用する方法をまとめます。また、メソッドの中にはオブジェクトを返すものがあります。どのような種類があるのかもあわせて確認しましょう。

キーワード

オブジェクト	P.341
書式	P.342
メソッド	P.345

1 メソッドを使用するには

メソッドを使用するには、「オブジェクト.メソッド」とオブジェクトとメソッドを「.(ピリオド)」でつなげて記述します。

●基本構文

> オブジェクト.メソッド

●入力例1

Range("A1").Select

意味　セルA1を選択する

●入力例2

Range("A1").Copy

意味　セルA1をコピーしてクリップボードに格納する

●入力例3

Worksheets("Sheet1").Select

意味　ワークシートSheet1を選択する

2 オブジェクトを取得するメソッド

メソッドの中にも戻り値としてオブジェクトを返すものがあります。例えば、ワークシートを追加する場合は「Worksheets.Add」と、Worksheetsコレクションに対してAddメソッドを使います。Addメソッドは追加したオブジェクトを戻り値として返すので、「Worksheets.Add」自体を追加されたWorksheetオブジェクトとして扱うことができます。少し難しいかもしれませんが、ワークシー

使いこなしのヒント
引数を必要とするメソッドもある

メソッドの中には、引数(レッスン22参照)を必要とするメソッドがあります。例えば、WorkbooksコレクションのOpenメソッドは、開くファイル名を引数で指定しないとエラーになります。

用語解説
戻り値

戻り値とは、計算式の場合は計算した結果、得られる値になります。メソッドの戻り値は、処理した結果得られるものです。Addメソッドの場合は、追加したオブジェクトを戻り値として取得します。

使いこなしのヒント
Add以外のメソッドでオブジェクトを取得するものは何?

Addメソッド以外に戻り値としてオブジェクトを返すものとして、SpecialCellsメソッドがあります。SpecialCellsメソッドは、指定した種類のRangeオブジェクトを返します。例えば、「Range("A1:C3").SpecialCells(xlCellTypeBlanks).Select」と記述すると、セル範囲A1～C3の中で見つかった空白セルをRangeオブジェクトとして返し、選択します。

トの追加はよく行う処理ですからそのうち慣れてくるでしょう。下表に、Addメソッドの例をいくつか紹介します。

●オブジェクトを取得するメソッド例

メソッド	例	意味
Add	Workbooks.Add	新規ブックを追加し、追加したWorkbookオブジェクトを返す
	Worksheets.Add	ワークシートを追加し、追加したWorksheetオブジェクトを返す
	ListObjects.Add	表をテーブルに変換し、そのListObjectオブジェクトを返す

> **まとめ　言葉の意味から理解がはかどる**
>
> このレッスンでは、メソッドのシンプルな構文や、オブジェクトを取得するメソッドについて解説しました。使用されている言葉の英語の意味と動作内容が結びつくと、なじみやすく理解が進むと思います。

スキルアップ

オブジェクトを取得するプロパティとメソッドについてもっと理解しよう

レッスン20とレッスン21では、オブジェクトを取得するプロパティやメソッドがあることも説明しました。ここでは、それぞれについてもう少し詳しく説明します。さらに、理解を深めてください。

●オブジェクトとプロパティ

プロパティには、Valueプロパティのような値を取得するタイプと、Rangeプロパティのようなオブジェクトを取得するタイプの2種類があります。階層構造でつながるWorksheetオブジェクト、Rangeオブジェクト、Fontオブジェクトなどのオブジェクトは、オブジェクトを取得するプロパティによって作成されることを覚えてください。

基本構文で、「オブジェクト.プロパティ = 設定値」と説明しましたが、オブジェクトの部分はオブジェクトを取得するタイプのプロパティで構成されており、プロパティの部分は値を取得するタイプのプロパティになります。

●基本構文

オブジェクト . プロパティ = 設定値

●入力例1

Range("A1") . Value = 1

説明	セルA1の値に1を設定する

●入力例2

Worksheets(1).Range("A1") . RowHeight = 5

説明	1つ目のワークシートのセルA1の行の高さを5に設定する

●入力例3

Worksheets(1).Range("A1").Font . Bold = True

説明	1つ目のワークシートのセルA1のフォントを太くする

●オブジェクトとメソッド

メソッドにもCopyメソッドのような動作をするタイプのメソッドとAddメソッドのようにオブジェクトを取得するタイプの2種類のメソッドがあります。オブジェクトを取得するタイプのメソッドは、主にコレクションにオブジェクトを追加するものだと思ってください。例えば、前ページで説明したWorksheetsコレクションのAddメソッドは、「Worksheets.Add」でワークシートを追加し、追加したWorksheetオブジェクトを取得します。そのため、オブジェクトとして扱うことができ、「.」に続けてプロパティを使って値を設定できるのです。

●入力例

Worksheets.Add . Name = "1月"

説明	ワークシートを1つ追加して、追加したワークシートの名前を「1月」にする

オブジェクトを取得するプロパティや、オブジェクトを取得するメソッドについて少し理解を深めていただけましたでしょうか？　最初は難しく感じると思いますが、本書を読み進めていくうちに少しずつ納得していただけると思います。

レッスン 22 引数の設定方法を覚えよう

引数　　　練習用ファイル　なし

メソッドやプロパティの中には、引数を持つものがあります。引数とは、メソッドの動作やプロパティの内容を指定するものです。このレッスンでは、引数の指定方法や、引数が複数ある場合の設定方法を覚えましょう。

キーワード
関数	P.341
引数	P.344
メソッド	P.345

1 引数でメソッドの詳細を設定するには

メソッドで引数を指定する場合は、メソッドの後ろで半角スペースを入力し、「引数名:=引数の値」のように記述します。これを「名前付き引数」といいます。引数名を付けずに直接「引数の値」を記述することもできますので、引数が1つしかない場合は指定しなくても大丈夫です。複数の引数を指定する場合は、引数名を付けた方が、わかりやすいので記述した方がいいでしょう。

また、メソッドの書式の中で引数が[]で囲まれているものは省略することができます。複数の引数を指定する場合は、第1引数から順番に「,(カンマ)」で区切って指定します。

●基本構文

> **オブジェクト.メソッド 引数名:=引数1,**
> **[引数名:=引数2], …**

●引数を持つメソッドの例（Copyメソッド）

Rangeオブジェクト.Copy([Destination])

意味　指定したセルを引数で指定したセルにコピーする

●入力例（名前付き引数の場合）

Range("A1:B2").Copy Destination:=Range("A4")

●入力例（名前付き引数を使わない場合）

Range("A1:B2").Copy Range("A4")

意味　セル範囲A1～B2を、貼り付け先をセルA4に指定してコピーする

使いこなしのヒント
戻り値のあるメソッドは引数を(　)で囲む

メソッドでもオブジェクトが戻り値として返るとき、メソッドの後ろに「.」を付けて、続けて処理を記述する場合は、引数を(　)で囲みます。例えば、指定した種類のセルを取得するSpecialCellsメソッドでは引数を(　)で囲みます（レッスン49参照）。

用語解説
Destination

引数Destinationでは、コピー先のセルを指定します。Destinationを指定すると、クリップボードを経由しないで指定したセルに貼り付けることができます。なお、省略時はクリップボードに保管されます。

使いこなしのヒント
VBA関数も同じ方法で引数を指定できる

VBA関数もメソッドと同様に引数を持つものがあり、名前付き引数を使って指定したり、戻り値を使う場合は、引数を(　)で囲んだりして、メソッドと同じ方法で引数を設定できます（レッスン74参照）。

2 省略できる引数もある

手順1で、引数の中には省略できるものがあると解説しました。引数を省略する場合は、その引数の既定値が設定されます。例えば、WorksheetsコレクションのAddメソッドは以下のように省略できる4つの引数を持ちます。

●引数を持つメソッドの例（Addメソッド）

Worksheetsコレクション.Add([Before] , [After] , [Count] , [Type])

●名前付き引数の場合（第1引数と第3引数のみ指定）

Worksheets.Add Before:=Worksheets(1), Count:=2

指定する引数だけを「,(カンマ)」で区切って指定できます。また、引数の順番は書式の順番通りでなくても指定できます。例えば、引数Beforeと引数Countの順番は入れ替えられます。また、引数Typeを省略しているので種類は既定値のワークシートになります。

●名前付き引数にしない場合（第1引数と第3引数のみ指定）

Worksheets.Add Worksheets(1) , , 2

引数の順番通り指定する必要があります。省略した引数がある場合は、区切りの「,(カンマ)」は省略できませんが、最後に指定した引数の後ろの「,(カンマ)」は省略できます。上記の例では第2引数を省略しているので第1引数の後ろに「,」を2つ入力し、3番目であることをわかるようにします。

3 プロパティで引数を設定するには

プロパティで引数を設定する場合は、プロパティの後ろを( )で囲んで引数を指定します。以下の設定例のように、通常は名前付き引数で設定しません。また、プロパティで引数を持つものの多くは、オブジェクトを返します。

●プロパティの引数設定例

Range("A1").Offset(1,2).Select

意味　セルA1の**1行下、2列右**の**セル**を選択する

Range("A1048576").End(xlUp).Select

意味　セルA1048576から、**上方向**に**表の端のセル**を選択する

使いこなしのヒント
Addメソッドの引数の使い方

WorksheetsコレクションのAddメソッドは、引数Beforeで指定したワークシートの前に追加し、引数Afterで指定したワークシートの後ろに追加します。両方指定することはできません。両方省略したときは、アクティブシートの前に追加されます。引数Countでは追加する数を指定し、省略時は1になります。引数Typeはワークシートの種類を指定し、省略時は通常のワークシートになります（レッスン54参照）。

用語解説
Offsetプロパティ

Rangeオブジェクト.Offset (行の移動数, 列の移動数)

引数で指定した数だけ移動した先のセルを取得する（レッスン34参照）

用語解説
Endプロパティ

Rangeオブジェクト.End(方向)

引数で指定した方向にある表の端のセルを取得する（レッスン35参照）

まとめ　さまざまな指定方法を確認しよう

引数という聞きなれない言葉が出てきて、一気に複雑になったように思えたかもしれません。しかし、構文を丁寧に読み解いていけば大丈夫です。ただし、引数が複数ある場合の指定方法はきちんと押さえておく必要があります。

レッスン 23 オブジェクトを省略して記述するには

Withステートメント　　練習用ファイル　L23_Withステートメント.xlsm

1つのオブジェクトに対して、複数の処理を連続して実行する場合、毎回そのオブジェクト名を記述するのは面倒です。Withステートメントを使うと、対象となるオブジェクトを最初の1回だけ指定するだけであとは省略できます。

キーワード

インデント	P.341
オブジェクト	P.341
ステートメント	P.342

Withステートメントを利用する

Withステートメントでは、Withの後ろに省略したいオブジェクトを指定し、次の行からそのオブジェクトに対して実行したい処理を記述します。このとき先頭に「.（ピリオド）」を付けてからプロパティやメソッドを記述します。最後にEnd WithでWithステートメントを終了します。

使いこなしのヒント
ピリオドを忘れずに記述しよう

Withステートメントでは、オブジェクトを省略していることがわかるように、そのオブジェクトに対する処理を行うコードの先頭には必ず「.（ピリオド）」を入力してください。

●基本構文

```
With オブジェクト
    .オブジェクトに対する処理1
    .オブジェクトに対する処理2
    .オブジェクトに対する処理3
End With
```

●Withステートメントを使わない場合

毎回同じオブジェクトを記述しなければならない

```
Sub オブジェクトの省略()
    Range("A1").Value = "できるExcel マクロ&VBA"
    Range("A1").Font.Size = 14
    Range("A1").Interior.Color = rgbLightBlue
    Range("A1").Columns.AutoFit
End Sub
```

●Withステートメントを使った場合

オブジェクトを1回記述するだけで済む

```
Sub オブジェクトの省略()
    With Range("A1")
        .Value = "できるExcel マクロ&VBA"
        .Font.Size = 14
        .Interior.Color = rgbLightBlue
        .Columns.AutoFit
    End With
End Sub
```

使いこなしのヒント
Withステートメントの中はインデントする

Withステートメントの中の命令文を記述するときは、Tabキーを押してインデントして記述しましょう。Withステートメントの中の命令文であることがわかりやすくなり、見やすいコードになります。

用語解説
インデント

インデントとは、字下げのことで、行の始まりの位置を後ろに移動します。

1 セルA1に複数の処理を行う

●入力例

1	Sub␣オブジェクトの省略()⏎
2	[Tab]␣With␣Range("A1")⏎
3	[Tab][Tab]␣.Value␣=␣"できるExcel␣マクロ&VBA"⏎
4	[Tab][Tab]␣.Font.Size␣=␣14⏎
5	[Tab][Tab]␣.Interior.Color␣=␣rgbLightBlue⏎
6	[Tab][Tab]␣.Columns.AutoFit⏎
7	[Tab]␣End␣With⏎
8	End␣Sub

1	マクロ［オブジェクトの省略］を開始する
2	セルA1について以下の処理を行う（Withステートメントの開始）
3	「できるExcel マクロ&VBA」と入力する
4	フォントサイズを14に設定する
5	セルの塗りつぶしの色を薄い青にする
6	列幅を文字長に合わせて自動調整する
7	Withステートメントを終了する
8	マクロを終了する

Before

セルA1にさまざまな処理を行いたい

After

セルA1に複数の処理が一括で行われた

使いこなしのヒント
インデントは[Tab]キーで行う

インデントは[Tab]キーで行ってください。[Tab]キーを押すと、自動的に半角4文字分字下げされます。[space]キーで字下げするよりはるかに効率的です。

使いこなしのヒント
ステートメント途中も省略できる

ステートメント途中にあるオブジェクトも省略できます。

使いこなしのヒント
End Withを忘れずに記述しよう

Withステートメントを終了する「End With」を忘れないで記述してください。End Withは自動で入力されないので、手入力になります。記述を忘れると、マクロ実行時にエラーメッセージが表示されます。

まとめ
Withステートメントを活用しよう

Withステートメントを利用すると、コードがすっきりして読みやすくなります。読みやすいコードはあとから編集したり修正したりする際にとても役立ちます。記述のしやすさもそうですが、コードの可読性という意味からも、Withステートメントは活用していきましょう。

この章のまとめ

VBAの基礎を固めよう

この章では、オブジェクト、プロパティ、メソッドの概要を紹介しました。ブック、ワークシート、セルの指定は、VBAの中では必須なのでしっかり覚えてください。また、オブジェクトとプロパティ、オブジェクトとメソッドの関係と構文も紹介しました。これに加えて、引数の指定方法も説明しました。名前付き引数で指定する場合と、そうでない場合があること、また、引数を省略できる場合についても触れました。いずれもVBAの基本的な内容ですが、一度に全部を暗記しなくても大丈夫です。コードを入力しながら、少しずつ身に付けていきましょう。

オブジェクト.プロパティ

Range("A1").Value

意味 セルA1の値

オブジェクト.メソッド

Range("A1").Select

意味 セルA1を選択する

オブジェクト、プロパティ、メソッドの関係を把握しておこう

3つの要素はなんとなくわかったんですが、コードになると間違っちゃいそうです……。

オブジェクトが「操作対象」、プロパティが「属性」、メソッドが「指示」という関係がつかめれば、まずはOKですよ。コードの種類や内容は書きながら覚えていきましょう。

Excelの関数でよく使う「引数」も出てきました。

ええ、VBAの「引数」も意味は同じです。いろいろなパターンがあるので、これも使いながら覚えましょう。それと、最後に紹介した「Withステートメント」はよく使います。これも要チェック！

基本編

第4章

変数や定数を覚えよう

この章では、変数と定数について学んでいきましょう。変数を理解すると、いろいろな処理をするときに大変便利です。定数も使い方を覚え、VBAに用意されている組み込み定数についても理解を深めましょう。

24	値に名前を付けて自由に利用しよう	86
25	変数を使ってみよう	88
26	オブジェクト変数を使ってみよう	92
27	定数を使ってみよう	94

レッスン 24

Introduction この章で学ぶこと

値に名前を付けて自由に利用しよう

マクロの中では、数値や文字列や日付などいろいろな値を使います。それらの値を直接記述するより、名前を付けて利用した方が、記述しやすくなります。値に名前を付ける仕組みとして「変数」と「定数」があります。変数と定数の違いや使い方を覚えましょう。

基本編 第4章 変数や定数を覚えよう

ついに登場、変数と定数

わーまた難しそうなのが出てきた！
プログラミングで頭こんがらがるやつ！

そんなに苦手に思わなくても……。普段目にしないだけで、難しいものではないですよ。わかりやすく説明しますね。

変数は何かを入れておく「箱」のこと！

まずは「変数」から。「変」とか「数」とか名前に付いているのでわかりにくいのですが、データを入れておく「箱」だと考えてください。数値や文字、オブジェクトも入れられます。

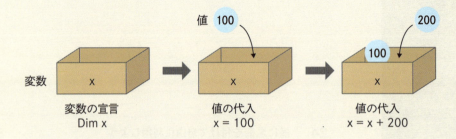

変数は中身を出し入れして変えられる、フタが開いた「箱」

変数の動きを画面に表示してみよう

変数がとっつきにくいのは、画面に表示されることがないせいもあります。そこで、変数が表示されるプログラムを作ってみました！

あ、これならわかります！　初めて見ました！

変数は見えないだけで常に機能している

定数は何かをしまっておく「フタ付きの箱」！

一緒に「定数」も覚えてしまいましょう。「変数」がわかればこちらは簡単。データを入れておく「箱」ですが、フタが閉まっていて中身を変えられない、とイメージしてください。

フタが閉まっているけど、データを読み込むことはできるんですね。使い方を知りたいです！

定数　X 100
定数の宣言
Const X=100

定数は中身を変えられない、フタが閉まった「箱」

レッスン 25 変数を使ってみよう

変数　　　練習用ファイル　L25_変数.xlsm

このレッスンでは変数とはどういうものか、どのように使うのかを説明します。変数の宣言の仕方や値の代入の仕方を覚えてください。変数が使えるようになると、コードがわかりやすくなり、より汎用的なマクロが作れるようになります。

キーワード
Option Explicit	P.340
データ型	P.343
変数	P.344

自由に出し入れできるデータの入れ物

変数とは、マクロ実行中にデータを入れておくことのできる「名前の付いた入れ物」です。この入れ物にはデータを自由に出し入れでき、データと同じものとして扱うことができます。

使いこなしのヒント
変数にはいろいろなデータを入れられる

変数には、文字、数値、日付などのデータに加えて、セルやワークシートなどのオブジェクトも入れることができます。

●変数のイメージ

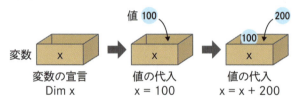

用語解説
配列

変数は、1つの入れ物に1つの値を入れて利用しますが、1つの入れ物に複数の同じデータ型の値を入れて利用するものを「配列」といいます。配列を使うと複数の値をまとめて処理できるようになります。本書では詳細を説明しませんが、167ページで少しだけ触れています。

変数は宣言して使う

変数を使用するには、宣言が必要になります。これには、「Dimステートメント」を使います。データ型を指定する場合は、変数名の後ろに「As データ型」を記述します。変数にデータ型を指定すると、指定した種類以外のデータが入れられなくなるので、処理速度が上がります。

●基本構文（変数の宣言）

> **Dim** 変数名 **As** データ型

使いこなしのヒント
データ型はどれを使えばいいの？

データ型にはいくつもの種類があります。値の範囲に合わせて使用するといいでしょう。数値の場合一般的には、整数はLong型、小数点のある数値はDouble型がよく使われます。詳しくは右ページの表を参考にしてください。

●入力例

Dim x **As** Long

意味　長整数型の変数xを宣言する

複数の変数をまとめて宣言できる

1行でまとめて複数の変数を宣言する場合は、「,(カンマ)」で区切って指定します。このときはそれぞれの変数でデータ型を指定してください。同じデータ型であっても省略しません。

●基本構文（複数の変数の宣言）

> **Dim** 変数名1 **As** データ型1, 変数名2 **As** データ型2, 変数名3 **As** データ型3

●入力例

Dim x **As** Long, y **As** Long, z **As** String

意味　長整数型の変数xと変数y、文字列型の変数zを宣言する

●主なデータ型の種類

データ型	種類	値の範囲
Integer	整数型	-32,768 ～ 32,767の整数
Long	長整数型	-2,147,483,648 ～ 2,147,483,647の整数
Single	単精度浮動小数点数型	負の値：-3.402823E38 ～ -1.401298E-45 正の値：1.401298E-45 ～ 3.402823E38
Double	倍精度浮動小数点数型	負の数：-1.79769313486231E308 ～ -4.94065645841247E-324 正の数：4.94065645841247E-324 ～ 1.79769313486232E308
Currency	通貨型	整数15桁、小数4桁の固定小数点数 -922,337,203,685,477.5808 ～ 922,337,203,685,477.5807
Date	日付型	西暦100年1月1日～西暦9999年12月31日の日付と時刻
String	文字列型	文字列
Boolean	ブール型	TrueまたはFalse
Variant	バリアント型	すべての値やオブジェクト
Object	オブジェクト型	オブジェクトへの参照

※「値の範囲」の「E」は10のべき乗による指数を意味します。例えばE38は10の38乗（10^{38}）という意味です。

使いこなしのヒント
データ型を省略した場合は

変数の宣言時にデータ型の指定を省略することもできます。例えば「Dim x」とした場合、変数xはVariant型とみなされ、いろいろなデータを入れることができます。一見便利そうですが、正しくないデータが入ってもわからないので、できるだけデータ型を指定するようにしましょう。

使いこなしのヒント
変数名には命名規則がある

変数名の命名規則はマクロ名の命名規則と同じです（レッスン12参照）。規則に反する名前を付けようとするとエラーになります。下記の規則を守りましょう。

・漢字、ひらがな、カタカナ、アルファベット、数字、アンダースコア（_）が使える。
・先頭文字に数字やアンダースコア（_）は使えない。
　例：×…1月、○…一月、×…_test、○…test_1
・用途があらかじめ決められている予約語は使えない。
　例：As、Dim、Endなど

使いこなしのヒント
変数名には規則性を持たせよう

命名規則に反しなければ、変数名は自由に付けられます。組織内で共通する規則があれば、それに従ってください。自分で使用するときは、データ型やデータの内容が推測できるような名前を付けると使いやすいかもしれません。

変数に値を代入する

変数を宣言したら、以下の書式でその変数に値を代入します。「=」は「代入演算子」といい、「左辺 = 右辺」と記述すると右辺の値を左辺に代入するという意味になります。

●基本構文

変数名 = 値

●入力例

x = 100

意味　変数xに100を代入する

x = x + 100

意味　変数xに100を加算した値をxに代入する

変数の宣言を強制する

変数は、宣言しなくても使用することができます。しかし、宣言しないで使用すると、変数の綴りを間違えても気づかなかったり、変数かどうかわかりづらかったりしますので、宣言するようにしてください。なお、モジュールの先頭に「Option Explicit」と記述すると、変数の宣言を強制できます。宣言していない変数を使用した場合は、エラーメッセージが表示されます。変数名の綴り間違えのチェックにもなるので便利です。

●基本構文

Option Explicit

●Option Explicitの使い方

「Option Explicit」と入力しておく

1 マクロを実行する

宣言されていない変数を見つけるとエラーメッセージが表示され、該当箇所が反転する

2 OKをクリック

変数名を修正する

使いこなしのヒント
「代入する」を「格納する」ともいう

変数に値を入れるのは、「変数に値を代入することで、値が変数に格納される」ということになります。通常、「変数に値を代入する」と表現しますが、「変数に値を格納する」と表現することもあります。どちらも同じ意味にとらえてください。

使いこなしのヒント
練習用ファイルの記述を確認しよう

本書のレッスン25以降の練習用ファイルには、すべて「Option Explicit」が入力された状態になっています。

使いこなしのヒント
Option Explicitを自動的に表示するには

[ツール]メニューの[オプション]をクリックして[編集]タブにある[変数の宣言を強制する]にチェックを付けると、モジュールを新規追加したときに自動的にOption Explicitを表示するように設定できます。毎回手入力する必要がなくなるため、ぜひ設定しておきましょう。

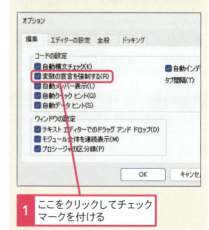

1 ここをクリックしてチェックマークを付ける

1 長整数型の変数値をメッセージ表示する

●入力例

1	Sub 変数() ↵
2	[Tab] Dim Hensu As Long ↵
3	[Tab] Hensu = 100 ↵
4	[Tab] MsgBox "変数の値：" & Hensu ↵
5	[Tab] Hensu = Hensu + 100 ↵
6	[Tab] MsgBox "変数の値：" & Hensu ↵
7	End Sub

1	マクロ[変数]を開始する
2	長整数型の変数Hensuを宣言する
3	変数Hensuに「100」を代入する
4	文字列「変数の値：」と変数Hensuの値をメッセージ表示する
5	変数Hensuに「100」を加算して変数Hensuに代入する
6	文字列「変数の値：」と変数Hensuの値をメッセージ表示する
7	マクロを終了する

After

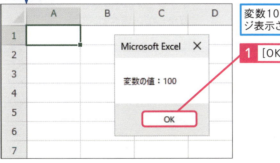

変数100がメッセージ表示された

1 [OK]をクリック

変数に100が加算された値が表示された

使いこなしのヒント
変数の宣言と値の代入

手順1では、長整数型の変数Hensuを宣言し、変数に値を代入して、その値をメッセージ表示しています。[OK]をクリックしてメッセージを閉じると変数に100が加算され、変数の値がメッセージ表示されます。変数は、マクロ実行中に自由に値を入れ替えられることが確認できます。

使いこなしのヒント
変数は通常は表示されない

手順1では、変数の値をメッセージ表示しているため、変数の存在がわかります。しかし、変数は通常処理の中で使用するため、セルなどに表示することはあまりありませんが、プログラムの中で機能しています。

使いこなしのヒント
変数の適用範囲

変数には、変数が宣言される場所により使用できる範囲（適用範囲）があります。プロシージャ内で宣言するとプロシージャ内でのみ使用できるプロシージャレベルの変数となります。また、プロシージャの外のモジュールの先頭で宣言するとモジュールレベルとなり、モジュール内のすべてのプロシージャで使用できます。

まとめ　変数をデータの代わりに使おう

変数は実際のデータの代わりとして使用できます。変数は自由に値を入れ替えられるので、より柔軟な処理ができるようになります。また、適切なデータ型を指定し、変数の宣言を強制することで、より正確で効率的なコードの入力ができるようになります。

レッスン 26 オブジェクト変数を使ってみよう

オブジェクト変数 | **練習用ファイル** L26_オブジェクト変数.xlsm

ブックやワークシート、セルなどのオブジェクトも変数に代入できます。これらを「オブジェクト変数」といいます。オブジェクト変数を使うと、短い文字列でオブジェクトを指定できるので、コードの入力が効率的になり、記述間違いを防げます。

オブジェクト変数を宣言するには

オブジェクト変数を宣言するときは、データ型にオブジェクトの種類を指定します。オブジェクトの種類を指定すると、コード入力時にそのオブジェクトに対応した自動メンバーなど、入力のヒントになる情報が表示されます。

●基本構文

> **Dim** 変数名 **As** オブジェクトの種類

●入力例

Dim rng As Range

| 意味 | Range型の変数rngを宣言する |

Dim ws As Worksheet

| 意味 | Worksheet型の変数wsを宣言する |

オブジェクト変数にオブジェクトへの参照を代入する

オブジェクト変数にオブジェクトへの参照を代入するには、「Setステートメント」を使って記述します。オブジェクトそのものを代入するのではなく、オブジェクトへの参照を代入するため、他の変数とは異なりSetステートメントを使います。

●基本構文

> **Set** 変数名 **=** 代入するオブジェクト

キーワード

オブジェクト	P.341
データ型	P.343
変数	P.344

用語解説

オブジェクト変数

オブジェクトへの参照を代入する変数のこと。具体的にはオブジェクトが保管されている住所を参照しており、メモリ内にある32ビットのアドレスがそれにあたります。このアドレスによってオブジェクトに接続して情報を参照できます。

使いこなしのヒント

オブジェクトの種類がわからない場合は

代入するオブジェクトの種類がわからない場合は、オブジェクトの種類に「Object」を指定します。この場合、すべてのオブジェクトを代入できますが、処理が遅くなります。

使いこなしのヒント

場所を参照して代入する

セルやワークシートは文字や数値のように直接変数に代入することはできません。変数には、セルやワークシートなどのオブジェクトの情報が保管されている場所を代入します。そのため、「オブジェクトへの参照を代入する」といっています。本書では、以降「変数にオブジェクトを代入する」と記述しますが、「オブジェクト変数にオブジェクトへの参照を代入する」という意味にとらえてください。

●入力例

Set rng = Range("A1:D5")

意味　変数rngにセル範囲A1～D5への参照を代入する

Set ws = Worksheets("Sheet1")

意味　変数wsに[Sheet1]シートへの参照を代入する

1 Range型のオブジェクト変数を使用する

●入力例

1	Sub オブジェクト変数()
2	[Tab] Dim rng As Range
3	[Tab] Set rng = Range("A1:B3")
4	[Tab] rng.Value = "VBA"
5	[Tab] Set rng = Nothing
6	End Sub

1	マクロ［オブジェクト変数］を開始する
2	Range型のオブジェクト変数rngを宣言する
3	変数rngにセル範囲A1～B3への参照を代入する
4	変数rngに文字列「VBA」を入力する
5	変数rngの参照を解除する
6	マクロを終了する

After

	A	B	C
1	VBA	VBA	
2	VBA	VBA	
3	VBA	VBA	
4			

セルA1～B3に「VBA」と表示された

💡 使いこなしのヒント

セル範囲をオブジェクト変数に代入して使用するには

手順1では、Range型のオブジェクト変数rngを宣言し、変数にセル範囲A1～B3を代入します。これ以降、変数rngは「Range("A1:B3")」と同じものとして扱うことができます。変数rngのValueプロパティに「VBA」を代入するということは、セル範囲A1～B3に「VBA」と入力する、という意味になります。最後に、「Set rng = Nothing」と記述してオブジェクトへの参照を解除しています。

💡 使いこなしのヒント

オブジェクトへの参照を解除してメモリを解放する

手順1のように最後にオブジェクト変数にNothingを代入することで、オブジェクトへの参照を解除しています。これにより使用していたメモリが解放されます。マクロが正常に終了すれば自動的にメモリは解放されますので、必ずしも必要ではありませんが、明示的にメモリを解放する方法として覚えておいてください。

まとめ オブジェクト変数を便利に使おう

オブジェクト変数は、オブジェクト自体ではなく、オブジェクトへの参照を代入するところが他の変数と異なります。そしてSetステートメントを使って代入するということも忘れないでください。オブジェクト変数を使うと、「Worksheets("Sheet1").Range("A2")」のようなオブジェクトの記述ではなく、「rng」のような変数名を記述すればいいので、大変便利です。

レッスン 27 定数を使ってみよう

| 定数 | 練習用ファイル | L27_定数.xlsm |

このレッスンでは、定数とはどういうもので、変数とどう違うのかを説明していきます。定数には、ユーザーが作成するものと、VBAに組み込まれているものがあります。組み込まれている定数は、いろいろな場面でよく使います。どのようなものがあるかも確認しましょう。

出し入れできないデータの入れ物

定数とは、マクロ実行中にデータを入れておくことのできる名前の付いた入れ物で、一度入れたら出し入れすることはできません。ここが変数とは異なる部分になります。定数には、ユーザーが宣言して使用する「ユーザー定義定数」とVBAにあらかじめ用意されている「組み込み定数」があります。

● 定数のイメージ

定数の宣言
Const X=100

定数を宣言して値を代入する

ユーザーが定数を作成して利用するには、「Constステートメント」を使って以下のように記述し、宣言と同時に値を代入します。マクロ実行中に値を変更できないので、長い文字列や桁数の多い数値など固定の数値を定数にしておくという使い方があります。

● 基本構文

Const 定数名 As データ型 = 値

Const X As Double = 0.1

| 意味 | 倍精度浮動小数点数型の定数Xを宣言し、0.1を代入する |

キーワード

ステートメント	P.342
定数	P.343
データ型	P.343

使いこなしのヒント
定数名の命名規則

定数は変数と同じ命名規則に従います（レッスン25参照）。定数は大文字で指定する場合が多く見られます。全部大文字にしていれば、変数との違いがわかりやすいという意味もあります。

用語解説
倍精度浮動小数点数型

数値のデータ型の1つで、「0.1」のような小数を含む、最も桁数の大きい数値を入れることができる変数のデータ型です（レッスン25参照）。

用語解説
メンバー

組み込み定数は、列挙型というグループにまとめられており、そのグループ内の各要素をメンバーといいます。例えば、Endプロパティで使用する組み込み定数はXlDirection列挙型というグループで、メンバーとしてxlDown、xlToLeft、xlToRight、xlUpが含まれています。自動メンバー表示には、このグループに含まれる組み込み定数が一覧に表示されます。

組み込み定数を確認しよう

組み込み定数とは、あらかじめVBAに用意されている定数で、プロパティの設定値や引数、メソッドや関数の引数でよく使います。「xlUp」のように「xl」で始まるものや、「vbYes」のように「vb」で始まるもの、「rgbRed」のように「rgb」で始まるものなどいくつかの種類があります。コード入力中に自動メンバー表示で定数の一覧が表示されますので、よく使うものだけ覚えておきましょう。

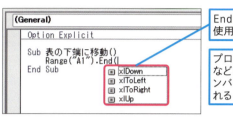

Endプロパティの引数として使用する組み込み定数

プロパティやメソッド、関数などを入力したときに自動メンバー表示に一覧で表示される

使いこなしのヒント
組み込み定数には値が代入されている

組み込み定数も定数なので、各定数には値が代入されています。例えば、「xlContinuous」には値「1」が代入されています。この数字を直接引数に指定しても動作します。

使いこなしのヒント
2種類の定数を使ってみよう

手順1では、Constステートメントを使って定数SALEを宣言し、割引率0.65を代入しています。定数SALEと各商品の定価をかけてセール価格を求めてそれぞれのセルに表示しています。また、セル範囲A1～C3に格子罫線を設定します。LineStyleプロパティは線種を設定するもので、ここに細実線を意味する組み込み定数のxlContinuousを代入して細実線の罫線を格子で設定して表に整えています。なお、xlContinuousはここでは自動メンバー表示されないので、手入力する必要があります。

1 ユーザー定義定数と組み込み定数を利用する

●入力例

1	Sub 定数() ↵
2	[Tab] Const SALE As Double = 0.65 ↵
3	[Tab] Range("B3").Value = Range("B2").Value * SALE ↵
4	[Tab] Range("C3").Value = Range("C2").Value * SALE ↵
5	[Tab] Range("A1:C3").Borders.LineStyle = xlContinuous ↵
6	End Sub

1	マクロ［定数］を開始する
2	ユーザー定義定数SALEを倍精度浮動小数点数型で宣言し、「0.65」を代入する
3	セルB3に「セルB2の値×SALE」の結果を入力する
4	セルC3に「セルC2の値×SALE」の結果を入力する
5	セル範囲A1～C3に格子型の罫線を、線種を細実線(xlContinuous：1)にして設定する
6	マクロを終了する

Before
	A	B	C
1	商品名	商品A	商品B
2	商品定価	1,800	1,500
3	セール価格		

空白になっているセール価格を一括で表示し、表を完成させる

After
	A	B	C
1	商品名	商品A	商品B
2	商品定価	1,800	1,500
3	セール価格	1,170	975

35％引きのセール価格が一括で表示され、表に罫線が付いた

まとめ
変更されない値として使用する

定数は、マクロ実行中に変更することができない入れ物です。ユーザー定義定数は、変数ほど使用頻度は高くありませんが概要は覚えておきましょう。組み込み定数は、プロパティの設定値、関数やメソッドなどの引数でよく使用されています。また、組み込み定数は、「xlUp」のようになんとなく意味が推測できるような名前が付けられているので、表記を参考にして記述しましょう。

この章のまとめ

変数は必ずマスターしよう

変数は、実用的なマクロを作成するのにとても重要です。変数には、数値や文字列、日付などさまざまな値を代入し、値と同じものとして扱うことができます。特に覚えておきたいのは変数の宣言方法です。変数は必ず宣言してから使うようにしましょう。「Option Explicit」をモジュールの先頭に記述すれば、宣言されていない変数は使えなくなるので、ぜひ設定してください。セルやワークシートなどのオブジェクトへの参照を変数に代入する場合は、Setステートメントを使うことも覚えておきましょう。

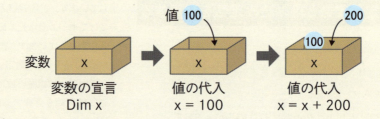

変数の宣言	値の代入	値の代入
Dim x	x = 100	x = x + 200

動いている変数が見られて、すごくわかりやすかったです！

それは良かった！ 変数は画面に表示されないだけで、きちんと宣言して記述すれば、常に機能してくれます。使いこなすことで、マクロの作成がぐっとシンプルになるんですよ♪

定数も便利に使えそうです。

そうですね。変数ほど使用頻度は高くありませんが、常に一定のデータを代入できるので便利です。組み込み定数は使用頻度が高いのでおもだったものを少しずつ覚えると良いでしょう。さあ、次の章からは活用編です！

活用編

第5章

セルの基本的な
参照方法を覚えよう

Excelでは、値を入力したり、書式を設定したりと、いろいろな操作を行います。VBAでセルを操作するには、Rangeオブジェクトを使います。5章では、Rangeオブジェクトを取得する基本的な方法を紹介します。

28	Rangeオブジェクトを取得しよう	98
29	セルの参照と選択方法	100
30	行と列の参照と選択方法	104
31	セルや行・列を参照した活用マクロを使ってみよう	108

レッスン 28

Introduction この章で学ぶこと

Rangeオブジェクトを取得しよう

活用編 第5章 セルの基本的な参照方法を覚えよう

セルやセル範囲を表すのに「Range("A1")」や「Range("A1:C3")」などを使いましたが、Rangeオブジェクトを取得するのはRangeプロパティだけではありません。この章では、Rangeオブジェクトを取得する基本的なプロパティを紹介します。

セルからシート全体まで自由自在に選べる！

いよいよ活用編に突入ですね。この章では何を学ぶんですか？

手始めに、セルや行、列の参照方法を紹介します。マスターすればセルでも行でも、自由自在に選べるようになりますよ！

マクロを実行する対象を選ぶのに必要ですね。がんばります！

Excelのシートをおさらいしておこう

Excelでデータを記入するマスは「セル」、横方向にアルファベットで示されているのが「列」、縦方向に数字が振られているのが「行」です。念のため、おさらいしておきましょう。

◆列

	A	B	C	D	E
1	スキルアップ講座募集状況				
2					
3	講座名	申込人数	定員	締切	
4	ExcelVBA入門	50	50	満席	
5	Javaプログラミング講座	45	50		
6	Pythonプログラミング入門	50	50	満席	
7	Webデザイナー養成講座	39	50		
8					

◆行 ◆セル ◆アクティブセル

プロパティを駆使してセル、行、列を選択できる

これまでに登場した「Range」プロパティ以外にも、行は「Rows」、列は「Columns」などのプロパティで選択できます。組み合わせると、こんな複雑な書式設定もできますよ！

すごい、これ全部マクロでできるんですね！やり方を知りたくなりました！

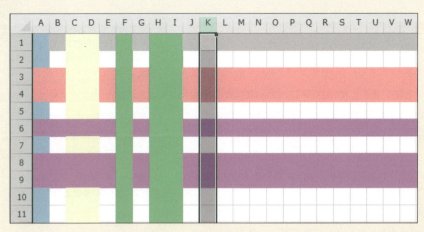

表の書式も一瞬で設定できる！

先頭の行に着色したり、列によって書式を設定したりも簡単にできます。これ、覚えておくとたくさんの表を作りたいときに便利ですよ♪

マクロを実行する対象を選ぶのに必要ですね。がんばります！

	A	B	C	D	E	F
1	NO	氏名	性別	郵便番号	都道府県	住所
2	1	五味　克則	男	285-0007	千葉県	佐倉市下根町X-X-X
3	2	麻生　徹	男	156-0052	東京都	世田谷区経堂X-X-X
4	3	田村　明日香	女	360-0023	埼玉県	熊谷市佐谷田X-X-X
5	4	林　誠	男	261-0011	千葉県	千葉市美浜区真砂X-X-X
6						
7						

レッスン 29 セルの参照と選択方法

Rangeプロパティ、Cellsプロパティ | 練習用ファイル 手順見出しを参照

このレッスンでは、指定したセルやセル範囲を取得するプロパティと、現在選択されているセルを取得するプロパティを紹介します。また、セルを選択するメソッドにはどんな種類があるのかもここで紹介します。

キーワード

オブジェクト	P.341
セル参照	P.343
セル範囲	P.343

セル番地を使ってセルを参照する

セル番地を使ってセルを参照するRangeオブジェクトを取得するには、Rangeプロパティを使います。Rangeプロパティの引数の指定によって、いろいろなセルを参照できます。セルの参照方法の例を参考に、どのように記述すればいいかを確認してください。

使いこなしのヒント

参照と取得の本書での使い方を覚えよう

Rangeプロパティは、指定したセルやセル範囲を参照して、Rangeオブジェクトを取得します。本書の中での表現として、「セルを参照する」には「セルを参照するRangeオブジェクトを取得する」という意味が含まれているととらえてください。

●Rangeプロパティ

オブジェクト.Range(Cell1,[Cell2])

オブジェクト	Worksheetオブジェクト、Rangeオブジェクト
引数	Cell1：1つのセルまたはセル範囲をセル番地を使って指定する／Cell2：範囲指定する場合の終端のセルをセル番地を使って指定する(省略可)
説明	引数で指定したセルまたはセル範囲を参照するRangeオブジェクトを取得する。Cell1のみを指定した場合は、セルまたはセル範囲を参照する。Cell2も指定した場合は、Cell1を始点、Cell2を終点とするセル範囲を参照する。指定したWorksheetオブジェクトにあるRangeオブジェクトを取得するが、Worksheetオブジェクトを省略した場合は、アクティブシートのRangeオブジェクトを取得する

使いこなしのヒント

引数Cell1のみ指定した場合のセルの指定方法は

Rangeプロパティは、通常、引数Cell1のみを指定してセルやセル範囲を参照します。引数Cell1のみ指定した場合は、「Range(セル指定)」という意味にとらえてください。「セル指定」には、「"A1"」のように文字列でセル番地を指定します。セルに「商品」のような名前が付いている場合は、名前を文字列で「"商品"」と指定することもできます。セル範囲は「"A1:C3"」のように「:(コロン)」でつなげます。また、「"A1,C3"」のように「,(カンマ)」を付けると、離れた複数のセルを参照できます。

●セルの参照例

参照するセル	指定例	内容
単一のセル	Range("A1")	セルA1を参照
セル範囲	Range("A1:C3") Range("A1","C3")	セルA1～C3を参照
列全体	Range("A:C")	列A～列Cを参照
行全体	Range("1:3")	行1～行3を参照
離れた単一のセル	Range("A1,C3")	セルA1とセルC3を参照

● セルの参照例（続き）

参照するセル	指定例	内容
離れたセル範囲	Range("A1:C1,A3:C3")	セルA1～C1とセルA3～C3を参照
名前付きセル範囲	Range("商品")	「商品」と名前が付いたセル範囲を参照

1 セル番地を参照してデザインを変える

L29_セルの参照と選択1.xlsm

● 入力例

1	Sub␣セル参照() ⏎
2	[Tab] Range("A1").Font.Bold␣=␣True ⏎
3	[Tab] Range("A3:D3").Interior.Color␣=␣rgbLightBlue ⏎
4	End␣Sub

1	マクロ［セル参照］を開始する
2	セルA1の文字を太字に設定する
3	セルA3からD3のセルの色を薄い青に設定する
4	マクロを終了する

Before

表タイトルと表見出しを一括で目立たせたい

	A	B	C	D	E
1	スキルアップ講座募集状況				
2					
3	講座名	申込人数	定員	締切	
4	ExcelVBA入門	50	50	満席	
5	Javaプログラミング講座	45	50		
6	Pythonプログラミング入門	50	50	満席	
7	Webデザイナー養成講座	39	50		

After

表タイトルが太字になり、表見出しのセルに色が付いた

	A	B	C	D	E
1	**スキルアップ講座募集状況**				
2					
3	講座名	申込人数	定員	締切	
4	ExcelVBA入門	50	50	満席	
5	Javaプログラミング講座	45	50		
6	Pythonプログラミング入門	50	50	満席	
7	Webデザイナー養成講座	39	50		

使いこなしのヒント
引数Cell1、引数Cell2を指定してセル範囲を参照した場合

引数Cell1と引数Cell2を指定すると、引数Cell1を始点、引数Cell2を終点とするセル範囲を参照します。「Range(先頭セル, 終端セル)」という意味でとらえてください。セルの指定は「Range ("A1", "C3")」（セルA1～C3）のように文字列でセル番地を指定しますが、あとで説明するCellsプロパティやActiveCellプロパティを使って、「Range(Cells(1,1), Cells(3,3))」や「Range("A1", ActiveCell)」といった指定もできます。

使いこなしのヒント
オブジェクトにRangeオブジェクトを指定した場合は

オブジェクトにRangeオブジェクトを指定すると、指定したRangeオブジェクトの中の相対的なセルを参照します。例えば、「Range("A3:E5").Range("A1")」とした場合は、セル範囲A3～E5の中で相対的なセルA1、つまり1列1行目のセルを参照するので、A3を参照します（第6章参照）。

使いこなしのヒント
セルとセル範囲を参照して書式を設定する

手順1では、Rangeプロパティを使って、セルA1を参照して太字を設定し、セルA3～D3を参照してセルに色を付けています。なお、「Range("A3:D3")」は、始点と終点を別々に指定して、「Range("A3", "D3")」と記述することもできます。

用語解説
rgbLightBlue

色を表すColorプロパティの設定値となる定数で、薄い青色になります。

行番号と列番号を使ってセルを参照する

行番号と列番号を使ってセルを参照するRangeオブジェクトを取得するには、Cellsプロパティを使います。Cellsプロパティは行番号と列番号を数値で自由に組み合わせられるので、1行ずつ、1列ずつ移動しながらセルを参照する繰り返し処理に最適です。

●Cellsプロパティ

オブジェクト.Cells([RowIndex],[ColumnIndex])

オブジェクト	Worksheetオブジェクト、Rangeオブジェクト
引数	RowIndex：行番号を数値で指定する(省略可) ／ ColumnIndex：列番号を数値で指定するか"A"のように列番号を文字列で指定する(省略可)
説明	引数で指定した単一のセルを参照するRangeオブジェクトを取得する。セルの行番号と列番号を指定して「Cells(1, 3)」とした場合は、1行、3列目のセル「C3」を参照する。指定したWorksheetオブジェクトにあるRangeオブジェクトを取得するが、Worksheetオブジェクトを省略した場合はアクティブシートのRangeオブジェクトを取得する

●セルの参照例

参照するセル	指定例	内容
単一のセル	Cells(2,3) Cells(2,"C")	2行、3列目のセル（C2）を参照
全セル	Cells	全セルを参照

2 全セルを消去してセルを選択する

L29_セルの参照と選択2.xlsm

●入力例

1	Sub セル参照2()
2	[Tab] Cells.Clear
3	[Tab] Cells(2, 1).Select
4	End Sub

1	マクロ［セル参照2］を開始する
2	全セルの内容を消去する
3	2行、1列目（セルA2）のセルを選択する
4	マクロを終了する

使いこなしのヒント
Cellsプロパティで引数RowIndexのみを指定した場合は

Cellsプロパティで引数RowIndexのみを指定した場合は、セルのインデックス番号が指定されたとみなされます。インデックス番号は左から順番に1，2，3と振られ、最後までいったら次の行に続けて番号が振られます。例えば、「Cells(5)」とした場合は、左から5つ目なのでセルE1を参照します。また、第6章で紹介しますが、「Range("A3:E3").Cells(1)」とするとセル範囲A3 ～ E3の中で1つ目のセルであるセルA3を参照します。

使いこなしのヒント
全セルを参照させるには

Cellsプロパティで引数を省略すると、全セルを参照します。例えば、全セルの内容をまとめて消去したい場合などに使えます。

使いこなしのヒント
Cellsプロパティを使って全セルを参照する

手順2では、Cellsプロパティを使ってセルを参照しています。Cellsプロパティは、行番号と列番号を指定して単一のセルを参照するのが基本ですが、引数を省略することで全セルを参照できます。

用語解説
Clearメソッド

指定したセルのすべての内容（入力された値、書式、コメントなども含める）を消去します。

After

全セルが一括で消去され、セルA2が選択された

セルを選択する

セルを選択するメソッドには、SelectメソッドとActivateメソッドがあります。Selectメソッドはセル範囲を選択できますが、Activateメソッドはセルをアクティブにするので常に単一セルを選択します。

●Selectメソッド

オブジェクト.Select

オブジェクト	操作対象となるオブジェクト
説明	オブジェクトでRangeオブジェクトを指定するとセルまたはセル範囲を選択する

●Activateメソッド

オブジェクト.Activate

オブジェクト	操作対象となるオブジェクト
説明	オブジェクトでRangeオブジェクトを指定するとセルをアクティブにする

3 セル範囲を選択してセルを選択する

L29_セルの参照と選択3.xlsm

●入力例

1	Sub セル選択()
2	[Tab] Range("A1:D2").Select
3	[Tab] Range("B2").Activate
4	End Sub

1	マクロ［セル選択］を開始する
2	セルA1～D2を選択する
3	セルB2をアクティブセルにする
4	マクロを終了する

After

セルA1～D2が選択され、B2がアクティブになった

用語解説

Selectionプロパティ

Selectionプロパティは、現在選択されているセルまたはセル範囲を参照するRangeオブジェクトを取得します。実際には、Selectionプロパティは現在選択されているオブジェクトを取得します。そのため、例えばグラフが選択されている場合は、グラフオブジェクトが取得されてしまいますので注意してください。

用語解説

ActiveCellプロパティ

ActiveCellプロパティは現在のアクティブセルを参照するRangeオブジェクトを取得します。アクティブセルとは、現在作業対象となっていて、太枠で囲まれているセルのことです。

使いこなしのヒント

SelectメソッドとActivateメソッドを組み合わせる

手順3では、Selectメソッドでセル範囲を選択し、Activateメソッドでアクティブセルを移動しています。アクティブにするセルが選択範囲内（セルA1～D2）の場合は、選択は解除しないでアクティブセルだけ移動します。選択範囲外をアクティブにした場合は、選択は解除され、Activateメソッドでアクティブにしたセルだけが選択されます。

まとめ Rangeプロパティと Cellsプロパティを 使いこなそう

このレッスンでは、セルを参照する基本となるRangeプロパティとCellsプロパティを紹介しました。それぞれの特徴をしっかりマスターしてください。

レッスン 30 行と列の参照と選択方法

Rowsプロパティ、Columnsプロパティ | 練習用ファイル 手順見出しを参照

このレッスンでは、行や列を参照する方法を説明します。Excelでは、行を挿入するとか、列を選択するといった操作をよくしますが、マクロで同じ処理を行う場合にも行や列を参照します。いろいろな行や列の参照方法を知っておきましょう。

キーワード

セル範囲	P.343
列	P.345
列番号	P.345

行や列を参照する

行を参照するにはRowsプロパティ、列を参照するにはColumnsプロパティを使います。それぞれ指定した行や列を参照するRangeオブジェクトを取得します。

●Rowsプロパティ

オブジェクト.Rows([RowIndex])

オブジェクト	Worksheetオブジェクト、Rangeオブジェクト
引数	RowIndex：行番号を数値で指定。複数行を参照する場合は「"1:2"」のように文字列で指定する。省略した場合は、すべての行を参照する
説明	RowIndexで指定した行を参照するRangeオブジェクトを取得する。指定したWorksheetオブジェクトにある行を参照するが、省略した場合はアクティブシートの行を参照する。Rangeオブジェクトを指定した場合は、そのセル範囲の中の行を参照する

●Columnsプロパティ

オブジェクト.Columns([ColumnIndex])

オブジェクト	Worksheetオブジェクト、Rangeオブジェクト
引数	ColumnIndex：列番号を左から数えた数値または列番号を表す文字列（例："A"）で指定する。複数列を参照する場合は「"A:B"」のように文字列で指定する。省略した場合はすべての列を参照する
説明	ColumnIndexで指定した列を参照するRangeオブジェクトを取得する。指定したWorksheetオブジェクトにある列を参照するが、省略した場合はアクティブシートの列を参照する。Rangeオブジェクトを指定した場合は、そのセル範囲の中の列を参照する

使いこなしのヒント

Countプロパティで行数や列数を数えられる

Countプロパティは、コレクションに含まれるオブジェクトの数を返します。Rows.Countで全行の行数、Columns.Countで全列の列数が数えられます。

Rowsプロパティは行を参照し、Columnsプロパティは列を参照する

Rows.Countで全行数を数え、Columns.Countで全列数を数えられる

使いこなしのヒント

行や列を選択したい場合は

指定した行や列を選択したい場合は、Selectメソッドを使って選択します。

●行・列の参照例

参照する行や列	指定例	内容
単一の行	Rows(1)	1行目を参照
単一の列	Columns(2) Columns("B")	B列(2列目)を参照
連続する複数行	Rows("2:4")	2行目〜4行目を参照
連続する複数列	Columns("A:C")	A列〜C列(1〜3列目)を参照
全行	Rows	すべての行を参照
全列	Columns	すべての列を参照

1 行と列を参照して色を付ける

L30_行と列の参照と選択1.xlsm

●入力例

1	Sub 行と列の参照()
2	[Tab] Rows(1).Interior.Color = rgbLightGray
3	[Tab] Columns(1).Interior.Color = rgbLightBlue
4	[Tab] Rows("3:4").Interior.Color = rgbLightPink
5	[Tab] Columns("C:D").Interior.Color = rgbLightYellow
6	[Tab] Range("6:6,8:9").Interior.Color = rgbPlum
7	[Tab] Range("F:F,H:I").Interior.Color = rgbLightGreen
8	[Tab] Columns("K").Select
9	End Sub

1	マクロ[行と列の参照]を開始する
2	1行目のセルの色を薄い灰色に設定する
3	1列目のセルの色を薄い青に設定する
4	3〜4行目のセルの色を薄いピンクに設定する
5	C〜D列のセルの色を薄い黄色に設定する
6	6行目と8〜9行目のセルの色をプラムに設定する
7	F列とH〜I列のセルの色を薄い緑に設定する
8	K列を選択する
9	マクロを終了する

使いこなしのヒント
いろいろな参照方法を確認しよう

手順1ではアクティブシートの行や列をいろいろな参照方法で取得して、色を付けています。単一行・列、連続する複数行・列、離れた行・列の参照方法など、実行された結果から指定方法を確認してください。

使いこなしのヒント
すべての行、列を参照するには

すべての行や列は、引数を省略して、RowsやColumnsで参照できますが、すべての行と列、すなわち全セルを参照する場合は、Cellsで参照できます。

使いこなしのヒント
離れた行や列を参照するには

Rowsプロパティ、Columnsプロパティでは、連続した行や列を参照することはできますが、離れた行や列を参照することはできません。その場合は、Rangeプロパティを使って「Range("1:2, 4:5")」(1〜2行と4〜5行)または「Range("A:C, E:G")」(A〜C列とE〜G列)のように記述します。手順1の例では2行目から5行目までと8行目はRowsプロパティ、Columnsプロパティを使って単独の行や列、連続する行や列を選択しています。6行目と7行目では離れた行や列を選択するためRangeプロパティを使っています。

次のページに続く➡

After

指定したそれぞれの行と列に指定したそれぞれの色が付いた

用語解説
RowプロパティとColumnプロパティ

Rowプロパティは指定したセルの行番号、Columnプロパティは列番号を返します。例えば「Msgbox Range("C5").Row」とすると、セルC5の行番号「5」がメッセージ表示されます。また、セル範囲を指定した場合は、最小の行番号または列番号を返します。Rowsプロパティ、Columnsプロパティと綴りがよく似ているため間違えやすいので気を付けてください。

指定したセルを含む行全体・列全体を参照する

指定したセルを含む行を参照するにはEntireRowプロパティ、同様に列を参照するにはEntireColumnプロパティを使います。それぞれ、指定したセルを含む行や列を参照するRangeオブジェクトを取得します。

●EntireRowプロパティ／EntireColumnプロパティ

オブジェクト.EntireRow
オブジェクト.EntireColumn

オブジェクト	Rangeオブジェクト
説明	EntireRowプロパティは、オブジェクトで指定したセル範囲を含む行全体を参照するRangeオブジェクトを取得し、EntireColumnプロパティは、同様に列全体を参照するRangeオブジェクトを取得する

用語解説
EntireRowプロパティ

EntireRowプロパティは、指定したセルまたはセル範囲を含む行全体を参照します。例えば、「Range("A3").EntireRow」の場合はセルA3を含む行全体なので、3行目全体を参照します。

2 指定したセルを含む列を選択する
L30_行と列の参照と選択2.xlsm

●入力例

1	Sub_セルを含む列全体を選択() ↵
2	[Tab] Range("B2").EntireColumn.Select ↵
3	End_Sub

1	マクロ［セルを含む列全体を選択］を開始する
2	セルB2を含む列（B列）を選択する
3	マクロを終了する

用語解説
EntireColumnプロパティ

EntireColumnプロパティは、指定したセルまたはセル範囲を含む列全体を参照します。例えば、「Range("A3").EntireColumn」の場合はセルA3を含む列全体なので、A列全体を参照します。

After

セルB2を含む列が選択された

	A	B	C	D	E	F
1	商品ID	商品名	販売数			
2	C101	商品A	200			
3	C102	商品B	141			
4	C103	商品C	80			
5	合計		421			

3 行全体の表示・非表示を切り替える

L30_行と列の参照と選択3.xlsm

●入力例

1. Sub 行の表示_非表示()
2. [Tab] With Range("A2:A4").EntireRow
3. [Tab][Tab] .Hidden = Not .Hidden
4. [Tab] End With
5. End Sub

1. マクロ［行の表示_非表示］を開始する
2. セル範囲A2〜A4を含む行全体について以下の処理を行う（Withステートメントの開始）
3. セル範囲A2〜A4の行全体が非表示の場合は表示し、表示の場合は非表示にする
4. Withステートメントを終了する
5. マクロを終了する

Before

セル範囲A2〜A4を含む行全体が表示されている

	A	B	C	D	E	F
1	商品ID	商品名	販売数			
2	C101	商品A	200			
3	C102	商品B	141			
4	C103	商品C	80			
5	合計		421			

After

セル範囲A2〜A4の行全体が非表示になった

	A	B	C	D	E	F
1	商品ID	商品名	販売数			
5	合計		421			
6						

💡 使いこなしのヒント
行の表示・非表示を切り替えるには

手順3では、マクロを実行するたびにセル範囲A2〜A4の行全体の表示と非表示を切り替えています。Withステートメントでセル範囲A2〜A4の行全体を指定し、Hiddenプロパティの値に現在のHiddenプロパティの値の逆の値を代入しています。HiddenプロパティがTrueまたはFalseの値をとることから「Not .Hidden」とすることで現在の逆の設定値をHiddenプロパティに代入することになり、実行するたびにTrueとFalseが交互に入れ替わることを利用しています。

🔍 用語解説
TrueとFalse

TrueとFalseはブール型の値です。Trueの逆がFalse、Falseの逆がTrueとなり、Not TrueはFalseを意味します。

🔍 用語解説
Hiddenプロパティ

指定した行または列の表示・非表示を切り替えます。Hiddenの値をTrueに設定すると非表示、Falseに設定すると表示されます。

まとめ 行と列の参照方法の種類と違いを押さえよう

RowsプロパティとColumnsプロパティは直接行番号や列番号を指定して行や列を参照しますが、EntireRowプロパティとEntireColumnプロパティは指定したセルを含む行や列を参照するところが異なります。行単位や列単位で行う操作で必要となりますので、取得方法の違いを押さえておきましょう。

レッスン 31 実践 セルや行・列を参照した活用マクロを使ってみよう

セルの参照、行・列の参照 | 練習用ファイル 手順見出しを参照

セル・行・列のそれぞれを参照した2つの応用的なマクロを紹介します。今まで解説した内容に加えて、まだ解説していない内容が出てきますが、とりあえず挑戦してみましょう。このレッスンで実用的なマクロに少しだけ触れてみてください。

キーワード

繰り返し処理	P.341
ステートメント	P.342
変数	P.344

使いこなしのヒント

ColumnsプロパティとRangeプロパティを組み合わせる

手順1ではテキストデータを表に整えています。列幅を変更し、表全体に罫線を設定し、表の1行目のセルの色と文字の配置を変更しています。列幅を変更するためにColumnsプロパティで複数列を参照し、表全体に罫線を設定するためと、表の1行目に書式を設定するためにRangeプロパティでセル範囲を参照しています。セルに対するいろいろな操作は、第7章で解説します。

1 表の書式を整形する　L31_活用マクロ1.xlsm

●入力例

1	Sub 表整形()
2	[Tab] Columns("A:F").AutoFit
3	[Tab] Range("A1:F5").Borders.LineStyle = xlContinuous
4	[Tab] With Range("A1:F1")
5	[Tab][Tab] .Interior.Color = rgbLightGray
6	[Tab][Tab] .HorizontalAlignment = xlCenter
7	[Tab] End With
8	End Sub

1	マクロ［表整形］を開始する
2	A～F列の列幅を文字数に合わせて自動調節する
3	セル範囲A1～F5に格子型の罫線を線種を細実線 (xlContinuous)にして設定する
4	セル範囲A1～F1について以下の処理を実行する（Withステートメントの開始）
5	セルの色を薄い灰色に設定する
6	セル内の文字を水平方向に中央揃えにする
7	Withステートメントを終了する
8	マクロを終了する

After

表が書式で整形された

	A	B	C	D	E	F	G
1	NO	氏名	性別	郵便番号	都道府県	住所	
2	1	五味　克則	男	285-0007	千葉県	佐倉市下根町X-X-X	
3	2	麻生　徹	男	156-0052	東京都	世田谷区経堂X-X-X	
4	3	田村　明日香	女	360-0023	埼玉県	熊谷市佐谷田X-X-X	
5	4	林　誠	男	261-0011	千葉県	千葉市美浜区真砂X-X-X	

2 1行おきに行を挿入する　L31_活用マクロ2.xlsm

●入力例

1	Sub_行挿入_1行おき()
2	[Tab] Dim_i_As_Long
3	[Tab] For_i_=_5_To_2_Step_-1
4	[Tab][Tab] Cells(i,_1).EntireRow.Insert__ [Tab][Tab] CopyOrigin:=xlFormatFromRightOrBelow
5	[Tab] Next
6	End_Sub

1	マクロ［行挿入_1行おき］を開始する
2	長整数型の変数iを宣言する
3	変数iが5から2になるまで1ずつ減算しながら以下の処理を行う（Forステートメントの開始）
4	i行1列目のセルを含む行全体にセルを挿入し、下の行の書式を設定する
5	3行目に戻る
6	マクロを終了する

Before　1行ごとに情報が入力されている

After　1行おきに行が挿入された

使いこなしのヒント

Cellsプロパティと繰り返し処理を組み合わせる

手順2では、2行目〜5行目までのデータ部分に1行おきに行を挿入します。Cellsプロパティで行、1列目のセルに行を挿入し下の行の書式を設定しています。ポイントは繰り返し処理です。変数iに5から2に1ずつ減算しながら代入し、変数iを行番号としてCells(i, 1).EntireRowで1行ずつ上の行に移動しながら、Insertメソッドで行挿入します。このコードから、Cellsプロパティは、行や列を別々に指定できるので、繰り返し処理に適していることがわかると思います。なお、繰り返し処理のForNextステートメントについては第9章で解説します。

使いこなしのヒント

手順1と手順2はまとめられる

手順1の［表整形］マクロと手順2の［行挿入_1行おき］マクロは、1つのマクロにまとめることができます。［行挿入_1行おき］マクロの処理の部分を［表整形］マクロの処理の下にコピーすれば、表整形の後、続けて行挿入の処理が実行されます。

まとめ　実用的なマクロにチャレンジしてみよう

このレッスンでは、セル・行・列に対していろいろな処理を行う少し実用的なマクロを紹介しました。1行ずつコードの意味を解説していますので、見比べながらなんとなく理解していただけるかと思います。今まで習った基本文法、変数、セル・行・列の参照の復習としてください。また、繰り返し処理やセルの各種操作については予習と思ってチャレンジしてください。

この章のまとめ

参照方法の種類と違いを押さえよう

セルを参照するにはRangeプロパティだけでなく、さまざまなものが用意されていることが分かったと思います。Cellsプロパティは、行番号と列番号を別々に指定できるので、変数と組み合わせていろいろなセルを参照できます。また、Rowsプロパティ、ColumnsプロパティとEntireRowプロパティ、EntireColumnプロパティで行や列が参照できます。RowsプロパティとColumnsプロパティは行番号や列番号を使って行や列を参照しますが、EntireRowプロパティ、EntireColumnプロパティは、オブジェクトで指定したセルやセル範囲を含む行全体、列全体を参照するということを覚えておきましょう。

セル、行、列の参照方法をマスターしておこう

この章は覚えることが多くて大変でした……。

VBAのコードは英語が元なので、日本語も一緒に覚えましょう。Rowは「行」、Columnは「縦の段」という意味があります。「ウ」で終わる同士と、「ン」で終わる同士の組み合わせになってますよ♪

活用マクロが実践的で良かったです！

活用編では、各章の最後でその章に登場したマクロをまとめて紹介しています。おさらいも兼ねて、ぜひ挑戦してみましょう。練習用ファイルのマクロを実行するだけでも参考になりますよ！

活用編

第6章

表作成に便利なセルの参照方法を覚えよう

VBAには、表作成に便利なセル参照のプロパティが用意されています。これを駆使すると、表全体を一気に参照したり、表の終端にあるセルのみを参照したりすることができます。ここでは、セルを臨機応変に扱えるセルの参照方法を紹介します。

32	表の変化に柔軟に対応するセルを参照しよう	112
33	表全体・表内の行と列のセルを参照するには	114
34	上下のセルや隣のセルを参照するには	118
35	表の一番下の行や一番右の列のセルを参照するには	120
36	セル範囲を拡大・縮小するには	122
37	いろいろなセル参照方法を使ってデータを転記しよう	124

レッスン 32

Introduction この章で学ぶこと

表の変化に柔軟に対応するセルを参照しよう

マクロで操作する表の大きさが変化する場合、セルをどのように参照すればいいのだろうと思っていませんか？ VBAには、表の変化に柔軟に対応できるさまざまなプロパティが用意されています。

活用編 第6章 表作成に便利なセルの参照方法を覚えよう

表の大きさが変わったら、マクロも書き換え？

素朴な疑問なんですけど、表にデータを足したらマクロの参照範囲も変更する必要がありますよね？

おお、いい所に気が付きましたね！ 実は大きさが変わる表に合わせて、参照範囲も変更することができるんです。

それを聞いて安心しました！ 使い方、知りたいです。

表全体を参照する方法を覚えよう

まずは表全体を参照する方法から紹介します。ここでの「表」はシート全体ではなくて、データが入っている範囲を指すことに注意してください。

	A	B	C	D
1	売上販売数			
2				
3	商品ID	商品名	販売数	
4	S001	ビジネス靴	132	
5	S002	パンプス	240	
6	S003	サンダル	266	
7	S004	ブーツ	86	
8				

アクティブセルを含む、データが入った範囲を選択できる

特定のセルから離れたセルも参照できる

さらに、特定のセルから離れた場所にあるセルも参照できます。これを使うと、表のタイトル行を選択から外したり、新しく追加した行や列を参照したりできるんです!

これ、いろいろな用途に使えそう!
VBAの書き方、マスターしたいです!

	A	B	C	D
1	売上販売数			
2				
3	商品ID	商品名	販売数	
4	S001	ビジネス靴	132	
5	S002	パンプス	240	
6	S003	サンダル	266	
7	S004	ブーツ	86	
8				
9				
10				

参照した範囲を行や列の単位でずらすことができる

表の端も簡単に参照できる

VBAを使うと表の端っこもすぐに参照できます。そこから1つだけずらせば、次にデータを入力する行や列が簡単に選択できるんですよ♪

こういう使い方があるんですね!
VBAでできるなんてびっくりしました!

	A	B	C	D	E
1	NO	日付	商品名	販売数	
2	1	5月1日	ノートPC	22	
3	2	5月2日	タブレット	43	
4	3	5月3日	デスクトップ	15	
5					
6					

新しく追記したいセルをすぐに選択できる

レッスン 33 表全体・表内の行と列のセルを参照するには

表参照 | **練習用ファイル** 手順見出しを参照

ここでは、表全体を参照するプロパティを紹介します。更新するごとにデータが増加する売上表のような、セル範囲を固定できない表でも参照できるようになります。また、表全体の1行目にある見出し行や、最後の行にある集計行を参照するテクニックも紹介します。

キーワード

アクティブセル	P.340
セル参照	P.343
セル範囲	P.343

用語解説

アクティブセル領域

基準となるセルを含む、空白行と空白列に囲まれた範囲、つまりデータが連続して入力されている領域のことです。Excelでは、アクティブセルを表内において、Ctrl+Shift+*キーを押すか、Ctrl+*キー（テンキー）を押して選択される範囲のことを指します。

表全体を参照する

CurrentRegionプロパティは、表全体を参照するRangeオブジェクトを取得します。表全体というのは、アクティブセル領域のことです。Excelのキー操作のCtrl+Shift+*キーに該当します。

●CurrentRegionプロパティ

オブジェクト.CurrentRegion

オブジェクト	Rangeオブジェクト
説明	指定したセルを含むアクティブセル領域を参照するRangeオブジェクトを取得

👍 スキルアップ

参照セル範囲に注意して表を作成しよう

CurrentRegionプロパティは、アクティブセル領域を参照できるため、マクロの中で表全体を参照したいときによく使われます。ただし、表に隣接するセルにタイトルや作成日、数値の単位などが入力されていると、そのセルも含めてしまいます。CurrentRegionプロパティで正しく表全体を参照させるためには、元となる表の作り方に注意が必要です。

●参照しづらい表 ❌

よく見かける表。タイトルが1行目で、2行目から表が作成されている

●参照しづらい表 ❌

タイトルと表は1行空いているが、隣接するセル(C2)に単位が入力されている

●参照しやすい表

表が空白行、空白列に囲まれている。隣接するセルにデータが入力されていない

1 表全体を選択する

L33_表内セル参照1.xlsm

●入力例

1	Sub␣表選択()⏎
2	[Tab] Range("A3").CurrentRegion.Select⏎
3	End␣Sub

1	マクロ［表選択］を開始する
2	セルA3を含む表全体を選択する
3	マクロを終了する

Before

	A	B	C
1	売上販売数		
2			
3	商品ID	商品名	販売数
4	S001	ビジネス靴	132
5	S002	パンプス	240
6	S003	サンダル	266
7	S004	ブーツ	86
8			

表に隣接するセルにデータが入力されていない表を用意しておく

After

	A	B	C
1	売上販売数		
2			
3	商品ID	商品名	販売数
4	S001	ビジネス靴	132
5	S002	パンプス	240
6	S003	サンダル	266
7	S004	ブーツ	86
8			

表全体が選択された

表の行数・列数を数えて、1列目や最終列を参照する

表の行数や列数を数えたい場合はCountプロパティを使います。表の行数や列数を数えると、表の1行目や最終行、1列目や最終列を参照できます。ここでのポイントは、表全体のセル範囲に対して、RowsプロパティやColumnsプロパティを使って表内の行や列を参照するところです。このプロパティは表を扱うときによく使いますのでしっかり覚えておきましょう。

●Countプロパティ

コレクション.Count

オブジェクト	Worksheetsコレクション、Rangeオブジェクトなどコレクションとして扱えるもの
説明	指定したコレクションに含まれるオブジェクトの数を返す。セル範囲を参照するRangeオブジェクトは、コレクションとして扱うことができる

●基本構文（表の行数を取得する）

表の範囲.Rows.Count

使いこなしのヒント
表の範囲を正しく選択しよう

手順1ではセルA3を含む表全体を選択しています。表が正しく選択されているので、「Range("A3").CurrentRegion」で取得したRangeオブジェクトが表全体のセル範囲を参照するものとして利用できるようになります。

使いこなしのヒント
セルに名前を付けるとさらに便利に使える

手順1では、セルA3を基準となるセルとして指定しています。基本的には、基準となるセルは、表の左上隅のセルにしてください。この基準となるセルに名前を付けておくとさらに便利です。例えばセルA3に「表」と名前を付けておくと、表の上に行を挿入して基準となるセルが移動した場合でも、コードを書き換えずに「Range("表").CurrentRegion」で常に正しく表を参照できます。

1	基準となるセルをクリック

	A	B	C
1	売上販売数		
2			
3	商品ID	商品名	販売数
4	S001	ビジネス靴	132
5	S002	パンプス	240
6	S003	サンダル	266
7	S004	ブーツ	86
8			

名前ボックス：表

2	名前ボックスに付けたい名前（ここでは「表」）を入力

●入力例

r = Range("A1:C5").Rows.Count

意味　セル範囲A1〜C5の**行数を数えて**変数rに代入する

●基本構文（表の先頭行・最終行を参照する）

> 先頭行：表の範囲.**Rows(1)**
> 最終行：表の範囲.**Rows(表の行数)**

●入力例

Range("A1:C5").Rows(1).Select

意味　セル範囲A1〜C5の**先頭行**を選択する

2 表の行数・列数を数えて表示する

L33_表内セル参照2.xlsm

●入力例

1　Sub_表の行数列数取得()
2　[Tab] Dim_r_As_Long,_c_As_Long
3　[Tab] r_=_Range("A3").CurrentRegion.Rows.Count
4　[Tab] c_=_Range("A3").CurrentRegion.Columns.Count
5　[Tab] MsgBox_"行数："_&_r_&_Chr(10)_&_"列数："_&_c
6　End_Sub

1　マクロ［表の行数列数取得］を開始する
2　長整数型の変数rとcを宣言する
3　変数rにセルA3を含む表全体の行数を代入する
4　変数cにセルA3を含む表全体の列数を代入する
5　「行数：」、変数rの値、改行、「列数：」、変数cの値を連結した文字列をメッセージ表示する
6　マクロを終了する

After　表の行数と列数が数えられ、メッセージが表示された

⚠ ここに注意

Countプロパティは、長整数型の数値を返します。そのため、長整数型の範囲内（2,147,483,647）の数までの対応となります。これより大きい数値を数えたい場合は、CountLargeプロパティを使います。これは、ワークシート全体のセルの数に対応しています。

💡 使いこなしのヒント

表のデータ部分の行数を求めるには

表のデータ部分の行数を求めるには、表全体から見出し行を除いた部分になるため、「表の行数-1」で求められます。

💡 使いこなしのヒント

表の列も同様に参照できる

表の列数は「表の範囲.Columns.Count」で求められ、表の1列目は「表の範囲.Columns(1)」、表の最終列（右端列）は「表の範囲.Columns(表の列数)」で参照できます。

💡 使いこなしのヒント

引数を省略して表全体を参照する

手順2では、セルA3を含む表全体をCurrentRegionプロパティで取得し、Rowsプロパティで表全体の行、Columnsプロパティで表全体の列を参照しています。これは、Rowsプロパティ、Columnsプロパティは引数を省略すると、指定したセル範囲の全行、全列をそれぞれ参照することを利用しています。さらにCountプロパティを使って取得した全行と全列の数を数えています。

3 表の見出しや集計行に色を付ける

L33_表内セル参照3.xlsm

●入力例

1. `Sub 表内の行列参照()`
2. `  Dim r As Long`
3. `  With Range("A3").CurrentRegion`
4. `    r = .Rows.Count`
5. `    .Columns(1).Interior.Color = rgbLightYellow`
6. `    .Rows(1).Interior.Color = rgbSandyBrown`
7. `    .Rows(r).Interior.Color = rgbSandyBrown`
8. `  End With`
9. `End Sub`

1	マクロ［表内の行列参照］を開始する
2	長整数型の変数rを宣言する
3	セルA3を含む表全体（アクティブセル領域）について以下の処理を実行する（Withステートメントの開始）
4	変数rに表全体の行数を代入する
5	表の1列目の色を薄い黄色に設定する
6	表の1行目の色をサンディブラウンに設定する
7	表のr行目（最終行）の色をサンディブラウンに設定する
8	Withステートメントを終了する
9	マクロを終了する

After

表の1行目・1列目と最終行に色が付いた

	A	B	C
1	売上販売数		
2			
3	商品ID	商品名	販売数
4	S001	ビジネス靴	132
5	S002	パンプス	240
6	S003	サンダル	266
7	S004	ブーツ	86
8		合計	724
9			

使いこなしのヒント
メッセージ画面で文字列を改行するにはChr関数が便利

手順2の5行目には「Chr(10)」という記述があります。これはChr関数といって、ASCII文字に対応する文字や制御文字を返します。ここでは、メッセージ画面の文字列を改行したいときは「Chr(10)」と記述すると覚えておいてください。

使いこなしのヒント
表の先頭行や列、最終行を取得する

手順3では、セルA3を含む表全体を対象にいろいろな処理を行うため、Withステートメント（レッスン23参照）を使っています。「With ～ End With」で囲まれた範囲で、「.(ピリオド)」で始まっているコードは、前に「Range("A3").CurrentRegion」が記述されているものとして読み替えてください。「r = .Rows.Count」で変数rに表全体の行数を代入しています。この値は、表の最終行を取得するのに使います。「.Columns(1)」で1列目、「.Rows(1)」で1行目、「.Rows(r)」で最終行を参照しています。コードは上から順番に実行されますので、最初に1列目に色を設定してから、1行目と最終行に色を設定しています。

まとめ
表と先頭行列、最終行列の参照方法は重要

このレッスンでは、表全体のセル範囲を自動的に参照できるCurrentRegionプロパティを紹介しました。表を扱う上で大変重要になるプロパティです。また、正確に表全体を参照するためには、元となる表の作り方もポイントになります。そして、表内の行や列を参照する場合は、表のセル範囲に対してRowsプロパティ、Coloumsプロパティを使うこともポイントとして覚えてください。

レッスン 34 上下のセルや隣のセルを参照するには

離れた位置のセル参照 | 練習用ファイル 手順見出しを参照

このレッスンでは、基準となるセルに対して○行下で○列右のセルというように相対的に離れた位置にあるセルを参照する方法を紹介します。このプロパティを使うと、セルA1の隣のセルを選択したり、表の新規入力行のセルを選択したりできるようになります。

キーワード

セル参照	P.343
セル範囲	P.343
相対参照	P.343

相対的な位置にあるセルを参照する

Offsetプロパティは、基準のセルから指定した行数と列数だけ離れた位置にあるセルを参照するRangeオブジェクトを返します。行方向の移動数と列方向の移動数を正確に指定できるようにしましょう。

●Offsetプロパティ

オブジェクト.Offset ([RowOffset], [ColumnOffset])

オブジェクト	Rangeオブジェクト
説明	RowOffset：行方向の移動数を指定。正の数は下方向、負の数は上方向、省略時は0となる／ColumnOffset：列方向の移動数を指定。正の数は右方向、負の数は左方向、省略時は0となる
引数	指定した基準のセルから指定した行数、列数だけ離れた位置にあるRangeオブジェクトを取得する

使いこなしのヒント
Offsetの指定例

下表のように正の数の場合は、行は下、列は右への移動になり、負の数の場合は、行は上、列は左への移動になります。また、行や列を移動しない場合の指定方法も確認しておいてください。

●指定例と移動内容

指定例	内容
セル.Offset(1,1)	セルの1行下、1列右のセル
セル.Offset(-1,-2)	セルの1行上、2列左のセル
セル.Offset(3)	セルの3行下のセル
セル.Offset(,2)	セルの2列右のセル

1 ○行○列離れたセルに入力する

L34_行数列数移動1.xlsm

●入力例

1	Sub_参照セル移動() ↵
2	[Tab] Range("D4").Offset(2,_3).Value_=_"○" ↵
3	[Tab] Range("D4").Offset(-1,_-2).Value_=_"△" ↵
4	End_Sub

1	マクロ［参照セル移動］を開始する
2	セルD4の2行下、3列右のセルに「○」を入力する
3	セルD4の1行上、2列左のセルに「△」を入力する
4	マクロを終了する

使いこなしのヒント
移動がない場合は0の記述を省略できる

列方向の移動はなく、1行下のセルを参照する場合の記述は、「セル.Offset(1, 0)」ですが、0を省略して「セル.Offset(1)」とも記述できます。同様に、行の移動はなく、1列右のセルを参照する場合の記述は、「セル.Offset(0, 1)」ですが、0を省略して「セル.Offset(, 1)」とも記述できます。列の移動のみの場合は、「,（カンマ）」の記述を忘れないでください。

Before / After

セルD4を基準に設定している

基準のセルから指定した行数・列数だけ移動したセルに「○」と「△」が入力された

使いこなしのヒント
基準のセルから指定した行数と列数だけ移動したセルを参照する

手順1では、セルD4を基準のセルとして、指定した行数と列数だけ移動したセルに値を入力しています。正の数の場合の移動方向、負の数の場合の移動方向を確認してください。

2 表全体をずらしたセル範囲を参照する
L34_行数列数移動2.xlsm

●入力例

1	Sub_参照セル範囲移動() ↵
2	[Tab] Range("A3").CurrentRegion.Offset(1).Select ↵
3	End_Sub

1	マクロ［参照セル範囲移動］を開始する
2	セルA3を含む表全体を1行下に移動した範囲を選択する
3	マクロを終了する

Before
セルA3を基準に設定している

After

基準のセルを含む表全体の範囲を1行下に移動した範囲が選択された

使いこなしのヒント
セル範囲を指定した行数や列数だけずらすことができる

「セル範囲.Offset(行数, 列数)」でセル範囲を全体的に指定した行数、列数だけずらすことができるのを確認してください。手順2では、表全体のセル範囲を1行下げたセル範囲を参照しています。これは、レッスン36で紹介するResizeプロパティと組み合わせて、データ部分だけ参照する場合に使用します。

まとめ
参照するセルを自由に変更できる

Offsetプロパティを使うと、セルA1の右隣りのセルを参照したり、表全体を1行下にずらしたセル範囲を参照したりと、移動する行数や列数を指定して、参照するセルやセル範囲を自由に変更できるようになります。このプロパティもとてもよく使用するのでマスターしましょう。

レッスン 35 表の一番下の行や一番右の列のセルを参照するには

終端セル参照 | **練習用ファイル** 手順番号を参照

このレッスンでは、表の下端、上端、左端、右端に位置するセルを参照する方法を紹介します。特に表の下端にある新規入力行のセルを選択したり、列の右端の列にある合計列のセルに対して操作参照したりするときに便利です。

キーワード

セル参照	P.343
セル範囲	P.343
ワークシート	P.345

⚠ ここに注意

Endプロパティは、指定したセルからデータが入力されている終端のセルを参照します。そのため、表内に空白セルがある場合は、その空白セルの手前のセルを参照してしまいます。途中に空白がない表で使用するようにしましょう。

表の上下左右の終端セルを参照する

Endプロパティは、指定したセルから下、上、左、右端のセルを参照するRangeオブジェクトを取得します。Excelのキー操作の Ctrl +↓、↑、←、→キーに該当します。

●Endプロパティ

オブジェクト.End(Direction)

オブジェクト	Rangeオブジェクト
引数	Direction:移動する方向を定数で指定(下表参照)
説明	データが連続して入力されている表の上下左右の端にあるセルを参照するRangeオブジェクトを取得する

定数	方向	定数	方向
xlDown	下端	xlToLeft	左端
xlUp	上端	xlToRight	右端

1 表の上端、下端、右端、左端のセルを参照する
L35_終端セル参照1.xlsm

●入力例

```
1  Sub_終端セル参照()
2    Range("D4").End(xlDown).Interior.Color_=_rgbOrange
3    Range("D4").End(xlToLeft).Interior.Color_=_rgbOrange
4    Range("D4").End(xlToRight).Interior.Color_=_rgbOrange
5    Range("D4").End(xlUp).Interior.Color_=_rgbOrange
6  End_Sub
```

1	マクロ［終端セル参照］を開始する
2	セルD4を基準に下方向の終端セルの色をオレンジに設定する

💡 使いこなしのヒント

Endプロパティで参照されるセルを確認しよう

手順1では、表内のセルD4を基準に下端、左端、右端、上端のセルの色をオレンジに設定しています。左端のセルについて、表の左端のセルはA4ですが、空白となっているためデータの切れ目に当たるセルB4に色が設定されます。

3	セルD4を基準に左方向の終端セルの色をオレンジに設定する
4	セルD4を基準に右方向の終端セルの色をオレンジに設定する
5	セルD4を基準に上方向の終端セルの色をオレンジに設定する
6	マクロを終了する

After

セルD4を基準として左右上下の終端セルに色が付いた

使いこなしのヒント

EndプロパティとOffsetプロパティを組み合わせる

手順2では、セルA1から下方向に終端のセルをEndプロパティで取得し、さらに1つ下のセルをOffsetプロパティを使って取得しています。これにより、表の最後の行の1つ下のセルが選択され、新規入力行への移動になります。この組み合わせはとてもよく使われるので、覚えておきましょう。

2 表の新規入力行に移動する

L35_終端セル参照2.xlsm

●入力例

1	Sub_新規入力行移動()
2	[Tab] Range("A1").End(xlDown).Offset(1).Select
3	End_Sub

1	マクロ［新規入力行移動1］を開始する
2	セルA1を基準とした下方向の終端セルの1つ下のセルを選択する
3	マクロを終了する

Before

表の先頭のセルA1から表の新規入力行に移動したい

After

セルA1を基準とした下方向の終端セルの1つ下のセルA5が選択された

⚠ ここに注意

手順2のコードを、表が見出しのみで2行目以降のデータがまだ入力されていないときに実行するとエラーになります。それは、「Range("A1").End(xlDown)」でワークシートの最下行のセルを参照してしまうからです。Offset(1)でその1つ下のセルを指定しますが、最下行のセルのさらに下にはセルは存在しないためエラーになります。これに対応するには、「Cells(Rows.Count,1).End(xlUp).Offset(1)」で、ワークシートの最下端から上方向に終端のセルの1つ下のセルで参照できます。

まとめ 表の終端のセルには簡単に移動できる

Endプロパティを使うと、さまざまな大きさの表の右端の列にあるセルや下端の行にあるセルに簡単に移動できます。Offsetプロパティと組み合わせると、データが入力されているセルの次のセルといった表の隣の新しい行や列への移動も簡単です。

レッスン 36 セル範囲を拡大・縮小するには

| セル範囲の変更 | 練習用ファイル | L36_セル範囲の修正.xlsm |

このレッスンでは、セルA1から2行3列分増やしたセル範囲を参照したり、表のセル範囲から1行目だけを参照したりするなど、指定したセルやセル範囲から行数や列数を変更し、新しいセル範囲を参照する方法を紹介します。

セル範囲を変更する

Resizeプロパティは、指定したセルまたはセル範囲から、指定した行数、列数に変更したセル範囲を参照するRangeオブジェクトを取得します。操作対象となるセル範囲を変更するときに便利です。

●Resizeプロパティ

オブジェクト.Resize([RowSize], [ColumnSize])

オブジェクト	Rangeオブジェクト
引数	RowSize：行数を指定。省略時は、元のセル範囲と同じ行数／ColumnSize：列数を指定。省略時は元のセル範囲と同じ列数
説明	Rangeオブジェクトに基点のセルまたはセル範囲を指定し、その基点のセルから引数RowSize、引数Columnで指定した行数、列数のサイズに変更したセル範囲を参照するRangeオブジェクトを取得する

●入力例1

Range("A1").Resize(2, 4).Select

| 意味 | セルA1を基点に2行,4列のセル範囲を選択する |

●入力例2

Range("A1:D4").Resize(, 1).Select

| 意味 | セルA1～D4の範囲を基点に元の行数,1列のセル範囲を選択する |

キーワード

セル参照	P.343
セル範囲	P.343
引数	P.344

使いこなしのヒント
セル範囲を変更する場合は始点が基点となる

セル範囲に対してResizeプロパティでセル範囲を変更する場合は、始点のセル（左上角のセル）が基点のセルになります。

スキルアップ
表のデータ部分だけを参照する

表のデータ部分だけを参照するには、❶表全体を1行下にずらし、❷表の行方向のサイズを「表の行数-1」に変更します。❶は「Offset(1)」で指定でき、❷は「Reseize(表のセル範囲.Rows.Count-1)」で表の行数から、1行（見出し行分）引いた行数にセル範囲を変更すれば参照できます。

1 Sub_データ範囲選択()↵
2 [Tab] With_Range("A1").CurrentRegion.Offset(1) ↵ …❶
3 [Tab][Tab] .Resize(.Rows.Count_-_1).Select ↵ …❷
4 [Tab] End_With ↵
5 End_Sub

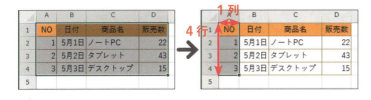

1 セル範囲を修正する

●入力例

1	Sub␣セル範囲変更() ⏎
2	[Tab]␣With␣Range("A1").CurrentRegion ⏎
3	[Tab][Tab]␣.Resize(␣,␣1).Interior.Color␣=␣rgbBeige ⏎
4	[Tab][Tab]␣.Resize(1).Interior.Color␣=␣rgbOrange ⏎
5	[Tab]␣End␣With ⏎
6	End␣Sub

1	マクロ［セル範囲変更］を開始する
2	セルA1を含む表全体について以下の処理を行う（Withステートメントの開始）
3	行数はそのまま、列数を1にセル範囲を変更してセルの色をベージュに設定
4	行を1、列数はそのままでセル範囲を変更してセルの色をオレンジに設定
5	Withステートメントを終了する
6	マクロを終了する

Before

	A	B	C	D
1	NO	日付	商品名	販売数
2	1	5月1日	ノートPC	22
3	2	5月2日	タブレット	43
4	3	5月3日	デスクトップ	15
5				

セル範囲を指定してデザインを変えたい

After

	A	B	C	D
1	NO	日付	商品名	販売数
2	1	5月1日	ノートPC	22
3	2	5月2日	タブレット	43
4	3	5月3日	デスクトップ	15
5				

指定したセル範囲に指定した色が付いた

使いこなしのヒント

全体を取得してから表の行見出しを参照する

手順1では、セルA1を含むアクティブセル領域（表全体）に対して、「.Resize(, 1)」で表を1列に縮小したセル範囲に変更し、次に、「.Resize(1)」で表を1行に縮小したセル範囲に変更しています。先に表全体のセル範囲を取得しておいてから、表の1列目の行見出しと1行目の見出しを参照する方法として覚えておくと便利です。

まとめ

便利なResizeプロパティをマスターしよう

Resizeプロパティは、基点とするセルを指定した行数、列数のセル範囲に変更できるという便利なプロパティです。特に、表の中で、見出し行や、見出し列、データ範囲など、必要な部分だけを参照したいときに活躍します。Offsetプロパティと組み合わせることで、いろいろな参照ができることもポイントとして覚えておきましょう。

レッスン 37 実践 いろいろなセル参照方法を使ってデータを転記しよう

データ転記　　**練習用ファイル** L37_データ転記.xlsm

この章で学習したいろいろなプロパティを使用して、申し込み表のデータを別シートの一覧表に転記する処理を紹介します。セルやセル範囲を参照する方法はすでに解説済みですが、データを転記する方法として配列を使っています。少し難しいかもしれませんがチャレンジしてみましょう。

活用編 第6章 表作成に便利なセルの参照方法を覚えよう

キーワード
関数	P.341
セル参照	P.343
変数	P.344

1 申し込み表のデータを一覧表に転記する

●入力例

1	`Sub 申込みデータ転記()`
2	`Dim rng As Range, vAry As Variant`
3	`Worksheets("申込").Select`
4	`Set rng = Worksheets("集計").Cells(Rows.Count, 2). _` `End(xlUp).Offset(1)`

5	`vAry = Array(Range("F1").Value, Range("B3").Value, _`
	`Range("B4").Value, Range("B5").Value, _`
	`Range("D3").Value, Range("F3").Value, _`
	`Range("D4").Value, Range("F4").Value)`

6	`rng.Resize(, 8).Value = vAry`
7	`rng.Offset(1, -1).Value = rng.Offset(, -1).Value + 1`
8	`End Sub`

1	マクロ［申込みデータ転記］を開始する
2	Range型の変数rngとVariant型の変数vAryを宣言する
3	［申込］シートを選択
4	変数rngに［集計］シートの最下行、2列目のセルから上端のセルの1つ下のセル（新規入力行の転記先の先頭セル）を代入する
5	変数vAryに、セルF1、セルB3、セルB4、セルB5、セルD3、セルF3、セルD4、セルF4の値を配列にして代入する
6	変数rngのセルを8列右に拡大したセル範囲に変数vAryの値を入力する
7	変数rngのセルの1行下、1列左（受付NOのセル）に変数rngのセルの1列左のセルに1を加算した値を入力する
8	マクロを終了する

使いこなしのヒント
変数を組み合わせて転記する

手順1の2行目の変数rngは、転記先の基準のセルを代入するための変数です。転記先のセルは、［集計］シートの2列目（B列）の新規入力行のセルになります。ここでは、ワークシートの最下端のセルからEndプロパティで上端のセル（最終データのセル）を取得し、Offsetプロパティで1つ下のセルを参照することで新規入力行のセルを求めています。
また、5行目の変数vAryは、Array関数によって作成された配列を代入します。Array関数の結果はVariant型なので、Vairant型で宣言しています。ここでは、［申込］シートにある申し込み表に入力されたデータを表に転記するために、Array関数の引数に表の順番でセルの値を「,(カンマ)」で区切りながら指定して変数vAryに代入します。これで、指定した並びで配列に代入されます。あとは作成した配列と同じ列数のセル範囲に変数vAryを代入することで転記が完了します。

使いこなしのヒント
配列とは

配列とは、1つの入れ物に複数の同じデータ型の値を入れて利用するものをいいます。詳細は第8章のレッスン52のスキルアップを参照してください。

用語解説

Array関数

引数で指定した値で作成された配列をVariant型で返します。Array関数で作成した配列は、セル範囲にまとめて表示できます。例えば、Array関数で作成した配列が3つの要素を持つ場合、同じ3列のセル範囲のValueプロパティにArray関数の配列を代入して入力できます。

Array(値1, 値2, 値3, …)

まとめ　セルを取得するプロパティを組み合わせよう

ここで行っているデータ転記の処理では、第6章で紹介したプロパティを多く使っています。これらのプロパティを使うとかなり実務的な処理ができるようになります。少し難しく感じるかもしれませんが、時間をかけてゆっくりマスターしてください。

スキルアップ

セルの値を配列に変換する仕組みを学ぼう

下図を例にデータを転記する仕組みを理解しましょう。ここでは申込表の転記したいセルの値をArray関数に表の順番（❶～❽）で追加し、配列変数vAryに代入しています。基準のセルrngのセル範囲を8列に増やして、転記先のセル範囲に配列変数vAryの内容を代入することで転記しているという仕組みです。

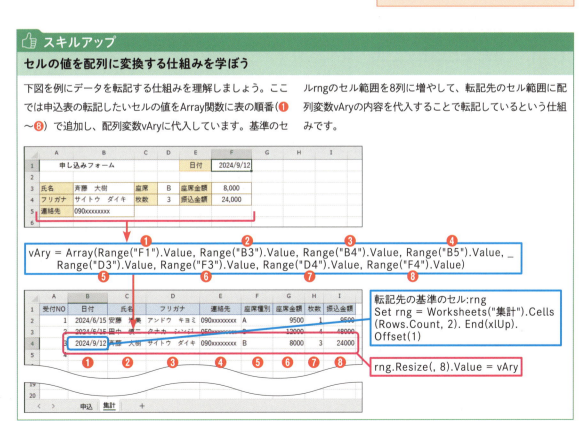

この章のまとめ

セルやセル範囲は柔軟に参照できる

この章では、より実務的なセル参照の方法を紹介しました。表全体のセル範囲を自動的に取得したり、セルをずらして参照したり、終端のセルを参照したり、セル範囲を変更したりと、参照したいセルやセル範囲を柔軟に変更できます。この章に登場したプロパティをマスターすれば、マクロでセルやセル範囲を自由に操作できるようになります。

	A	B	C	D	E	F
1	NO	日付	商品名	販売数		
2	1	5月1日	ノートPC	22		
3	2	5月2日	タブレット	43		
4	3	5月3日	デスクトップ	15		
5						
6						

セル範囲に合わせて自由自在に参照できる

いろいろな参照方法があるんですね。表を使ったマクロが便利になりそうです！

そう、その通り！ Excelのデータは表の形になっていることが多いので、好きな範囲を自由に選べるようになると便利です。マクロを活用する場面がぐっと増えますよ♪

たくさんあって、覚えきれないかも……。

参照方法を一度に全部覚えなくても大丈夫。ただ、「こういうことはできるんじゃないかな？」というイメージは持っておきましょう。コードの書き方を知りたいときに、この章を開くといいですよ。

活用編

第7章

セルの値や見た目などを変更しよう

7章では、セルに値や数式を入力したり、書式設定や罫線などの見た目を変更したり、コピーや移動、列幅の調整など、セルに対するいろいろな操作の方法を紹介します。

38	セルを操作する方法を覚えよう	**128**
39	セルに値や数式を入力するには	**130**
40	セルの値や書式を削除するには	**134**
41	セルをコピーするには	**136**
42	セルを挿入・削除する	**140**
43	セルに書式を設定するには	**142**
44	セル内の文字の配置を変更するには	**144**
45	セルの表示形式を設定するには	**146**
46	セルや文字に色を設定するには	**148**
47	罫線を引くには	**152**
48	行の高さや列の幅を変更するには	**154**
49	特定のセルをまとめて参照するには	**156**
50	テキストデータを表形式に整形するには	**158**

レッスン 38

Introduction この章で学ぶこと

セルを操作する方法を覚えよう

この章では、セルに対して値を入力したり、書式を設定したり、コピーや移動をしたりするプロパティやメソッドを紹介します。Excelで通常行う操作をVBAで記述すれば、一度に大量の処理が行えます。セルに対するプロパティやメソッドの使い方を覚えましょう。

活用編 第7章 セルの値や見た目などを変更しよう

セルを自由自在に操ろう！

だんだんVBAに慣れてきました。この章では何をやるんですか？

いいですね、その調子です！　この章ではセルを自由自在に操作して、表を整える方法を紹介しますよ。

セルのコピーや形式を選択して貼り付けができる

まずはセルのコピーと、形式を選択して貼り付ける方法などを紹介します。Excelのメニューでいうと［貼り付け］の［形式を選択して貼り付け］です。

手作業で範囲選択したり、貼り付けたりしなくてもできるんですね！　このやり方が知りたかったんです！

	A	B	C	D	E
1	売上データ				
2	日付	商品名	価格	数量	金額
3	6月4日	Webカメラ	5,000	8	40,000
4	売上表				
5	日付	商品名	価格	数量	金額
6	6月1日	卓上ライト	3,500	5	17,500
7	6月2日	マイク付きイヤホン	4,500	4	18,000
8	6月3日	PCスタンド	2,500	8	20,000
9	6月4日	Webカメラ	5,000	8	40,000
10					
11					

売上データのみを売上表に転記できる

文字の書式を設定できる

文字の書式もすべて設定できます。文字の種類や大きさ、配置、表示形式もお任せあれ！ Excelのメニューでいうと［フォント］や［配置］、［数値］などで設定する内容ですね。

データの種類も指定できるんですね。表がすっきりして見やすくなりました♪

文字の種類、配置、データの内容などすべて設定できる

	A	B	C	D	E
1		企画会議参加者			
2					
3	部署	氏名	内線	備考	
4	企画部	坂口　尚美	1012		
5	企画部	中山　紹子	1018		
6	開発部	藤堂　雄太	2214		
7	開発部	崎山　忠司	3012		
8					

色や高さ、幅の設定もできる

そしてこれも覚えちゃいましょう。セルや文字の色、罫線、行の高さや列の幅も全部、VBAで設定できるんです！

メニューを使わずにきれいな表ができあがった！作り方、マスターしたいです！

	A	B	C	D	E	F	G
1	NO	氏名	フリガナ	性別	郵便番号	都道府県	住所
2	1	五味　克則	ゴミ　カツノリ	男	285-0007	千葉県	佐倉市下根町X-X-X
3	2	麻生　徹	アソウ　トオル	男	156-0052	東京都	世田谷区経堂X-X-X
4	3	田村　明日香	タムラ　アスカ	女	360-0023	埼玉県	熊谷市佐谷田X-X-X
5	4	林　誠	ハヤシ　マコト	男	261-0011	千葉県	千葉市美浜区真砂X-X-X
6	5	森田　幸子	モリタ　サチコ	女	225-0011	神奈川県	横浜市青葉区あざみ野X-X-X
7	6	村木　清美	ムラキ　キヨミ	女	186-0002	東京都	国立市東X-X-X
8							
9							

レッスン 39 セルに値や数式を入力するには

値や式の入力 　　練習用ファイル　手順見出しを参照

このレッスンでは、セルに文字を入力したり、数式を入力したりする方法を学びましょう。Excel 2021以降に追加された「スピル」機能を使った数式の入力も紹介しています。どのように記述するのか参考にしてください。

セルに値を入力する

Valueプロパティを使うと、セルに値を入力したり、すでに入力されている値を取得したりできます。文字列や数値、日付といった種類の異なるデータの指定方法もあわせて確認してください。

●Valueプロパティ

Rangeオブジェクト.Value

| 説明 | 指定したセルに入力されている値を取得・設定する |

●基本構文

Rangeオブジェクト.Value＝値

●入力例1

Range("A1").Value="VBA"

| 説明 | セルA1に文字列「VBA」を入力する |

●入力例2

Range("A1").Value=100

| 説明 | セルA1に100を入力する |

●入力例3

Range("A1").Value=#5/20/2024#

| 説明 | セルA1に日付「2024/5/20」と入力する |

キーワード

演算子	P.341
関数	P.341
数式	P.342

使いこなしのヒント
文字列を指定するには

文字列は「"(ダブルクォーテーション)」で囲んで指定します。

使いこなしのヒント
日付を指定するには

日付は「#(シャープ)」で囲んで「#月/日/西暦#」の形式で指定しますが、「#2024/5/20#」と入力しても自動で「#5/20/2024#」と正しい形式に調整されます。

使いこなしのヒント
Valueは省略できる

セルに文字を入力するときに、「Range("A1").Value=1」と記述する代わりにValueを省略して「Range("A1")=1」としてもセルに値を入力できます。VBAでは、Valueが省略された場合はValueがあるものとみなして処理されるためです。しかし、内容によっては「Range("A1")」はRangeオブジェクトを参照する場合があります。両方が混在していると区別しにくいうえ、誤動作にもつながるので、できるだけValueは省略しないで記述しましょう。

1 セルにいろいろな値を入力する

L39_値や数式の入力1.xlsm

●入力例

1	Sub_値の取得と設定()
2	[Tab] Range("B2").Value_=_#6/15/2024#
3	[Tab] Range("B3").Value_=_"田中"
4	[Tab] Range("B4").Value_=_6
5	End_Sub

1	マクロ［値の取得と設定］を開始する
2	セルB2に日付「2024/6/15」を入力する
3	セルB3に文字列「田中」を入力する
4	セルB4に数値「6」を入力する
5	マクロを終了する

After

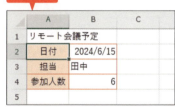

それぞれのセルの項目に該当するデータが入力された

セルに数式を入力する

セルに数式を入力する場合は、Formulaプロパティを使います。設定する数式は「"=A1+B1"」のように「"」で囲んで文字列で設定します。

●Formulaプロパティ

Rangeオブジェクト.Formula

| 説明 | 指定したセルの数式をA1形式で取得・設定する。A1形式とは、"=A1+B1"のようにセル番地を使って設定する方法 |

●基本構文

Rangeオブジェクト.Formula="A1形式の数式"

●入力例1

Range("C1").Formula="=A1+B1"

| 説明 | セルC1に数式「=A1+B1」を入力する |

使いこなしのヒント
異なる形式の記述方法を確認しよう

手順1では、セルに日付、文字列、数値を入力しています。それぞれの記述方法を確認してください。

使いこなしのヒント
文字列データは、セル入力時に自動的に変換される

Valueプロパティに「"」で囲んだ文字列を代入しても、セル入力時にExcelが日付や数値と判断すると、自動的にデータを変換し、表示形式を設定して入力されます。例えば、「Range("A1").Value="6/1"」とすると日付とみなされ、セルには「6月1日」と表示されます。また、「Range("A2").Value="1,000"」とすると数値とみなされ、桁区切りカンマの表示形式が設定されて「1,000」と表示されます。

使いこなしのヒント
セルの数式を別のセルに設定するには

セルに設定されている数式をFormulaプロパティで取得して、別のセルのFormulaプロパティに設定できます。例えば、以下のように設定するとセルB1の数式と同じ数式をセルA1に設定できます。

Range("A1").Formula = Range("B1").Formula

●入力例2

Range("B1").Formula="=IF(A1>100,""○"",""×"")"

説明	セルB1に関数「=IF(A1>100,"○","×")」を入力する

2 セルやセル範囲に数式を入力する
L39_値や数式の入力2.xlsm

●入力例

1	Sub 計算式の入力() ↵
2	[Tab] Range("D2:D4").Formula = "=B2+C2" ↵
3	[Tab] Range("D5").Formula = "=SUM(D2:D4)" ↵
4	End Sub

1	マクロ［計算式の入力］を開始する
2	セル範囲D2〜D4に数式「=B2+C2」を入力する
3	セルD5に数式「=SUM(D2:D4)」を入力する
4	マクロを終了する

After

	A	B	C	D
1	来客数	午前	午後	合計
2	銀座店	15	25	40
3	渋谷店	20	20	40
4	浅草店	25	30	55
5			合計	135
6				

「合計」列のセルに異なる数式が設定され、それぞれの計算結果が表示された

スピル機能を使った計算式を入力する

スピル機能を使った計算式を入力するには、Formula2プロパティを使います。設定する数式は「"=A1:A3+B1:B3"」のようなスピル機能に対応した数式を「"」で囲んで設定します。数式は先頭セルに設定します。

●Formula2プロパティ

Rangeオブジェクト.Formula2

説明	指定したセルにスピル機能に対応した数式を取得・設定する

●基本構文

Rangeオブジェクト.Formula2="スピル機能に対応した数式"

💡 使いこなしのヒント
数式の中の文字列は2つの「"」で囲む

数式の中に文字列が含まれている場合は、2つの「"」で囲みます。1つだけで囲むとエラーになりますので気をつけましょう。

💡 使いこなしのヒント
セルやセル範囲に足し算の式や関数を入力する

手順2ではセル範囲D2〜D4に数式「=B2+C2」を設定しています。セル範囲に同時に同じ数式を設定しても自動的にセル番号が調整され、セルD3には「=B3+C3」、セルD4には「=B4+C4」と式が入力されることを確認してください。

📖 用語解説
スピル機能

スピル機能は、連続するセル範囲に計算結果をまとめて表示できる機能で、Excel 2021以降とMicrosoft 365で利用できます。スピル機能を使った計算式を実行すると、連続するセルに自動的に計算結果が表示されます。

● 入力例

Range("C1").Formula2 = "=A1:A3+B1:B3"

説明	セルC1に数式「=A1:A3+B1:B3」を入力する(実行すると、セルC1にA1+B1、セルC2にA2+B2、セルC3にA3+B3の結果が自動的に表示される)

3 スピル機能の数式と関数を入力する

L39_値や数式の入力3.xlsm

● 入力例

1	Sub スピル機能の数式入力()
2	[Tab] Range("E2").Formula2 = "=C2:C5*D2:D5"
3	[Tab] Range("B8").Formula2 = "=UNIQUE(B2:B5)"
4	End Sub

1	マクロ［スピル機能の数式入力］を開始する
2	セルE2にスピル機能の数式「=C2:C5*D2:D5」を入力する
3	セルB8にスピル機能の関数「=UNIQUE(B2:B5)」を入力する
4	マクロを終了する

Before

各商品の「金額」を表示して、「商品名」を重複なしで表示したい

	A	B	C	D	E	F	G
1	日付	商品名	価格	数量	金額		
2	6月1日	マイク付きイヤホン	4,500	5			
3	6月2日	Webカメラ	5,000	3			
4	6月3日	卓上ライト	3,500	4			
5	6月4日	マイク付きイヤホン	4,500	2			
6							
7		商品名					
8							
9							

After

「金額」の1行目に設定した数式がその下のセルにも設定された、商品名が重複なしで表示された

	A	B	C	D	E	F	G
1	日付	商品名	価格	数量	金額		
2	6月1日	マイク付きイヤホン	4,500	5	22500		
3	6月2日	Webカメラ	5,000	3	15000		
4	6月3日	卓上ライト	3,500	4	14000		
5	6月4日	マイク付きイヤホン	4,500	2	9000		
6							
7		商品名					
8		マイク付きイヤホン					
9		Webカメラ					
10		卓上ライト					
11							

使いこなしのヒント

複数のセルにまとめて数式を入力できる

手順3ではセルE2にFormula2プロパティを使って、「"=C2:C5*D2:D5"」とスピル機能に対応した数式を設定します。マクロを実行すると、自動的にセルE5まで数式が入力され、それぞれの行の価格×数量の結果が表示されます。また、セルB8に入力しているUNIQUE関数は、スピル機能に対応した関数です。引数で指定したセル範囲の中から重複しない値だけを取り出して、連続するセルにまとめて表示します。

まとめ　値はValue、数式はFormulaと覚えよう

セルに値を入力するときはValueプロパティを使い、文字列は「"」で囲み、日付は「#」で囲んで指定します。また数式を入力するときはFormulaプロパティを使い、数式を「"=A1+B1"」の形式で設定します。「"」で囲むことも忘れないでください。また、「=」も忘れずに入力してください。入力を忘れると文字列としてそのまま表示されてしまいます。

レッスン 40 セルの値や書式を削除するには

値や書式の削除　　練習用ファイル　L40_セルの値削除.xlsm

このレッスンでは、セルに入力された値や書式を削除する方法を紹介します。Excelの［ホーム］タブ→［クリア］をクリックすると表示されるクリアのメニューに対応しています。

キーワード	
書式	P.342
数式	P.342
メソッド	P.345

セルの値や書式を削除する

セルに入力されている値や書式を削除するメソッドには、Clearメソッド、ClearContentsメソッド、ClearFormatsメソッドがあります。削除する内容によって、これらのメソッドを使い分けましょう。

● Clearメソッド

Rangeオブジェクト.Clear

説明	セルの値と書式を削除する

● ClearContentsメソッド

Rangeオブジェクト.ClearContents

説明	セルの値や数式を削除する。Deleteキーを押したときと同じ動作になる

● ClearFormatsメソッド

Rangeオブジェクト.ClearFormats

説明	セルに設定されている書式のみ削除する

使いこなしのヒント
メモやコメントを削除するには

セルに設定されているメモやコメントを削除するには、ClearCommentsメソッドを使います。

使いこなしのヒント
ハイパーリンクを削除するには

セルに設定されているハイパーリンクを削除するには、ClearHyperlinksメソッドを使います。削除されるのはハイパーリンクのみで、ハイパーリンク用に設定されている文字書式は削除されません。

スキルアップ
削除できる内容を確認しておこう

セルの値や書式を削除するメソッドは、［ホーム］タブの［クリア］をクリックしたときに表示されるメニューに対応しています。上から順番に、Clearメソッド、ClearFormatsメソッド、ClearContentsメソッド、ClearCommentsメソッド、ClearHyperlinksメソッドになります。コードを記述する前に、クリアのメニューで削除内容を確認してから、目的にあったメソッドを選択するといいでしょう。

［クリア］のメニューに対応している

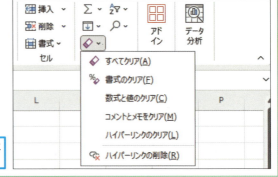

1 セルの値や書式を個別に削除する

●入力例

1	Sub␣セルの値削除() ↵
2	[Tab] Range("A1:B1").ClearFormats ↵
3	[Tab] Range("A3:B4").ClearContents ↵
4	[Tab] Range("A5:B5").Clear ↵
5	End␣Sub

1	マクロ［セルの値削除］を開始する
2	セル範囲A1〜B1に設定されている書式を削除する
3	セル範囲A3〜B4に入力されている値を削除する
4	セル範囲A5〜B5の内容すべてを削除する
5	マクロを終了する

Before

セルに設定されている書式や値を削除したい

	A	B	C	D
1	売上表			
2	商品名	売上数		
3	Webカメラ	30		
4	充電器	58		
5	合計	88		
6				

After

表見出しの書式が削除された、表内の値が削除された、5行目の書式と値が削除された

	A	B	C	D
1	売上表			
2	商品名	売上数		
3				
4				
5				
6				

使いこなしのヒント
いろいろな削除方法を確認する

手順1では、書式が設定された見出しの書式、表内の値、集計行の書式と値をそれぞれClearFormatsメソッド、ClearContentsメソッド、Clearメソッドで削除しています。それぞれの結果を確認してください。

使いこなしのヒント
「""」でも値を削除できる

RangeオブジェクトのValueプロパティに「""」を代入してもセル内の値を削除できます。例えば、「Range("A1").Value=""」でセルA1に入力されている値が削除されます。

まとめ
表をリセットするときに便利なテクニック

ここでは、セルの値や書式を削除するメソッドとして、Clearメソッド、ClearContentsメソッド、ClearFormatsメソッドを紹介しました。例えば納品書や売上表など、罫線や塗りつぶしなどの書式が設定されフォーマットができあがっている表で、入力内容をリセットして次の入力に備えたい場合に、値だけ削除するには、ClearContentsメソッドが役に立ちます。

レッスン 41 セルをコピーするには

セルのコピー | **練習用ファイル** 手順見出しを参照

作成した表と同じ表を別の場所で利用したり、入力された値を別の表に転記したりする場合には、セルをコピーします。このレッスンでは、セルの内容をそのままコピーしたり、セルの値だけをコピーしたりといろいろな方法でコピーする方法を紹介します。

キーワード
セル範囲	P.343
引数	P.344
メソッド	P.345

指定した範囲をコピーする

指定したセルやセル範囲をコピーするには、Copyメソッドを使います。引数Destinationでコピー先を指定できます。

●Copyメソッド

Rangeオブジェクト.Copy([Destination])

引数	Destination：コピー先の先頭セルを指定（省略可）
説明	指定したセルを、引数Destinarionで指定されたセルにコピーする。省略時はクリップボードに保管される

使いこなしのヒント
セルを移動するには

セルを移動するには、Cutメソッドを使います。引数Destinationで指定したセルに移動しますが、省略した場合はクリップボードに保管されます。

Rangeオブジェクト.Cut([Destination])

使いこなしのヒント
セルの幅や高さはコピーされない

Copyメソッドでは、セルの内容をすべてコピーしますが、セルの幅や高さはコピーされません。セルの幅や高さは、セル単位では変更できず、列・行単位になるため、別途列幅や行の高さを変更して揃えるか、PasteSpecialメソッドで列幅のみ貼り付けます。

1 セル範囲を複製する

L41_セルのコピー1.xlsm

●入力例

1	Sub_セルのコピー1() ⏎
2	[Tab] Range("A2:C3").Copy Range("A5") ⏎
3	End_Sub

1	マクロ［セルのコピー1］を開始する
2	セル範囲A2〜C3を、セルA5にコピーする
3	マクロを終了する

Before: 2023年と同じような表を2024年に作成したい
After: 表の内容が書式ごとコピーされた

使いこなしのヒント
Valueプロパティを使って値をコピーする

RangeオブジェクトのValueプロパティは値の取得と設定ができます。例えば、以下のように記述してセルB1の値をセルA1にコピーできます。

Range("A1").Value= Range("B1").Value

クリップボードに保管した内容を貼り付ける

クリップボードに保管された内容を貼り付けるには、Worksheetオブジェクトの Pasteメソッドを使います。クリップボードに保管されているので繰り返し貼り付けることができます。

●Pasteメソッド

Worksheetオブジェクト.Paste([Destination], [Link])

引数	Destination:貼り付け先のセルを指定。省略時は、アクティブセルに貼り付けられる／ Link：Trueの場合、コピー元のデータとリンクした状態で貼り付ける。Falseまたは省略した場合はリンクしない
説明	クリップボードに保管されているデータを引数Destinationで指定したセルに貼り付ける。引数LinkをTrueにすると、引数Destinationは指定できなくなる

2 クリップボードにコピーして貼り付ける   L41_セルのコピー2.xlsm

●入力例

1	Sub セルのコピー2()
2	[Tab] Range("A2:C3").Copy
3	[Tab] ActiveSheet.Paste Range("A5")
4	[Tab] ActiveSheet.Paste Range("A8")
5	[Tab] Application.CutCopyMode = False
6	End Sub

1	マクロ［セルのコピー2］を開始する
2	セル範囲A2～C3をクリップボードにコピーする
3	アクティブシートのセルA5を先頭に貼り付ける
4	アクティブシートのセルA8を先頭に貼り付ける
5	コピーモードを解除する
6	マクロを終了する

使いこなしのヒント
コピー先を指定してセル範囲を複製する

手順1では、セル範囲A2～C3をセルA5にコピーしています。ここでは、コピー先のセルA5を直接指定していますが、名前付き引数にして「Range("A2:C3").Copy Destination:=Range("A5")」と記述することもできます。

使いこなしのヒント
別のシートにコピーするには

セル範囲を別のシートにコピーしたい場合は、引数Destinationに「Destination:=Worksheets("関西").Range("A2")」のようにワークシート名と貼り付け先のセルを指定します。

ここに注意

Pasteメソッドは、Worksheetオブジェクトのメソッドなので、「Range("C5").Paste」とは記述できません。RangeオブジェクトにはPasteメソッドがないので注意してください。Rangeオブジェクトを指定する場合はPasteSpecialメソッドを使います。間違えやすいので気をつけましょう。

使いこなしのヒント
繰り返しペーストすることができる

手順2では、セルA2～C3をクリップボードにコピーし、コピーされた内容をPasteメソッドを使って、セルA5とA8に貼り付けています。このようにクリップボードに保管されたデータは、Pasteメソッドで繰り返し貼り付けられます。クリップボードに保管されている間は、コピー元のセル範囲に点線の点滅が表示されます。最後にコピーモードを解除して点滅を終了しています。

2023年と同じような表を2024年、2025年に作成したい

表の内容が書式ごとクリップボードにコピーされ、複数箇所に貼り付けられた

使いこなしのヒント
コピーモードを解除しておこう

クリップボードに保管されている間は、コピー範囲に点滅した点線が表示されます。貼り付けが終了したら手順2の5行目のように「Application.CutCopyMode=False」と記述してコピーモードを解除します。

使いこなしのヒント
PasteSpecialメソッドのその他の引数

PasteSpecialメソッドには、引数Pasteの他に、引数Operation、引数SkipBlanks、引数Transposeがあります。ここでは触れませんが、興味のある方はオンラインヘルプなどで確認してください。

内容を指定して貼り付ける

RangeオブジェクトのPasteSpecialメソッドを使うと、クリップボードに保管されているデータを、内容を指定して貼り付けられます。例えば、値だけを貼り付けたい場合は、引数PasteをxlPasteValuesに指定します。

●PasteSpecialメソッド

Rangeオブジェクト.PasteSpecial([Paste])

引数	Paste：貼り付ける内容を定数で指定(省略可)
説明	Rangeオブジェクトで指定したセルにクリップボードの内容を貼り付ける。引数Pasteで貼り付ける内容を指定できる。省略した場合はすべて貼り付けられる(ここでは一部の引数を省略している)

●引数Pasteの主な設定値

定数	内容
xlPasteAll	すべて(既定値)
xlPasteFormulas	数式
xlPasteValues	値
xlPasteFormats	書式
xlPasteColumnWidth	列幅
xlPasteAllExceptBorders	罫線を除くすべて
xlPasteFormulasAndNumberFormats	数式と数値の書式
xlPasteValuesAndNumberFormats	値と数値の書式

使いこなしのヒント
[形式を選択して貼り付け]に対応している

PasteSpecialメソッドは、[形式を選択して貼り付け]に対応しています。[ホーム]タブ→[貼り付け]の▼→[形式を選択して貼り付け]をクリックすると表示される[形式を選択して貼り付け]画面の設定値が、PasteSpecialメソッドの引数に対応しています。

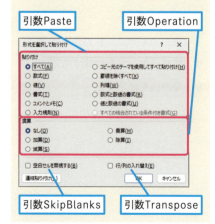

3 表の値だけをコピーして貼り付ける

L41_セルのコピー3.xlsm

●入力例

1. `Sub_セルのコピー3()`
2. `[Tab] Range("A3:E3").Copy`
3. `[Tab] Range("A9").PasteSpecial_Paste:=xlPasteValues`
4. `[Tab] Application.CutCopyMode_=_False`
5. `End_Sub`

1. マクロ［セルのコピー3］を開始する
2. セル範囲A3〜E3をクリップボードにコピーする
3. セルA9を先頭にして値のみ貼り付ける
4. コピーモードを解除する
5. マクロを終了する

After

売上データの内容（A3〜E3）のみが、売上表に貼り付けられた

	A	B	C	D	E
1	売上データ				
2	日付	商品名	価格	数量	金額
3	6月4日	Webカメラ	5,000	8	40,000
4	売上表				
5	日付	商品名	価格	数量	金額
6	6月1日	卓上ライト	3,500	5	17,500
7	6月2日	マイク付きイヤホン	4,500	4	18,000
8	6月3日	PCスタンド	2,500	8	20,000
9	6月4日	Webカメラ	5,000	8	40,000
10					

💡 使いこなしのヒント

セルの値だけをコピーして貼り付ける

手順3ではセルA3〜E3のデータをセルA9に転記しています。Copyメソッドで引数を省略し、クリップボードにデータを保管します。このデータをPasteSpecialメソッドの引数PasteをxlPasteValuesにして、値のみ貼り付けています。セルに数式が入力されていても、セルに表示されている値のみが貼り付けられます。

まとめ 用途に応じてメソッドを使い分けよう

Copyメソッドでセルの内容をコピーし、セルの内容をそのままダイレクトに貼り付けたい場合は引数Destinationで貼り付け先のセルを指定します。貼り付け内容を指定したい場合は、Copyメソッドで引数を省略してクリップボードに保管し、PasteSpecialメソッドで引数Pasteで貼り付ける内容を定数で指定します。

👍 スキルアップ

列幅もコピーしたいときは

L41_セルのコピー4.xlsm

セルやセル範囲をコピーしたときは、列幅まではコピーされません。列幅もコピーしたい場合は、まず❶PasteSpeialですべてコピーしてから、❷もう一度PasteSpecialメソッドで引数をxlPasteColumnWidthsにして列幅のみ貼り付けます。

1. `Sub_列幅を含めてコピー()`
2. `[Tab] Range("A1:B2").Copy`
3. `[Tab] Range("D1").PasteSpecial` …❶
4. `[Tab] Range("D1").PasteSpecial_`
   `[Tab][Tab] xlPasteColumnWidths` …❷
5. `[Tab] Application.CutCopyMode_=_False`
6. `End_Sub`

列幅も一緒にコピーされた

レッスン 42 セルを挿入・削除する

セルの挿入と削除 | **練習用ファイル** 手順見出しを参照

このレッスンでは、セルの挿入と削除の方法を紹介します。表内の列だけとか行だけのようなセル範囲で挿入・削除することも、ワークシートの列単位、行単位で挿入・削除することもできます。

キーワード

セル範囲	P.343
列	P.345
メソッド	P.345

セルを挿入する

セルを挿入するにはInsertメソッドを使います。引数でセルをずらす方向や書式の設定などを指定できます。

● Insertメソッド

Rangeオブジェクト.Insert([Shift], [CopyOrigin])

引数	Shift：元の位置のセルをずらす方向を定数で指定／CopyOrigin：挿入後に隣接するどのセルの書式を反映するかを定数で指定。いずれも省略時はExcelにより自動的に設定される
説明	Rangeオブジェクトで指定したセル範囲にセルを挿入する

● 引数Shiftの設定値

定数	内容
xlShiftToRight	右方向にシフト
xlShiftDown	下方向にシフト

● 引数CopyOriginの設定値

定数	内容
xlFormatFromLeftOrAbove	隣接した左または上のセルの書式を適用
xlFormatFromRightOrBelow	隣接した右または下のセルの書式を適用

使いこなしのヒント

行単位・列単位で挿入できる

RowsプロパティやColumnsプロパティなど行や列を参照するプロパティを使えば、ワークシートの行単位、列単位で挿入できます。

Rows("2:3").Insert

2行目〜3行目を挿入する

Columns("B").Insert

B列を挿入する

1 表内の行を挿入する

L42_セルの挿入と削除1.xlsm

● 入力例

```
1  Sub セルの挿入()
2    Range("A2:D2").Insert _
       Shift:=xlShiftDown, _
       CopyOrigin:=xlFormatFromRightOrBelow
3  End Sub
```

使いこなしのヒント

セル範囲にセルを挿入する

手順1では、セル範囲A2〜D2にセルを挿入しています。引数Shiftで元の位置のセルを下方向にずらし、引数CopyOriginで下と同じ書式を適用する設定でセルを挿入しています。これにより見出し側ではなくデータ側の書式が反映されます。

1	マクロ［セルの挿入］を開始する
2	セル範囲A2〜D2を、下方向にシフトの設定で下のセルと同じ書式を適用してセルを挿入する
3	マクロを終了する

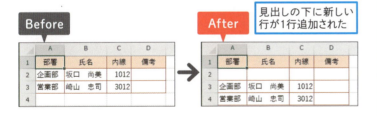

見出しの下に新しい行が1行追加された

セルを削除する

セルを削除するにはDeleteメソッドを使います。引数を使って、削除時にどちらのセルをずらすのかを指定できます。

●Deleteメソッド

Rangeオブジェクト.Delete([Shift])

引数	Shift：削除後にセルをずらす方向を定数で指定する
説明	Rangeオブジェクトで指定したセルまたはセル範囲のセルを削除する

2 表内の行を削除する

L42_セルの挿入と削除2.xlsm

●入力例

1	Sub セルの削除()
2	[Tab] Range("A3:D4").Delete xlShiftUp
3	End Sub

1	マクロ［セルの削除］を開始する
2	セル範囲A3〜D4を、上方向にシフトの設定でセルを削除する
3	マクロを終了する

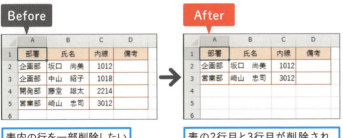

表内の行を一部削除したい

表の2行目と3行目が削除され、上方向に詰められた

使いこなしのヒント

行単位・列単位で削除できる

RowsプロパティやColumnsプロパティなど行や列を参照するプロパティを使えば、ワークシートの行単位、列単位で削除できます。

Rows(2).Delete

2行目を削除する

Columns("B:D").Delete

B列〜D列を削除する

使いこなしのヒント

シフト方向を指定してセルを削除する

Deleteメソッドの引数Shiftでは、xlShiftToLeftで左方向、xlShiftUpで上方向にシフトします。なお、省略時はExcelが自動で判断します。手順2では、セル範囲A3〜D4を、削除後上方向にずらす設定で削除しています。

まとめ

セルを調整して表を広げたり縮めたりできる

InsertメソッドやDeleteメソッドを使うと、表内の行や列を挿入して広げたり、削除して縮めたりできます。また、引数を指定して隣接するセルのずらし方や書式の適用の仕方を指定できます。RowsプロパティやColumnsプロパティを使うと、行単位、列単位で挿入、削除できることも覚えておきましょう。

レッスン 43 セルに書式を設定するには

セルの書式設定　　**練習用ファイル** L43_セルの書式設定.xlsm

このレッスンでは、文字サイズやフォント、太字、下線、斜体などの書式の設定方法を紹介します。セル内の文字に関する設定はRangeオブジェクトの下の階層にあるFontオブジェクトに対して設定します。

キーワード

書式	P.342
ステートメント	P.342
フォント	P.344

用語解説

ポイント

文字の大きさや列の幅などを指定するときの長さの単位です。1ポイントは、1/72インチ（約0.35mmのサイズ）になります。

セル内の書式を設定する

セル内の文字サイズやフォント、太字や斜体などを設定する場合は、FontプロパティでFontオブジェクトを取得し、Fontオブジェクトのさまざまなプロパティを使ってセル内の文字に対して書式設定をします。

●Fontプロパティ

Rangeオブジェクト.Font

説明	指定したRangeオブジェクトのフォントのサイズやフォントなどフォントの属性全体を表すFontオブジェクトを取得する

●Name／Sizeプロパティ

Fontオブジェクト.Name
Fontオブジェクト.Size

説明	Nameプロパティは、セルに設定された「游ゴシック」のようなフォント名を文字列で取得・設定する。Sizeプロパティはセルの文字サイズをポイント単位の数値で取得・設定する

使いこなしのヒント

セルの書式を取得して別のセルに設定できる

このレッスンで紹介しているプロパティは、取得と設定ができるため、他のセルに設定されている書式を取得して対象のセルに設定できます。例えば以下のように記述するとセルA3の文字サイズをセルA1の文字サイズに設定できます。基準となるセルがあれば、そのまま設定すればいいので便利です。

```
Range("A1").Font.Size =
Range("A3").Font.Size
```

●Bold／Italic／Underlineプロパティ

Fontオブジェクト.Bold
Fontオブジェクト.Italic
Fontオブジェクト.Underline

説明	Boldプロパティは太字、Italicプロパティは斜体、Underlineプロパティは下線をそれぞれTrueまたは、Falseで設定する。Trueの場合は設定し、Falseの場合は設定を解除する

●基本構文

Rangeオブジェクト.Font.プロパティ = 設定値

●入力例1

Range("A1").Font.Size = 14

説明	セルA1の**文字サイズ**を**14ポイント**に設定する

●入力例2

Range("A1").Font.Italic = True

説明	セルA1の**文字スタイル**を**斜体**にする

1 タイトルと表の列見出しに書式を設定する

●入力例

1	Sub␣セルの書式設定() ⏎
2	[Tab] Range("A1").Font.Name␣=␣"メイリオ" ⏎
3	[Tab] With␣Range("A2:D2").Font ⏎
4	[Tab][Tab] .Size␣=␣12 ⏎
5	[Tab][Tab] .Bold␣=␣True ⏎
6	[Tab] End␣With ⏎
7	End␣Sub

1	マクロ［セルの書式設定］を開始する
2	セルA1のフォント名を「メイリオ」に設定する
3	セル範囲A2～D2のフォントについて以下の処理を行う（Withステートメントの開始）
4	フォントサイズを12に設定する
5	文字スタイルを太字にする
6	Withステートメントを終了する
7	マクロを終了する

Before

文字をまとめて設定したい

After

文字の種類や大きさ、書式をまとめて設定できた

使いこなしのヒント

Withステートメントで記述を省略する

手順1では、セルA1のフォント名を「メイリオ」、セル範囲A2～D2の文字サイズを12ポイント、太字に設定にしています。フォント名を設定する場合は、「"メイリオ"」のように文字列で指定します。セル範囲A2～D2について複数の設定をしているので、Withステートメント（レッスン23参照）を使ってオブジェクト（Range("A2:D2").Font）の記述を省略しています。

まとめ

Fontオブジェクトを取得して書式を設定しよう

セルの文字に書式を設定する場合は、Fontオブジェクトを取得して、NameプロパティやSizeプロパティなどを使ってフォント名や文字サイズを変更できます。また太字、斜体、下線はTrueで設定、Falseで解除です。TrueとFalseを設定値として持つものは、Trueでオン、Falseでオフと覚えておいてください。

レッスン 44 セル内の文字の配置を変更するには

文字の配置 | 練習用ファイル L44_文字の配置変更.xlsm

このレッスンでは、タイトル文字や表の見出しの文字を中央揃えにするなど、セル範囲またはセル内で文字の配置を変更して見映えを整える方法を紹介します。

文字の横方向・縦方向の位置を設定する

セル内の文字の横方向の配置はHorizontalAlignmentプロパティ、縦方向の配置はVerticalAlignmentプロパティを使用し、定数を使って位置を指定します。

●HorizontalAlignmentプロパティ

Rangeオブジェクト.HorizontalAlignment

| 説明 | 文字の横方向の配置を定数を使って取得・設定する |

●HorizontalAlignmentプロパティの設定値

定数	内容
xlGeneral	標準(既定値)
xlLeft	左詰め
xlCenter	中央揃え
xlRight	右詰め
xlFill	繰り返し
xlJustify	両端揃え
xlCenterAccrossSelection	選択範囲内で中央
xlDistributed	均等割り付け

●VerticalAlignmentプロパティ

Rangeオブジェクト.VerticalAlignment

| 説明 | 文字の縦方向の配置を定数を使って取得・設定する |

●VerticalAlignmentプロパティの設定値

定数	内容
xlTop	上詰め
xlCenter	中央揃え
xlBottom	下詰め

キーワード

書式	P.342
セル参照	P.343
セル範囲	P.343

用語解説

選択範囲内で中央揃え

指定したセル範囲の中で、セルを結合しないでセル内の文字を横方向に中央に配置することです。

使いこなしのヒント

セルの列幅に合わせて文字列を折り返すには

セルの列幅に合わせて文字列を折り返して全体を表示するには、RangeオブジェクトのWrapTextプロパティを使います。Trueで設定、Falseで解除します。

Range("A1").WrapText=True

使いこなしのヒント

セルの列幅に合わせてセル内の文字を縮小するには

セルの列幅に合わせてセル内の文字を縮小して全体を表示するには、RangeオブジェクトのShrinkToFitプロパティを使います。Trueで設定、Falseで解除します。

Range("A1").ShrinkToFit=True

● VerticalAlignmentプロパティの設定値（続き）

定数	内容
xlJustify	両端揃え
xlDistributed	均等割り付け

1 タイトル文字と見出し行の配置を変更する

● 入力例

1	Sub 文字の配置() ↵
2	[Tab] Range("A1").VerticalAlignment = xlBottom ↵
3	[Tab] Range("A1:D1").HorizontalAlignment = ↵ [Tab][Tab] xlCenterAcrossSelection ↵
4	[Tab] Range("A3:D3").HorizontalAlignment = xlCenter ↵
5	End Sub

1	マクロ［文字の配置］を開始する
2	セルA1の縦方向の配置を下詰めにする
3	セル範囲A1～D1の範囲内で文字を横方向の配置を中央にする
4	セル範囲A3～D3の各セル内の文字を横方向の配置を中央にする
5	マクロを終了する

Before

タイトル文字と見出しの文字の位置を整えたい

↓

After

タイトル文字がA1～D1内で横位置が中央揃えになり、縦位置が下詰めになった

表の見出しが各セルの中で中央揃えになった

使いこなしのヒント
いろいろな設定で配置を変更できる

手順1ではセル内の文字の配置をいろいろ変更しています。セルA1ではセル内の文字列を縦方向の下詰めに設定しています。また、セル範囲A1～D1で横方向を選択範囲内で中央揃えに設定しています。これにより、セルA1の文字はセル範囲A1～D1で中央に配置されました。セルは結合されていないことを確認してください。最後にセル範囲A3～D3の各セル内の文字を横方向に中央に配置しています。

使いこなしのヒント
セルを結合して中央揃えにする

指定したセル範囲の中で、セルを結合して文字を中央揃えにするには、❶MergeCellsプロパティでセルを結合し、❷続いて横方向に中央揃えに設定します。なお、MergeCellsプロパティをTrueにするとセルが結合し、Falseにすると結合が解除します。セルを結合すると、セル範囲の左上のセルの文字が残り他の文字は削除されます。

1	Sub 文字の配置2() ↵
2	[Tab] Range("A1:D1").MergeCells = True ↵ …❶
3	[Tab] Range("A1").HorizontalAlignment = xlCenter ↵ …❷
4	End Sub

まとめ
セル内の文字位置を変えて見映えを整えよう

セル内の横方向、縦方向の文字位置を変更するプロパティを紹介しました。HorizontalAlignmentプロパティで横方向、VerticalAlignmentで縦方向の配置を変更できます。それぞれ定数を指定して設定できます。セル内で文字位置を適切に配置して、タイトル位置や表の列見出しなど表を整えるのに使用しましょう。

レッスン 45 セルの表示形式を設定するには

セルの表示形式 | **練習用ファイル** L45_セルの表示形式.xlsm

数値に3桁ごとの桁区切りカンマを表示したり、日付の表示形式を「2023/05/03」のように表示したりするなど、セルに表示する数値や日付の表示形式を設定する方法を確認しましょう。

数値や日付の表示形式を設定する

数値や日付の表示形式を設定するには、NumberFormatLocalプロパティを使います。表示形式は書式記号または、定義済みの書式を使って「"(ダブルクォーテーション)」で囲んで文字列で指定します。

●NumberFormatLocalプロパティ

Rangeオブジェクト.NumberFormatLocal

説明 指定したセルの表示形式を設定する。取得と設定ができる

●基本構文

Rangeオブジェクト.NumberFormatLocal = "表示形式"

●入力例1

Range("B3").NumberFormatLocal = "#,##0"

説明 セルB3に表示形式「#,##0」を設定する

1 セルごとにふさわしい表示形式を設定する

●入力例

1	Sub_セルの表示形式()
2	[Tab] Range("B1").NumberFormatLocal_=_"@_様"
3	[Tab] Range("B2").NumberFormatLocal_=_"yyyy/mm/dd"
4	[Tab] Range("B3").NumberFormatLocal_=_"¥#,##0"
5	End_Sub

| 1 | マクロ［セルの表示形式］を開始する |
| 2 | セルB1に表示形式「@ 様」を設定する |

キーワード
オブジェクト	P.341
書式	P.342
セル参照	P.343

使いこなしのヒント
［セルの書式設定］画面の［表示］タブの設定を使用する

［ホーム］タブ→［数値の書式］→［その他の表示形式］をクリックして表示される［セルの書式設定］画面の［表示］タブにある［ユーザー定義］で設定されている書式記号を使って設定できます。設定したい書式記号をコピーしてコードに貼り付けて利用できます。

使いこなしのヒント
表示形式を標準に戻すには

表示形式を標準に戻すには、NumberFormatLocalプロパティに「G/標準」を設定します。セルに日付や時刻が入力されている場合、シリアル値という数値に変わってしまうため、日付や時刻が設定されているセルでは使わないようにしましょう。

使いこなしのヒント
セルごとに表示形式を設定する

手順1では、セルB1の文字列に「様」を付けて表示されるように設定しています。「@」は、セル内の文字列を表し、「@　様」と指定することで「セル内の文字列　様」と表示できます。セルB2の日付は「西暦4桁/月2桁/日2桁」で表示し、セルB3の数値は、通貨記号を表示した3桁ごとの桁区切りカンマを表示する設定になります。

3	セルB2に表示形式「yyyy/mm/dd」を設定する
4	セルB3に表示形式「¥#,##0」を設定する
5	マクロを終了する

> **まとめ　適切な表示形式を設定しよう**
>
> セルの表示形式はRangeオブジェクトのNumberFormatLocalプロパティで取得・設定できます。書式記号を使って適切な表示形式を設定しましょう。

スキルアップ
主な書式記号を確認しよう

NumberFormatLocalプロパティに設定する表示形式で使用する主な書式記号を紹介します。数値、日付／時刻、文字列のそれぞれについて、使用する記号が用意されています。

●数値の書式記号

書式記号	内容	表示形式	数値	表示結果
#	1桁を表す	##.##	123.456	123.46
		##	0	表示なし
0	1桁を表す	0000.0	123.456	0123.5
		00	0	00
,	3桁ごとの桁区切り、または1000単位の省略	#,##0	55555555	55,555,555
		#,##0,		55,556
.	小数点	0.0	12.34	12.3
%	パーセント	0.0%	0.2345	23.5%
?	小数点位置を揃える	???.???	123.45 12.456	123.45 12.456

●日付の書式記号

書式記号	内容	表示結果（日付：2025/1/3）
yy yyyy	西暦	25 2025
g gg ggg	年号	R 令 令和
e ee	和暦	7 07
m mm mmm mmmm	月	1 01 Jan January
d dd	日	3 03
ddd dddd aaa aaaa	曜日	Fri Friday 金 金曜日

●時刻の書式記号

書式記号	内容	表示結果（時刻：16時5分30秒）
h hh	時（24時間）	16 16
m mm	分（hやsと共に使用）	16:5（h:mとした場合） 16:05（hh:mmとした場合）
s ss	秒	16:5:30（h:m:sとした場合） 16:05:30（hh:mm:ssとした場合）
h AM/PM	時 AM/PM（12時間）	4 PM
h:mm AM/PM	時: 分 AM/PM（12時間）	4:05 PM
h:mm:ss A/P	時: 分: 秒A/P（12時間）	4:05:30 P

●文字、その他の書式記号

書式記号	内容	使用例	表示結果
@	入力した文字	"@ 様"	出来留太郎様
[色]	文字色（黒、赤、青、緑、黄、紫、水、白）	[緑]0.0;[赤]－0.0	1.5　→　1.5 －1.5　→　－1.5

レッスン 46 セルや文字に色を設定するには

セルや文字の色 | **練習用ファイル** 手順見出しを参照

文字やセルの色を設定するプロパティを紹介します。色を設定するプロパティは数種類あります。このレッスンでは、それぞれのプロパティの特徴を理解しましょう。

キーワード

書式	P.342
セル参照	P.343
フォント	P.344

セルと文字で別々のプロパティを使う

色を設定する場合は、Colorプロパティを使います。セルの色はInteriorオブジェクト、セルの文字の色はFontオブジェクトに対してColorプロパティを使います。

●Colorプロパティ

オブジェクト.Color

オブジェクト	Interiorオブジェクト、Fontオブジェクト
説明	指定したオブジェクトのRGB値に対応する色を取得・設定する。RGB値は、RGB関数または定数を使って指定できる

●RGB関数

RGB(Red, Green, Blue)

引数	Red：0〜255の整数で赤の割合を指定 Green：0〜255の整数で緑の割合を指定 Blue：0〜255の整数で青の割合を指定
説明	引数Red、Green、Blueの割合で色を表すRGB値を返す。Colorプロパティに設定することで、色を指定できる

●RGB関数と定数の指定例

RGB関数	定数	説明	色
RGB(0,0,0)	rgbBlack	黒	
RGB(0,0,255)	rgbBlue	青	
RGB(0,255,0)	rgbGreen	緑	
RGB(0,255,255)	rgbAqua	水色	
RGB(255,0,0)	rgbRed	赤	
RGB(255,255,0)	rgbYellow	黄色	
RGB(255,255,255)	rgbWhite	白	

使いこなしのヒント

RGB値の赤、緑、青の割合を調べるには

RGB値の赤、緑、青の割合を調べるには、[ホーム]タブの[塗りつぶしの色]の[▼]をクリックし、[その他の色]をクリックして表示される[色の設定]画面の[ユーザー定義]タブで調べられます。

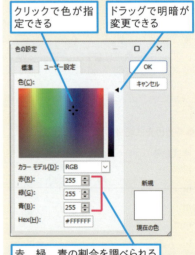

クリックで色が指定できる／ドラッグで明暗が変更できる／赤、緑、青の割合を調べられる

使いこなしのヒント

Colorプロパティに指定できる定数を調べるには

Colorプロパティに指定できる定数は、オンラインヘルプ（レッスン16参照）で調べることができます。

1 表見出しと一部のフォントに色を設定する

L46_色の設定1.xlsm

●入力例

1	Sub_色の設定()
2	[Tab] Range("A1:C1").Interior.Color_=_rgbLightBlue
3	[Tab] Range("C3").Font.Color_=_RGB(255,0,0)
4	End_Sub

1	マクロ［色の設定］を開始する
2	セル範囲A1～C1のセルに薄い青色を設定する
3	セルC3のフォントの色を赤に設定する
4	マクロを終了する

Before

	A	B	C
1	学籍番号	点数	合否
2	1001	85	合格
3	1002	40	不合格
4	1003	95	合格

表見出しと「不合格」のフォントに色を付けて目立たせたい

After

	A	B	C
1	学籍番号	点数	合否
2	1001	85	合格
3	1002	40	不合格
4	1003	95	合格

表タイトルのセルに薄い青色が設定され、「不合格」のフォントの色が赤になった

💡 使いこなしのヒント

定数とRGB関数を使って色を変更する

手順1では、見出し行のセルの「Interiorオブジェクト.Color」に定数「rgbLightBlue」を代入してセルの色を設定しています。また、セルC3の「Fontオブジェクト.Color」にRGB関数で「RGB（255, 0, 0）」を代入して文字の色を設定しています。

💡 使いこなしのヒント

設定した色をリセットするには

セルの色をリセットするには、ColorプロパティにxlNoneを設定します。

Range("A1").Interior.Color = xlNone

セルの文字の色をリセットするには、ColorIndexプロパティにxlAutomaticを設定します。

Range("C3").Font.ColorIndex = xlAutomatic

👍 スキルアップ

ColorIndexプロパティで色を指定するには

ColorプロパティはRGB値を使って色を指定するのに対し、ColorIndexプロパティは1～56の色番号を使って色を指定します。例えば、1は黒、2は白、3は赤です。数字で指定できるので、よく使う色の番号を覚えておくと便利です。

番号	色	番号	色	番号	色	番号	色	番号	色	番号	色	番号	色
1		8		15		22		29		36		43		50	
2		9		16		23		30		37		44		51	
3		10		17		24		31		38		45		52	
4		11		18		25		32		39		46		53	
5		12		19		26		33		40		47		54	
6		13		20		27		34		41		48		55	
7		14		21		28		35		42		49		56	

表にテーマの色を設定する

セルや文字にテーマの色を設定するには、ThemeColorプロパティを使います。色に明暗をつけるにはTintAndShadeプロパティを使います。

●ThemeColorプロパティ
オブジェクト.ThemeColor

オブジェクト	Interiorオブジェクト、Fontオブジェクト
説明	指定したオブジェクトのテーマカラーの色を取得・設定する。ThemeColorプロパティの設定値は、定数で指定する

●ThemeColorプロパティの設定値

定数	内容
xlThemeColorDark1	背景1
xlThemeColorLight1	テキスト1
xlThemeColorDark2	背景2
xlThemeColorLight2	テキスト2
xlThemeColorAccent1	アクセント1
xlThemeColorAccent2	アクセント2
xlThemeColorAccent3	アクセント3
xlThemeColorAccent4	アクセント4
xlThemeColorAccent5	アクセント5
xlThemeColorAccent6	アクセント6

●TintAndShadeプロパティ
オブジェクト.TintAndShade

オブジェクト	Interiorオブジェクト、Fontオブジェクト
説明	指定したオブジェクトの色の明るさを取得・設定する。TintAndShadeプロパティの設定値は、0を色の明暗を設定していない状態として、-1から1の範囲で小数で指定できる。-1が最も暗く、1が最も明るくなる

●TintAndShadeプロパティの色見本

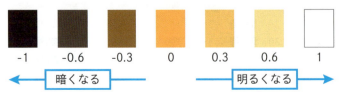

用語解説
テーマ

Excelでは、フォント、色、図形の効果などの書式の組み合わせに名前を付けてテーマとして登録しています。[ページレイアウト]タブ→[テーマ]で登録されているテーマの一覧を確認できます。既定値は[Office]です。ThemeColorプロパティで色を設定していると、テーマを変更した場合、そのテーマの色合いに変更されます。

Excelのメニューからテーマの一覧を確認できる

用語解説
テーマの色

テーマの色とは、[ホーム]タブの[塗りつぶしの色]または[フォントの色]の⏷をクリックしたときに表示される[テーマの色]に表示される色です。

● テーマの色を確認する

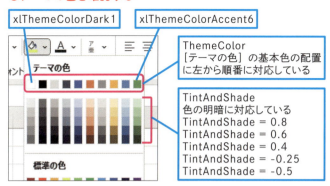

2 テーマの色と明暗を設定する

L46_色の設定2.xlsm

● 入力例

1	Sub_テーマの色を設定()
2	[Tab] Range("A2:A4").Interior.ThemeColor_=_ [Tab] xlThemeColorDark2
3	[Tab] Range("A1:C1").Interior.TintAndShade_=_0.3
4	[Tab] Range("C3").Font.ThemeColor_=_xlThemeColorAccent2
5	End_Sub

1	マクロ［テーマの色を設定］を開始する
2	セル範囲A2～A4のセルにテーマカラーの「背景2」を設定する
3	セル範囲A1～C1のセルの明るさを「0.3」に設定する
4	セルC3のセルのフォントにテーマカラーの「アクセント2」を設定する
5	マクロを終了する

Before

学籍番号の列と「不合格」の文字をテーマに沿った色合いに変更し、表の1行目を明るくしたい

After

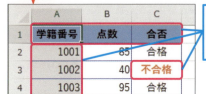

学籍番号の列と「不合格」にそれぞれテーマの色が設定され、さらに表の1行目のセルの色が明るくなった

使いこなしのヒント
テーマの色と明暗を設定できる

手順2では、セル範囲A2～A4の「Interiorオブジェクト.ThemeColor」にテーマカラーの定数「xlThemeColorDark2」を代入してセルの色を設定し、セル範囲A1～C1の「Interiorオブジェクト」でTintAndSadeプロパティの値を0.3にして明暗を変更しています。また、セルC3の「Fontオブジェクト.ThemeColor」にテーマカラーの定数「xlThemeColorAccent2」を設定して文字の色を設定しています。ThemeColorプロパティの値を設定したので、Excelでテーマを変更すると、それに対応したテーマの色に変わります。

まとめ 色の設定方法は複数あることを覚えておこう

ここでは、色を設定するプロパティとして、Colorプロパティ、ColorIndexプロパティ、ThemeColorプロパティ、TintAndShadeプロパティを紹介しました。それぞれの特徴を覚えておきましょう。最もよく使用するのは、Colorプロパティです。ColorプロパティにはRGB値を設定するため、RGB関数または定数を使って色を指定できます。

レッスン 47 罫線を引くには

| 罫線 | 練習用ファイル | L47_罫線の設定.xlsm |

セル範囲に罫線を引くと、きちんとした表組の形になり、見映えが整います。ここでは、VBAで罫線を引く方法を紹介します。表の周囲や内部の縦線や横線、線の種類などいろいろな設定をして罫線が引けることを確認してください。

セル範囲に罫線を設定する

セル範囲に罫線を設定するには、まずRangeオブジェクトのBordersコレクションまたはBorderオブジェクトを取得し、次にLineStyleプロパティで線種を指定します。

●Bordersプロパティ

Rangeオブジェクト.Borders([Index])

引数	Index:罫線の位置を表す定数を指定(省略可)
説明	引数Indexで指定した位置のBorderオブジェクトを取得する。引数を省略するとセルの周囲のすべての位置にある罫線(格子線)を参照するBordersコレクションを取得する

●Indexの設定値

定数	内容	定数	内容
xlEdgeTop	上端の横線	xlInsideVertical	内側の縦線
xlEdgeBottom	下端の横線	xlInsideHorizontal	内側の横線
xlEdgeLeft	左端の縦線	xlDiagonalDown	左上から右下の斜線
xlEdgeRight	右端の縦線	xlDiagonalUp	左下から右上の斜線

●LineStyleプロパティ

オブジェクト.LineStyle

オブジェクト	Bordersコレクション、Borderオブジェクト
説明	指定した罫線の線種を定数で取得・設定する

●LineStyleの設定値

定数	内容	定数	内容
xlContinuous	実線	xlDot	点線
xlDash	破線	xlDouble	二重線

キーワード

書式	P.342
セル範囲	P.343
引数	P.344

使いこなしのヒント
罫線の太さを設定するには

罫線の太さは、BordersコレクションまたはBorderオブジェクトのWeightプロパティで取得・設定できます。Weightプロパティは、太さを表す定数で指定します。なお、LineStyleプロパティの設定値との組み合わせにより反映されないことがあります。

●太さを表す定数

定数	内容
xlHairline	極細
xlThin	細
xlMedium	中
xlThick	太

使いこなしのヒント
罫線に色を指定するには

罫線に色を設定する場合は、BordersコレクションまたはBorderオブジェクトのColorプロパティ、ColorIndexプロパティ、ThemeColorプロパティを使います。設定方法はレッスン46を参照してください。例えば、指定したセル範囲のすべての罫線を緑色にする場合は、次のように指定します。

Range("A3:C7").Borders.Color=rgbGreen

●LineStyleの設定値（続き）

定数	内容	定数	内容
xlDashDot	一点鎖線	xlSlantDashDot	斜破線
xlDashDotDot	二点鎖線	xlLineStyleNone	線なし

1 罫線の位置や種類を指定して罫線を引く

●入力例

1	Sub 罫線の設定()
2	[Tab] With Range("A1").CurrentRegion
3	[Tab][Tab] .Borders.LineStyle = xlContinuous
4	[Tab][Tab] .Rows(1).Borders(xlEdgeBottom). _ [Tab][Tab] LineStyle = xlDouble
5	[Tab] End With
6	End Sub

1	マクロ［罫線の設定］を開始する
2	セルA1を含む表全体について以下の処理を行う（Withステートメントの開始）
3	表全体に格子の罫線を細実線で設定する
4	表の1行目の下線を二重線に設定する
5	Withステートメントを終了する
6	マクロを終了する

After
それぞれ種類の異なる罫線が引かれた

使いこなしのヒント
格子罫線と二重線を引く

手順1では、セルA1を含む表全体のBordersコレクションのLineStyleプロパティにxlContinuousを代入し、格子罫線を設定してします。また、表の1行目の下端の横線に二重線を引いています。Bordersプロパティの引数をxlEdgeBottomに設定することで位置を指定していることを確認してください。

まとめ
罫線の位置の指定方法を覚えよう

罫線は、指定したセル範囲の中で、「どこにどのような罫線を設定するのか」を指定します。具体的には、「セル範囲.Borders(位置).LineStyle＝線種」という形式で指定します。位置は「xlEdgeBottom」などの定数で指定し、線種は「xlContinuous」などの定数で指定します。位置を省略してBordersだけにすると、セル範囲内のすべての罫線が対象になり、格子状の罫線が引けることも覚えておきましょう。

スキルアップ
表の周囲に罫線を設定する

RangeオブジェクトのBorderAroundメソッドを使うと、指定したセル範囲の周囲に、線種、太さ、色を一度に指定して罫線を設定できます。表の周囲だけ太線にしたいといった場合に便利です。

●基本構文

Rangeオブジェクト.BorderAround([LineStyle], [Weight], [ColorIndex], [Color], [ThemeColor],)

●入力例

**Range("A1:C3").BorderAround _
LineStyle:=xlContinuous, Weight:=xlThick**

説明　セル範囲A1〜C3の周囲に太い実線で罫線を設定する

表の周囲に太い罫線が設定された

レッスン 48 行の高さや列の幅を変更するには

セル範囲の変更 | **練習用ファイル** 手順見出しを参照

このレッスンでは、行の高さや列の幅の設定方法を紹介します。行の高さや列の幅を数値で正確に指定することも、セル内の文字数に合わせて自動調整することもできます。

行の高さや列の幅を変更する

行の高さはRowHeightプロパティ、列の幅はColumnWidthプロパティで取得・設定できます。

●RowHeightプロパティ／ColumnWidthプロパティ

Rangeオブジェクト.RowHeight
Rangeオブジェクト.ColumnWidth

| 説明 | RowHeightプロパティは、指定したセルの行の高さをポイント単位（1/72インチ：約0.35mm）で取得・設定する。ColumnWidthプロパティは、指定したセルの列の幅を半角文字の幅を1として取得・設定する |

●基本構文

Rangeオブジェクト.RowHeight = ポイント

●基本構文

Rangeオブジェクト.ColumnWidth = 半角の文字数

1 セルにあった高さと幅を設定する

L48_行列の操作1.xlsm

●入力例

1	Sub 行高列幅の変更()
2	[Tab] Range("A1").RowHeight = 25
3	[Tab] Range("B1").ColumnWidth = 15
4	[Tab] Range("C2:D2").ColumnWidth = 6
5	End Sub

キーワード

セル範囲	P.343
メソッド	P.345
列	P.345

使いこなしのヒント
セル範囲を指定した場合は

セル範囲を指定してRowHeightプロパティに値を設定すると、各行が設定した高さに設定されます。ColumnWidthプロパティも同じです。セル範囲の各行、各列をまとめて同じ高さや列に揃えられます。

使いこなしのヒント
全セルの行高列幅を標準に戻すには

行高や列幅を標準に戻すには、それぞれRangeオブジェクトのUseStandardHeightプロパティ、UseStandardWidthプロパティにTrueを設定します。全セルを対象に戻すには、全セルを取得するCellsプロパティを使って以下のように記述します。

Cells.UseStandardHeight = True

Cells.UseStandardWidth = True

1	マクロ［行高列幅の変更］を開始する
2	セルA1の行高を25に設定する
3	セルB1の列幅を15に設定する
4	セル範囲C2～D2の列幅をそれぞれ6に設定する
5	マクロを終了する

After

	A	B	C	D
1	売上販売数			
2	商品ID	商品名	価格	販売数
3	S001	ビジネス靴	9,800	132
4	S002	パンプス	6,500	240
5	S003	サンダル	3,500	266

それぞれのセル内容にあった行高列幅になった

列幅をセル内の文字列に合わせて自動調整する

AutoFitメソッドを使うと、列の幅や行の高さを、セルに表示されている文字列に合わせて自動調整します。行、列単位で設定するので、必ず行、列を参照するオブジェクトを指定してください。

●AutoFitメソッド

行や列を参照するRangeオブジェクト.AutoFit

説明	Rowsプロパティまたは EntireRowプロパティで行を指定すると行の高さが自動調整される。Columnsプロパティまたは EntireColumnプロパティで列を指定すると列の幅が自動調整される

2 セルの列幅を文字長に合わせる

L48_行列の操作2.xlsm

●入力例

1	Sub_行高列幅の自動調整() ↵
2	[Tab] Rows(1).AutoFit ↵
3	[Tab] Range("A2:D5").Columns.AutoFit ↵
4	End_Sub

1	マクロ［行高列幅の自動調整］を開始する
2	1行目の行高を自動調整する
3	セル範囲A2～D5内にある文字長に合わせて列幅を自動調整する
4	マクロを終了する

使いこなしのヒント
セルやセル範囲の行の高さや列の幅を変更する

手順1では、セルやセル範囲を指定して行の高さや列の幅を変更しています。セル範囲を指定した場合は、各列が同じ幅に設定されます。また、Rowsプロパティや Columnsプロパティを使って行や列を参照して変更もできます。

使いこなしのヒント
行高や列幅を自動調整する

手順2では、1行目の高さを自動調整し、セル範囲A2～D5の範囲内の文字長に合わせて列幅を自動調整しています。入力例の3行目を「Culumns("A:D").AutoFit」とするとワークシートの列全体が対象になってしまいます。入力例のようにセル範囲の中の列を参照することで指定したセル範囲内のセルに入力されている文字長に合わせて列幅を自動調節できます。

まとめ
行の高さと列幅の調整方法を覚えよう

RowHeightプロパティは行の高さ、ColumnsWidthプロパティは列の幅を変更できます。セル範囲を指定すると、各行や各列を同じ高さや幅に設定できます。RowsプロパティやColumnsプロパティで行や列を参照して変更することもできます。行高や列幅を自動調節するAutoFitメソッドは、必ず行や列を対象に記述することも忘れないでください。

レッスン 49 特定のセルをまとめて参照するには

セルの種類 ｜ **練習用ファイル** L49_空白セルや数値セルの参照.xlsm

データには、文字列、数値、数式などのデータが入力されているセルもあれば、何も入力されていない空白セルもあります。同じ種類のデータが入力されているセルをまとめて参照し、一括で操作する方法を紹介します。

キーワード

セル範囲	P.343
引数	P.344
メソッド	P.345

空白セルや数値のセルを一括で操作する

SpecialCellsメソッドは、指定した種類のデータが入力されているセルをまとめて参照するRangeオブジェクトを取得します。

⚠ ここに注意

SpecialCellsメソッドは、引数で指定した種類のセルが見つからなかった場合は、実行時エラーになります。

●SpecialCellsメソッド

Rangeオブジェクト.**SpecialCells**(**Type**,**[Value]**)

引数	Type：セルの種類を指定（下表参照）／ Value：セルの種類が「xlCellTypeConstants」または「xlCellTypeFormulas」の場合に、オプションとして下表にある4つのデータの種類の中から選択できる。省略した場合は、すべての定数と数式が対象になる
説明	指定したセル範囲の中で引数Typeで指定した条件を満たすすべてのセルを参照するRangeオブジェクトを取得する

●主な引数Typeの設定値

定数	内容
xlCellTypeAllFormatConditions	条件付き書式のセル
xlCellTypeAllValidation	入力規則のセル
xlCellTypeBlanks	空白セル
xlCellTypeComments	メモ（コメント）が含まれているセル
xlCellTypeConstants	定数（数式以外の値）のセル（*）
xlCellTypeFormulas	数式のセル（*）
xlCellTypeLastCell	最後のセル
xlCellTypeVisible	可視セル

*引数Valueで種類を指定できます。

●引数Valueの設定値

定数	内容	定数	内容
xlNumbers	数値	xlErrors	エラー値
xlTextValues	文字列	xlLogical	論理値

💡 使いこなしのヒント

SpecialCellsメソッドを使った入力例を確認しよう

SpecialCellsメソッドは引数Typeを変更して、いろいろな種類のセルを取得できます。

セル範囲.**SpecialCells**(xlCellTypeBlanks).**Select**

セル範囲の中にある空白セルを選択する

セル範囲.**SpecialCells**(xlCellTypeFormulas).**Select**

セル範囲の中にある数式セルを選択する

1 表内の数値と文字を削除する

●入力例

1	Sub␣数値と文字を削除する()⏎
2	[Tab] Range("A3:D5").SpecialCells(xlCellTypeConstants,␣_⏎ [Tab][Tab] ClearContents⏎
3	End␣Sub

1	マクロ［数値と文字を削除する］を開始する
2	セル範囲A3〜D5の中で数値または文字が入力されているセルの値を削除する
3	マクロを終了する

Before

セル範囲A3〜D5から数値と文字だけ削除し、数式は残したい

	A	B	C	D	E	F
1						
2	商品名	価格	数量	金額		
3	バターケーキ	¥2,500	3	¥7,500		
4	メロンケーキ	¥4,500	3	¥13,500		
5	チーズケーキ	¥1,800	5	¥9,000		
6						
7						

↓

After

数値と文字だけ削除された

	A	B	C	D	E	F
1						
2	商品名	価格	数量	金額		
3				¥0		
4				¥0		
5				¥0		
6						
7						

💡 使いこなしのヒント
引数Valueを使う入力例を確認しよう

引数Valueでは、参照するセルを細かく指定できます。例えば、以下のように数式の結果がエラーのセルや文字が入力されているセルを参照できます。

セル範囲.SpecialCells(xlCellTypeFormulas, xlErrors).Select

セル範囲の中にある数式の結果がエラーのセルを選択する

セル範囲.SpecialCells(xlCellTypeConstants, xlTextValues).Select

セル範囲の中で文字のセルを選択する

💡 使いこなしのヒント
データの種類を特定して削除する

手順1では、セル範囲A3〜D5の中で数値と文字のセルを探し、見つかったすべてのセルに対して一括してデータを削除しています。引数Typeを「xlCellTypeConstants」（数式以外の値のセル）に指定すると、数値と文字が対象になります。

まとめ　一括で処理できるのでとても便利

SpecialCellsメソッドは、指定したセル範囲の中で、条件にあった種類のデータを持つすべてのセルを参照するRangeオブジェクトを取得します。取得したRangeオブジェクトに対して、選択したり、色を付けたり、同じ値を入力したりと一括で処理できるところがメリットです。該当するセルが見つからない場合はエラーになることも覚えておきましょう。

レッスン 50 テキストデータを表形式に整形するには

フリガナ列追加　　**練習用ファイル** L50_フリガナ追加.xlsm

このレッスンでは、レッスン31の手順1で説明したテキストデータを表の形に整えるマクロを改良してステップアップした内容にしています。表全体を取得したり、列を挿入したり、計算式を設定したりと、いろいろな処理を変更、追加しています。

キーワード

セル範囲	P.343
データ型	P.343
変数	P.344

使いこなしのヒント

4行目から11行目までの内容を確認しよう

手順1では、まず、テキストデータが入力されているセル範囲をCurrentRegionで取得してRange型のオブジェクト変数rngに代入し、以降この変数rngを処理対象となる表全体のセル範囲として扱い、表形式に整えていきます。以降、行訳の行数に沿って補足が必要と思われる行のみ解説します。

・4行目：表の行数を「rng.Rows.Count」で取得して変数rに代入します。あとで表内のデータの行数を取得するために利用します。

・5行目：「rnd.SetPhonetic」で表全体のセルに対してフリガナを設定しています。

・7行目～10行目：「rng.Rows(1)」で表の1行目となる見出しについて、書式を設定します。

・11行目：「rng.Columns(3).Insert」で表の3列目に列を挿入します。フリガナ列を作成するためです。［氏名］列の隣に指定するため3列目に挿入しています。

1 フリガナ列を追加して整形する

●入力例

```
1  Sub 表整形2()
2      Dim rng As Range, r As Long
3      Set rng = Range("A1").CurrentRegion
4      r = rng.Rows.Count
5      rng.SetPhonetic
6      rng.Borders.LineStyle = xlContinuous
7      With rng.Rows(1)    '見出しの設定
8          .Interior.Color = rgbLightGray
9          .HorizontalAlignment = xlCenter
10     End With
11     rng.Columns(3).Insert
12     With rng.Columns(3)  'フリガナ列の設定
13         .Cells(1).Value = "フリガナ"
14         .Offset(1).Resize(r - 1, 1).Formula = "=PHONETIC(B2)"
15     End With
16     rng.Columns.AutoFit
17     Set rng = Nothing
18 End Sub
```

1	マクロ［表整形2］を開始する
2	Range型の変数rngと長整数型の変数rを宣言する
3	変数rngにセルA1を含む表全体を代入する
4	変数rに変数rngの行数を代入する

5	変数rngにフリガナを設定する
6	変数rngに格子型の罫線を線種を細実線にして設定する
7	変数rngの1行目について以下の処理を実行する（Withステートメントの開始）
8	セルの色を薄い灰色に設定する
9	セル内の文字を水平方向に中央揃えにする
10	Withステートメントを終了する
11	変数rngの3列目に列を挿入する
12	変数rngの新しい3列目について以下の処理を実行する（Withステートメントの開始）
13	1つ目のセルに「フリガナ」と入力する
14	3列目のデータ部分（列を1行下に移動し、行数をデータ数-1に変更したセル範囲）に「=PHONETIC(B2)」とExcel関数を入力する
15	Withステートメントを終了する
16	変数rngの各列の列幅を自動調整する
17	変数rngへの参照を解除する
18	マクロを終了する

使いこなしのヒント
12行目以降の内容を確認しよう

行訳の補足説明の続きを以下記します。

・12行目〜15行目：新しく挿入された表の3列目について処理をしています。「.Cells(1)」は新しく挿入された3列目の1つ目のセルをインデックス番号を使って取得し、「フリガナ」と入力して見出しに設定します。

・14行目：オブジェクトを省略せずに記述すると、「rng.Columns(3).Offset(1).Resize(r-1)」となります。これで3列目の見出しを除いたデータ範囲を取得し（レッスン36参照）、FormulaプロパティでExcel関数「"=PHONETIC(B2)"」を入力し、フリガナを表示しています。

用語解説
SetPhoneticメソッド

指定したセルの文字列にフリガナを設定するメソッドです。

Rangeオブジェクト.SetPhonetic

まとめ
活用マクロで総復習しよう

このレッスンで解説しているマクロは、ほぼ第7章までに解説した内容で作成しています。文法を覚えてくると、いろいろな処理ができるようになります。レッスン31の「表整形」マクロの内容に比べると、表のサイズが異なっても対応できるようになっていますね。レッスン97のステップインの機能を使って1行ずつ実行してみると、処理の流れがよくわかります。

Before

データが入力された状態のままになっている

After

表としての体裁に一括で整えられた

この章のまとめ

対象となるオブジェクトをきちんと把握しよう

7章では、セルの操作について解説しました。ポイントになるのは、対象となるオブジェクトが操作する内容によって変わってくるということです。値や数式の入力やコピーはRangeオブジェクトが対象ですが、セル内の文字に対する太字やサイズはFontオブジェクト、セルの塗りつぶしはInteriorオブジェクト、罫線はBorderオブジェクトになります。プロパティを使用する場合、間違ったオブジェクトを指定するとエラーになってしまいますので気をつけてください。また、プロパティやメソッドだけを覚えるのではなく、オブジェクトも含めて覚えるようにするといいでしょう。

	A	B	C	D	E	F	G
1	NO	氏名	フリガナ	性別	郵便番号	都道府県	住所
2	1	五味　克則	ゴミ　カツノリ	男	285-0007	千葉県	佐倉市下根町X-X-X
3	2	麻生　徹	アソウ　トオル	男	156-0052	東京都	世田谷区経堂X-X-X
4	3	田村　明日香	タムラ　アスカ	女	360-0023	埼玉県	熊谷市佐谷田X-X-X
5	4	林　誠	ハヤシ　マコト	男	261-0011	千葉県	千葉市美浜区真砂X-X-X
6	5	森田　幸子	モリタ　サチコ	女	225-0011	神奈川県	横浜市青葉区あざみ野X-X-X
7	6	村木　清美	ムラキ　キヨミ	女	186-0002	東京都	国立市東X-X-X
8							

オブジェクトを適切に指定して複雑な処理をできるようにしよう

VBAでできることって、たくさんあるんですね。表が丸ごとできあがったのには驚きました！

Excelのメニューにある内容は、VBAでほぼ実現できますよ。セルの操作でわからないことがあったら、この章を参照するようにしましょう。

用途が似ているオブジェクトやプロパティがたくさんありました。

ええ、PasteとPasteSpecialとか、InteriorとFontとか、用途は似ているけどオブジェクトだったり、プロパティだったりと種類が違うものが出てきました。間違えないように、組み合わせて覚えましょう。

活用編

第8章

シートやブックの操作を覚えよう

Excelで集計処理をするのに、複数シートのデータをまとめたり、別ブックに保存されているデータを取り込んだりと、シートやブックを切り替えて作業するケースはよく見られます。8章では、シートやブックを操作するプロパティやメソッドを紹介します。

51	シートやブックを操作する処理を覚えよう	162
52	シートの参照と選択方法を覚えよう	164
53	シートの移動とコピーの方法を覚えよう	168
54	シートを追加するには	170
55	シートを削除するには	174
56	ブックの参照と選択方法を覚えよう	176
57	ブック名やブックの保存先を参照するには	180
58	ブックを開くには	182
59	ブックを閉じるには	184
60	新規ブックを追加するには	186
61	ブックを保存するには	188
62	PDF形式のファイルとして保存するには	192
63	シートをコピーして保存するマクロを作ってみよう	194

レッスン
51

Introduction この章で学ぶこと
シートやブックを操作する処理を覚えよう

複数のブックやシートを使ってデータを集めたり、集計したりするときに、ブックを開き、コピーして、閉じるとか、シートをクリックして切り替えて貼り付けるとか、手作業は時間がかかり面倒です。ここでは、そういった手間を自動化する方法を紹介します。

シートもブックも自在に操作できる！

活用編も折り返し地点ですね。
この章のテーマは何ですか？

前の章ではセルの操作を紹介しましたが、この章ではそれに続き、シートとブックの操作方法を説明しますよ。

普段の操作はマクロで実行できる！

Excelで売上表を作る場合、テンプレートのシートをコピーして、シート名を変えて、あるいは新しいブックにして……といった作業をしますよね。全部、VBAでできちゃいます！

セルの操作のときも驚いたけど、こっちはさらにすごい！
仕事を自動化するヒントが、見えてきた気がします！

元のシートをコピーして名前を変更して保存できる

ブックの新規作成、保存も自由自在！

シートの次はブックの操作も説明します。新規ブックを作ったり、名前を付けて保存したり、保存する場所を指定したりと、主なファイル操作が全部できるんです！

ファイルを探して、開いて、処理して閉じることもできるんですね。しっかりマスターします！

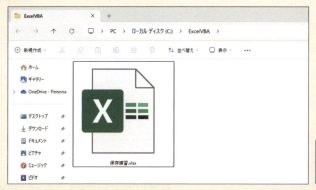

新しいブックに名前を付けて指定した場所に保存できる

PDF形式にもできる！

もう1つ、仕事に役立ちそうなマクロも紹介しますね。ExcelファイルをPDF化することも、VBAにお任せです♪

資料をまとめてPDFにしたいときに、すごく使えそうです。やり方、教えてください！

顧客名簿　2024/4/1

NO	氏名	性別	郵便番号	都道府県	住所
1	川島　義明	男	570-0011	大阪府	守口市金田町X-X-X
2	杉本　優奈	女	615-8056	京都府	京都市西京区下津林番条X-X-X
3	永井　敦子	女	720-1135	広島県	福山市駅家町弥生ケ丘X-X-X
4	室井　正巳	男	630-8292	奈良県	奈良市中御門町X-X-X
5	川奈　奈津美	女	370-2106	群馬県	高崎市吉井町矢田X-X-X
6	小椋　直久	男	646-0213	和歌山県	田辺市長野X-X-X

ExcelファイルからPDF形式に変換して保存できる

レッスン 52 シートの参照と選択方法を覚えよう

シートの参照と選択 | 練習用ファイル 手順見出しを参照

1つのブックで複数のシートを切り替えながら操作をする場合、対象となるシートを選択したり、コピー先となるシートを指定したりします。そのためには、シートを正しく参照する必要があります。このレッスンでは、シートの参照と選択方法を紹介します。

シートを参照する・選択するには

操作対象となるワークシートを参照するには、WorksheetsプロパティやActiveSheetプロパティを使います。このレッスンではワークシートを参照する方法をまとめます。

●Worksheetsプロパティ

Workbookオブジェクト.Worksheets([Index])

引数	Index：インデックス番号またはシート名を指定
説明	ワークシートを参照するWorksheetオブジェクトを取得する。Workbookオブジェクトを省略した場合は、作業中のブックのワークシートを参照する。引数Indexを省略した場合はWorksheetsコレクションを参照する

●ActiveSheetプロパティ

オブジェクト.ActiveSheet

オブジェクト	Workbookオブジェクト、Windowオブジェクト
説明	指定したブックやウィンドウのアクティブシートを参照するWorksheetオブジェクトを取得する。オブジェクトを省略した場合は、作業中のブックのアクティブシートを参照する

●Selectメソッド

オブジェクト.Select

オブジェクト	Worksheetオブジェクト、Rangeオブジェクト
説明	指定したオブジェクトを選択する

キーワード

引数	P.344
変数	P.344
ワークシート	P.345

用語解説

インデックス番号

ワークシートに振られている番号のことで、シートの並びで左から順番に1、2、3とインデックス番号が振られています。1番左にあるワークシートは「Worksheets(1)」で参照できます。

使いこなしのヒント

グラフシートはChartsプロパティで参照する

グラフシートはChartsプロパティでグラフを参照するChartオブジェクトを取得して使います。例えば「Charts("グラフ1")」と指定すると［グラフ1］のグラフシートを参照できます。なお、ブックの中のグラフシートの集まりを「Chartsコレクション」といい、各グラフシートはChartオブジェクトになります。

使いこなしのヒント

Sheetsプロパティでシートを参照するには

Sheetsプロパティを使って、ワークシートを参照できます。例えば、「Sheets("1月")」と指定すると［1月］シートを参照できます。なお、ブック内のすべての種類のシートの集まりを「Sheetsコレクション」といい、この中にはワークシートやグラフシートが含まれます。

1 指定したシートを参照する

L52_シートの参照と選択1.xlsm

●入力例

1	Sub␣シートの参照と選択() ⏎
2	[Tab] Worksheets("3月").Select ⏎
3	[Tab] MsgBox␣Worksheets(2).Name ⏎
4	End␣Sub

1	マクロ［シートの参照と選択］を開始する
2	［3月］シートを選択する
3	2つ目のシートのシート名をメッセージ表示する
4	マクロを終了する

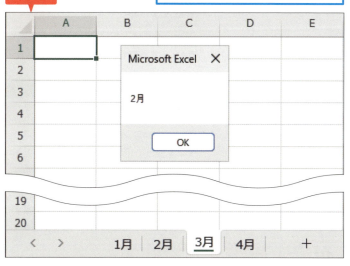

After

［3月］シートを選択した状態で2つ目のワークシート名「2月」が表示された

使いこなしのヒント
シート名またはインデックス番号で指定する

参照するワークシートを指定するには、Worksheetsプロパティの引数にワークシート名またはインデックス番号を指定します。ワークシート名で指定する場合は「"(ダブルクォーテーション)」で囲んで指定します。手順1では、［3月］シートを選択し、2つ目のシートのシート名をNameプロパティで取得してメッセージ表示しています。

使いこなしのヒント
Selectメソッドで選択するとアクティブシートになる

ワークシートを選択するには、Selectメソッドを使います。ワークシートが選択されると、最前面に表示され、作業対象のシート（アクティブシート）になります。

使いこなしのヒント
アクティブシートを便利に使う

最前面に表示されているシートは、作業中のシートであり、アクティブシートです。アクティブシートはActiveSheetプロパティで取得できるので、わざわざWorksheetsプロパティを使ってシートを指定することなく、すばやく対象のシートを参照することができます。

2 最前面のシートを参照する

L52_シートの参照と選択2.xlsm

●入力例

1	Sub␣アクティブシートの参照() ⏎
2	[Tab] Range("A1").Value␣=␣ActiveSheet.Name ⏎
3	End␣Sub

1	マクロ［アクティブシートの参照］を開始する
2	セルA1にアクティブシートのシート名を入力する
3	マクロを終了する

使いこなしのヒント
複数のシートを同時に参照するには

手順3のように複数のシートを同時に参照するにはArray関数（167ページのスキルアップ参照）を使います。Array関数の引数に選択したいワークシート名または、インデックス番号を指定します。

After

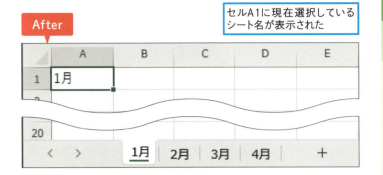

セルA1に現在選択しているシート名が表示された

3 複数のシートを参照する

L52_シートの参照と選択3.xlsm

●入力例

1	Sub 複数シートの選択()
2	[Tab] Worksheets(Array(1, 3, 4)).Select
3	End Sub

1	マクロ［複数シートの選択］を開始する
2	1つ目と3つ目と4つ目のシートを選択する
3	マクロを終了する

After

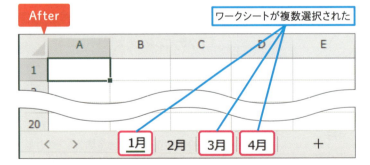

ワークシートが複数選択された

4 ワークシート数を取得する

L52_シートの参照と選択4.xlsm

●入力例

1	Sub ワークシート数()
2	[Tab] MsgBox Worksheets.Count
3	End Sub

1	マクロ［ワークシート数］を開始する
2	ワークシート数を取得してメッセージ表示する
3	マクロを終了する

使いこなしのヒント
Activateメソッドでシートをアクティブにできる

選択されている複数のシートの中にあるシートを切り替えて作業中のシート（アクティブシート）にするには、WorksheetオブジェクトのActivateメソッドを使います。選択されていないシートにActivateメソッドを使うと、選択が解除されます。

Worksheets(3).Activate

3つ目のワークシートをアクティブにする

使いこなしのヒント
すべてのワークシートを参照するには

「Worksheets」と記述するとすべてのワークシートを参照できます。

使いこなしのヒント
ワークシートの数を数えるには

WorksheetsコレクションにCountプロパティを使って「Worksheets.Count」と記述すると、ブック内のすべてのワークシートの数を取得できます。この記述は、ワークシートを追加するときの位置を指定するときによく使いますので、覚えておきましょう。

まとめ
ワークシートの参照をマスターしよう

ブック内のすべてのワークシートの集まりをWorksheetsコレクションといい、Worksheetsコレクションの中にブック内にあるWorksheetオブジェクトが含まれます。各ワークシートを参照するには、「Worksheets("1月")」または「Worksheets(1)」のように名前やインデックス番号で指定することを覚えてください。また、作業中のシートであればActiveSheetで参照できます。

👍 スキルアップ
配列変数とは

同じデータ型の要素の集まりのことを「配列」といい、配列を格納する変数のことを「配列変数」といいます。「配列変数」は単に「配列」と表すこともあります。配列を使うと変数をまとめて扱えるので、コードをシンプルに記述できます。

●配列変数の仕組みを知ろう

配列変数は、1つの変数をいくつかに区切って複数のデータを格納できるようにしています。例えば、3つの要素を扱う場合、通常の変数では3つの変数を用意しなければなりませんが、配列変数を使用すると、1つの配列変数で3つの要素を扱うことができます。

配列変数は複数の変数をまとめて扱える

●配列変数を使うには

配列変数を使うには、配列変数に格納する要素数と、配列変数に格納された各要素に対応するインデックス番号について注意する必要があります。配列変数に格納された各要素には0から始まるインデックス番号が振られます。各要素は「shiten(0)」のように「変数名(インデックス番号)」で表します。

また、配列変数は宣言をして使用します。配列変数を宣言するには、変数名の後ろの「()」内に配列の要素数を表す数字を記述します。「()」内の数字のことをインデックス番号といいます。インデックス番号は最小値(下限値)を0とするため、配列変数を宣言するときは、要素数から1を引いた数を「()」内に記述します。この数がインデックス番号の上限値になります。

●配列変数を宣言する

Dim 変数名(上限値) As データ型

●配列変数にデータを格納する

変数名(インデックス番号) = 格納する値

●配列変数に値を格納するには

配列変数に値を格納するには、「shiten(0)="東京"」のように要素ごとに格納しますが、Array関数を使用すると配列の各要素を一度に格納できます。Array関数は、引数に指定した要素を配列にして返す関数です。バリアント型の値を返すため、変数のデータ型はVariantにする必要があります。

●配列変数の宣言と値の格納(Array関数を使う場合)

Dim 変数名 As Variant
変数名 = Array(要素1,要素2,要素3,…)

●入力例

1	Sub 配列()
2	[Tab] Dim shiten As Variant
3	[Tab] shiten = Array("東京", "大阪", "福岡")
4	[Tab] MsgBox shiten(0) & ":" & shiten(1) & _ [Tab] ":" & shiten(2)
5	End Sub

1	[配列]というマクロを記述する
2	バリアント型の変数shitenを宣言する
3	3つの要素(東京、大阪、福岡)を持つ配列を作成し、変数shitenに格納する
4	配列変数の1番目の要素(東京)、2番目の要素(大阪)、3番目の要素(福岡)をメッセージ表示する
5	マクロの記述を終了する

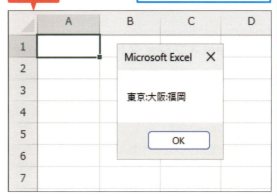

配列の各要素がメッセージ表示された

レッスン 53 シートの移動とコピーの方法を覚えよう

シートの移動・シートのコピー　　練習用ファイル　L53_シートの移動とコピー.xlsm

処理が終わったシートを後ろに移動したり、テンプレートとなるシートをコピーして使用したりと、ワークシートの順番を入れ替えたり、すでにあるシートをコピーして活用できます。このレッスンでは、VBAでシートを移動、コピーする方法を学習しましょう。

キーワード

アクティブブック	P.340
引数	P.344
ワークシート	P.345

シートを移動する・コピーするには

シートを移動するにはMoveメソッド、シートをコピーするにはCopyメソッドを使います。どちらも移動先やコピー先を引数で指定します。

●Moveメソッド

Worksheetオブジェクト.Move([Before], [After])

引数	Before：移動先のシートを指定する。指定したシートの前に移動する After：移動先のシートを指定する。指定したシートの後ろに移動する
説明	引数Beforeまたは引数Afterのどちらか一方で指定したシートの前または後ろにシートを移動する。両方同時に指定できない

●Copyメソッド

Worksheetオブジェクト.Copy([Before], [After])

引数	Before：コピー先のシートを指定する。指定したシートの前にコピーされる After：コピー先のシートを指定する。指定したシートの後ろにコピーされる
説明	引数Beforeまたは引数Afterのどちらか一方で指定したシートの前または後ろにシートをコピーする。両方同時に指定できない

使いこなしのヒント
新規ブックに移動・コピーするには

Moveメソッド、Copyメソッドともに引数Beforeと引数Afterの両方を省略すると、新規ブックが作成され、そこにシートが移動またはコピーされます。なお、このとき元のブックにシートが1枚しかない場合は新規ブックは作成されますが、元のブックからシートを移動することはできません。

使いこなしのヒント
[移動またはコピー] 画面の操作に対応している

Moveメソッド、Copyメソッドは、シート見出しを右クリックし [移動またはコピー] をクリックして表示される [移動またはコピー] 画面での操作に対応しています。

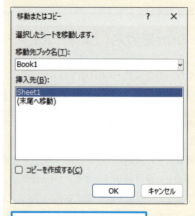

[移動またはコピー] 画面と同様の操作になる

1 シートをコピーして移動させる

●入力例

1	Sub␣シートのコピーと移動() ⏎
2	[Tab] Worksheets("元表").Copy␣After:=Worksheets("2月") ⏎
3	[Tab] ActiveSheet.Name␣=␣"3月" ⏎
4	[Tab] Worksheets("元表").Move␣Before:=Worksheets(1) ⏎
5	End␣Sub

1	マクロ［シートのコピーと移動］を開始する
2	［元表］シートをコピーし、［2月］シートの後ろに挿入する
3	アクティブシートの名前を「3月」に設定する
4	［元表］シートを1番目のシートの前に移動する
5	マクロを終了する

Before

［元表］シートを［3月］シートとしてコピーしたい

After

［元表］シートが［2月］シートの後ろにコピーされ名前が「3月」に設定された。［元表］シートが1番目のシートに移動した

使いこなしのヒント
コピー、移動したシートがアクティブシートになる

CopyメソッドまたはMoveメソッドでコピー、移動したシートはアクティブになり、ActiveSheetプロパティで参照することができます。手順1では3行目でコピーしたシートがアクティブシートであることを利用してActiveSheetプロパティでコピーしたシートを参照し、名前を設定しています。

使いこなしのヒント
名前付き引数を使わなかった場合は

手順1の2行目、4行目では「After:=Worksheets("2月")」「Before:=Worksheets(1)」のように名前付き引数で指定していますが、名前付き引数を使わなかった場合は、引数Beforeが指定されたことになり、指定したシートの前に移動またはコピーされます。

まとめ
シートの動きと合わせて把握しよう

このレッスンでは、シートの移動とコピーの方法を紹介しました。Moveメソッド、Copyメソッド共に、引数Beforeや引数Afterで移動先やコピー先を指定します。また、両方の引数を省略したときは、新規ブックが作成され、そこに移動、コピーされることも覚えておきましょう。また、移動、コピーしたシートがアクティブになるということも押さえておいてください。

レッスン 54 シートを追加するには

| シートの追加 | 練習用ファイル | 手順見出しを参照 |

新規シートに各部署からの報告書をまとめたりする場合、新規シートを適宜追加する必要があります。新規シートは1枚だけでなく複数枚まとめて追加することも、追加する位置を指定することもできます。このレッスンでは新規シートの追加の方法を紹介します。

シートを追加する

ワークシートを追加するには、WorksheetsコレクションのAddメソッドを使います。引数の設定方法によって、いろいろなパターンで追加できます。

● Addメソッド

Worksheetsコレクション.Add([Before], [After], [Count], [Type])

引数	Before：追加する位置を指定。指定したシートの前に追加される／After：追加する位置を指定。指定したシートの後ろに追加される／Count：追加するシートの数／Type：追加するシートの種類。ワークシートを追加する場合は省略できる
説明	ワークシートを追加して、追加したWorksheetオブジェクトを返す。引数Betoreまたは引数Afterのどちらか一方で指定したシートの前または後ろに新規シートを追加する。両方同時に指定できない

1 位置と数を指定してシートを追加する
L54_シートの追加1.xlsm

● 入力例

```
1  Sub シートの追加()
2  [Tab] Worksheets.Add After:=ActiveSheet, Count:=2
3  End Sub
```

1 マクロ［シートの追加］を開始する
2 ワークシートをアクティブシートの後ろに2つ追加する
3 マクロを終了する

キーワード

ステートメント	P.342
引数	P.344
ワークシート	P.345

使いこなしのヒント
引数をすべて省略した場合は

すべての引数を省略した場合は、アクティブシートの前に1つワークシートが追加されます。

使いこなしのヒント
追加したシートがアクティブになる

ワークシートを追加すると、追加したシートがアクティブシートになります。複数のシートを追加した場合は、最後に追加されたシートがアクティブになります。

使いこなしのヒント
アクティブシートの後ろに追加する

手順1では、新規シートをアクティブシートの後ろに2つ追加しています。そのため、引数AfterにActivehseetを指定し、引数Countに2を指定しています。なお、アクティブシートの前に追加する場合は、引数Beforeと引数Afterを省略し、引数Countだけで指定できます。

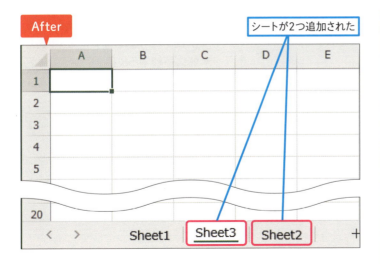

シートが2つ追加された

使いこなしのヒント
複数追加した場合のシートの並び

手順1では、アクティブシート（[Sheet1]シート）の後ろにシートを追加しているため、複数（2つ）追加すると、最後に追加したシートがアクティブシートの後ろに位置します。そのため、[Sheet1]、[Sheet3]、[Sheet2]の並びになります。

シートを末尾に追加する

シートを末尾に追加したい場合は、インデックス番号を使って末尾のシートを参照します。インデックス番号は先頭から1，2，3…と振られるので、末尾のシートは「Worksheets(ワークシート数)」で取得できます。ワークシート数は、「Worksheets.Count」で求めることができるため、「Worksheets(Worksheets.Count)」と記述して末尾のシートを指定します。

●基本構文（末尾のシートを参照）

`Worksheets(Worksheets.Count)`

2 シートを末尾に1つ追加する

L54_シートの追加2.xlsm

●入力例

1	Sub_シートを末尾に追加() ↵
2	[Tab] Worksheets.Add_After:=Worksheets(Worksheets.Count) ↵
3	End_Sub

1	マクロ［シートを末尾に追加］を開始する
2	ワークシートを末尾に1つ追加する
3	マクロを終了する

使いこなしのヒント
新規シートを末尾に追加する

手順2の2行目のように、新規ワークシートを末尾に追加するには、インデックス番号が「Worksheets.Count」のシートの後ろに追加するように指定します。末尾のシートは「Worksheets(Worksheets.Count)」と記述できるため、引数Afterに末尾のシートを指定しています。引数Countを省略すると1とみなされるため、指定していません。また、追加したシートがアクティブになっていることもあわせて確認してください。

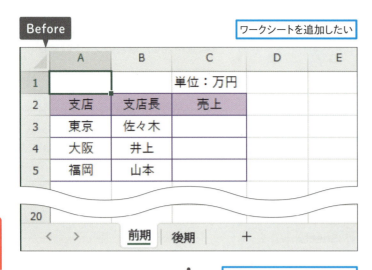

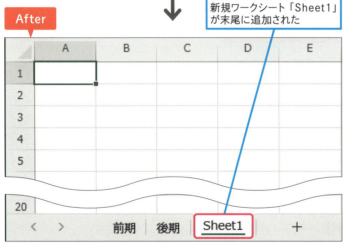

使いこなしのヒント
グラフシートがある場合にシートの末尾に追加するには

ブック内にグラフシートがある場合にシートの末尾に追加するには、Sheetsプロパティを使って「Sheets(Sheets.Count)」を引数Afterに指定します。

使いこなしのヒント
シート名の命名規則

シート名は、任意の名前を31文字以内で指定します。ただし、「:(コロン)」「¥(円記号)」「/(スラッシュ)」「?(疑問符)」「*(アスタリスク)」「[(左角かっこ)」「](右角かっこ)」は使用できません。また、名前を空白にすることもできません。規則に反する名前を指定しようとすると、メッセージが表示されます。

ワークシートの追加と同時にシート名を設定する

WorksheetsコレクションのAddメソッドは、Worksheetオブジェクトを追加し、そのWorksheetオブジェクトを返します。そのため、「Worksheets.Add」の部分をWorksheetオブジェクトとして扱うことができます。例えば、Nameプロパティを使って以下のように記述することができます。

● 入力例
Worksheets.Add.Name = "1月"

| 説明 | ワークシートを1つ追加し、その追加したシートの名前を「1月」に設定する(ここでは、引数を省略しているため、アクティブシートの前に1つ追加される) |

使いこなしのヒント
複数のシートを追加した場合のシート名

複数のシートを追加した場合のシート名は、「Sheet2」「Sheet3」と、「Sheet」に続けて数字が付加された名前が自動で設定されます。複数のシート追加時に任意の名前を付けたい場合は、第9章で紹介する繰り返し処理を使ってシートを1つずつ追加し、その都度名前を付けるようにしてください。

● Nameプロパティ

Worksheetオブジェクト.Name

| 説明 | 指定したワークシートの名前を取得・設定する。名前を変更するワークシートの見出しタブにその名前が表示される |

3 シートの追加と同時に操作する

L54_シートの追加3.xlsm

●入力例

1	Sub シートの追加と同時に操作する()
2	[Tab] With Worksheets.Add
3	[Tab][Tab] .Name = "集計"
4	[Tab][Tab] .Move After:=Worksheets(Worksheets.Count)
5	[Tab] End With
6	End Sub

1	マクロ［シートの追加と同時に操作する］を開始する
2	ワークシートを既定の設定で追加し、追加されたワークシートについて以下の処理を行う（Withステートメントの開始）
3	シート名を「集計」にする
4	シートの末尾に移動する
5	Withステートメントを終了する
6	マクロを終了する

After

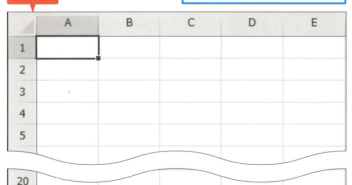

［集計］シートが末尾に追加された

使いこなしのヒント
WorksheetsコレクションのAddメソッドの戻り値を利用する

手順3では「Worksheet.Add」で追加したシートのWorhsheetオブジェクトを取得しているため、この追加されたワークシートに対してWithステートメントを使って、名前の変更をし、ワークシートを末尾へ移動しています。特に、新規追加したシートはすぐに名前を付けておかないと、見分けがつかなくなってしまう恐れがあるため、ぜひ利用してください。

使いこなしのヒント
位置を指定して追加する場合は

手順3では、引数を省略してワークシートを追加しましたが、位置を指定して追加し、そのままオブジェクトとして使う場合は、以下のように引数を()で囲み、「.(ピリオド)」に続けてプロパティやメソッドを記述します。

Worksheets.Add (After:=Worksheets(1)).Name="1月"

1つ目のシートの後ろにワークシートを追加し、シート名を「1月」に設定する

まとめ
追加する位置や数は引数で自由に指定できる

このレッスンでは、ワークシートの追加についていろいろと紹介しました。引数の指定の仕方によって追加する位置や数が指定できます。また、Addメソッドは追加したWorksheetオブジェクトを返すため、「Worksheets.Add」をWorksheetオブジェクトとして扱い、プロパティやメソッドを使ってそのまま操作を行うことができます。これを覚えておくと便利です。

レッスン 55 シートを削除するには

シートの削除 | 練習用ファイル L55_シートの削除.xlsm

VBAでもワークシートを削除できます。また、Excelで不要なワークシートを削除する際は、削除確認のメッセージが表示されますが、VBAを使うとそのメッセージを表示しないようにもできます。

キーワード

VBA	P.340
メッセージボックス	P.345
ワークシート	P.345

シートを削除する

ワークシートを削除するには、Deleteメソッドを使います。また、削除時に確認メッセージが表示されないようにするには、ApplicationオブジェクトのDisplayAlertsプロパティにFalseを設定します。

●Deleteメソッド

Worksheetオブジェクト.Delete

説明	指定したワークシートを削除する

●DisplayAlertsプロパティ

Applicationオブジェクト.DisplayAlerts

説明	Trueの場合、Excelが表示する確認メッセージを表示する。Falseの場合、確認メッセージが非表示になる

使いこなしのヒント

ワークシート削除時に表示されるメッセージとは

ワークシートを削除するときに次のような確認メッセージが表示されます。

[削除]をクリックすると削除が実行される

使いこなしのヒント

DisplayAlertsプロパティの設定は元に戻しておく

Deleteメソッドでワークシートを削除する前に「Application.DisplayAlerts=False」と記述し、ワークシートを削除したあとで、「Application.DisplayAlerts=True」と記述して設定を元に戻しておきます。Application.DisplayAlertsプロパティをFalseにすると、確認メッセージの既定のボタンが選択されたとみなされます。ワークシートを削除する場合は、既定ボタンが[削除]であるため、メッセージを表示せずに削除されるというわけです。なお、マクロが正常に終了すれば自動的にTrueに戻りますが、DisplayAlertsプロパティはExcel全般で有効であるため、メッセージが表示されるコードのあとでTrueに明示的に戻すようにしてください。

1 確認メッセージを表示しないでシートを削除する

●入力例

```
1  Sub シート削除()
2      Application.DisplayAlerts = False
3      Worksheets("まとめ").Delete
4      Application.DisplayAlerts = True
5  End Sub
```

1	マクロ[シート削除]を開始する
2	Excelの警告メッセージを表示しない設定にする
3	[まとめ]シートを削除する

4	Excelの警告メッセージを表示する設定にする
5	マクロを終了する

Before

[まとめ] シートを削除したい

After

警告メッセージが表示されずに[まとめ] シートが削除された

使いこなしのヒント
削除メッセージを一時的に非表示にする

手順1では、確認メッセージを表示しないで [まとめ] シートを削除しています。Application.DisplayAlertsプロパティの設定を、Deleteメソッドの前後に挟むことで、削除に対するメッセージのみ一時的に非表示にしています。

まとめ
削除メッセージの表示・非表示はVBAで制御できる

このレッスンでは、ワークシートを削除する方法を紹介しました。ユーザーが手作業でワークシートを削除する場合は、必ず確認メッセージが表示されますが、VBAでApplicationオブジェクトのDisplayAlertsプロパティを使うことによって、確認メッセージの表示・非表示を制御できることがわかりました。使い方としては、Deleteメソッドの前でDisplayAlertsの設定を「False」、あとで「True」に戻すことを覚えておきましょう。

使いこなしのヒント
ワークシートを非表示にもできる

ワークシートをあとで使用する可能性がある場合は、WorksheetオブジェクトのVisibleプロパティを使ってシートを非表示にしておくこともできます。Visibleプロパティは Trueで表示、Falseで非表示にできます。Falseの場合は、ユーザーがシート見出しを右クリックして [再表示] をクリックすれば再表示できますが、xlVeryHiddenに設定するとこのメニューが無効になり、ユーザーの操作で再表示できない設定になります。この場合、再表示するにはVBAでTrueの設定に戻します。なお、シートを非表示にしてもワークシートとしては存在するのでWorksheets.Countでワークシートを数えると非表示のシートも含めてカウントされます。

●Visibleプロパティの設定値

設定値	内容
True	表示
False	非表示
xlVeryHidden	非表示（ユーザー操作で再表示できない）

レッスン 56 ブックの参照と選択方法を覚えよう

ブックの参照と選択 | **練習用ファイル** 手順見出しを参照

ブックを切り替えたり、閉じたり、開いたりと、複数のブックをVBAで操作する場合に、操作対象となるブックを正確に参照する必要があります。このレッスンでは、ブックを参照し、選択する方法を紹介します。

キーワード

アクティブブック	P.340
メッセージボックス	P.345
ワークシート	P.345

いろいろな方法でブックを参照できる

ブックを参照するには、Workbooksプロパティ、ActiveWorkbookプロパティ、ThisWorkbookプロパティのいずれかを使います。

●Workbooksプロパティ

オブジェクト.Workbooks([Index])

オブジェクト	Applicationオブジェクトを指定するが、通常は省略する
引数	Index：インデックス番号またはブック名を指定
説明	ブックを参照するWorkbookオブジェクトを取得する。引数Indexを省略した場合はWorkbooksコレクションを参照する

●ActiveWorkbookプロパティ

オブジェクト.ActiveWorkbook

オブジェクト	Applicationオブジェクトを指定するが、通常は省略する
説明	現在作業中のブックを参照するWorkbookオブジェクトを取得する

●ThisWorkbookプロパティ

オブジェクト.ThisWorkbook

オブジェクト	Applicationオブジェクトを指定するが、通常は省略する
説明	マクロを実行しているブックを参照するWorkbookオブジェクトを取得する

使いこなしのヒント

開いていないブックを指定した場合は

参照しようとしたブックが開いていない場合は、エラーになります。ブックが開いていることを確認してから操作しましょう。

使いこなしのヒント

ブック名の指定は拡張子まで含める

Windowsで拡張子を表示していない場合でも、正確に参照するためにブック名は「Workbooks("1月.xlsx")」のように拡張子まで含めて指定するようにしてください。例えば、「1月.xlsm」と「1月.xlsx」は同名でも拡張子が異なるため別のブックです。混同しないように区別しましょう。

使いこなしのヒント

Workbookオブジェクトのインデックス番号の規則を知ろう

Workbookオブジェクトのインデックス番号は、ブックを開いた順番に1，2，3…と設定されます。例えば、2番目に開いたブックは「Workbooks(2)」と指定できます。なお、非表示のブックにもインデックス番号が振られます。正確に指定するためには、ブック名で指定することをおすすめします。

●Activateメソッド

オブジェクト.Activate

オブジェクト	Workbookオブジェクト、Worksheetオブジェクト、Rangeオブジェクトなど操作対象となるオブジェクト
説明	指定したオブジェクトを作業対象（アクティブ）にする

1 指定したブックを参照する

L56_ブックの参照と選択1.xlsm

●入力例

1	Sub␣ブックの参照と選択()⏎
2	[Tab] Workbooks("1月.xlsx").Activate⏎
3	End␣Sub

1	マクロ［ブックの参照と選択］を開始する
2	［1月.xlsx］ブックを選択する
3	マクロを終了する

Before　「1月.xlsx」「2月.xlsx」「3月.xlsx」を開いておく

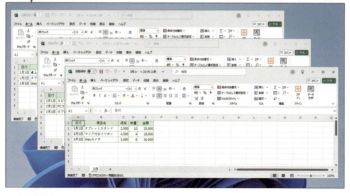

↓　[1月.xlsx]ブックが選択された

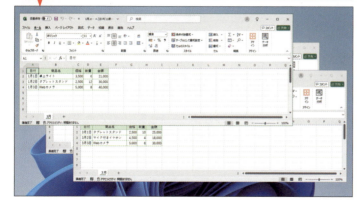

💡 使いこなしのヒント
指定したブックを選択するには

手順1のように、ブックをブック名で参照するときは、ブック名を「"（ダブルクォーテーション）」で囲みます。また、ブックを選択するときは、Activateメソッドを使います。

⚠ ここに注意

WorkbookオブジェクトにはSelectメソッドはありません。Selectを指定しがちですが、Workbookを選択してアクティブにしたい場合は、Activateメソッドを使ってください。

💡 使いこなしのヒント
最小化されているブックを表示するには

指定したWorkbookオブジェクトのウィンドウが最小化されている場合、Activateメソッドを指定しても画面に表示されませんが、アクティブになっています。手順1の3行目に以下のコードを追加してアクティブウィンドウを元のサイズに戻せば画面に表示されます。詳細はレッスン最後のスキルアップを参照してください。

ActiveWindow.WindowState = xlNormal

アクティブウィンドウのウィンドウサイズを元に戻す

2 最前面のブックを参照する

L56_ブックの参照と選択2.xlsm

●入力例

1	Sub アクティブブックの参照() ↵
2	[Tab] Workbooks("1月.xlsx").Activate ↵
3	[Tab] MsgBox ActiveWorkbook.Name ↵
4	End Sub

1	マクロ［アクティブブックの参照］を開始する
2	［1月.xlsx］ブックを選択する
3	アクティブブックのブック名を取得し、メッセージ表示する
4	マクロを終了する

After

「1月.xlsx」「2月.xlsx」「3月.xlsx」を開いておく

最前面に表示されているブックのブック名がメッセージ表示された

使いこなしのヒント
アクティブブックとは

Excelで作業中のブックは、最前面に表示されます。この状態のブックをアクティブブックといい、ActiveWorkbookで参照できます。手順2では、アクティブブックの名前を参照しています。

使いこなしのヒント
ブックが保存されていない場合は

新規ブックを追加し、まだ保存されていない場合のブックの名前は、タイトルバーに表示される「Book1」のような新規ブック名で表示されます。

3 マクロを実行しているブックを参照する

L56_ブックの参照と選択3.xlsm

●入力例

1	Sub マクロを実行しているブックの参照() ↵
2	[Tab] MsgBox ThisWorkbook.Name ↵
3	End Sub

1	マクロ［マクロを実行しているブックの参照］を開始する
2	マクロを実行しているブックのブック名をメッセージ表示する
3	マクロを終了する

使いこなしのヒント
ThisWorkbookプロパティでマクロを実行しているブックを参照する

手順3では、ThisWorkbookプロパティを使ってマクロを実行しているブックを参照しています。複数のブックを開いて操作している場合、マクロを実行しているブックを除いた他のブックについて処理したり、他のブックと区別したりするときに使います。また、マクロを実行しているブックと同じ場所に保存されているブックを操作したり、他のブックの保存場所を指定したりするときにも使います。

After

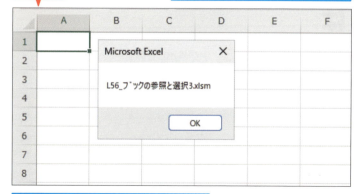

「1月.xlsx」「2月.xlsx」「3月.xlsx」を開いておく

マクロを実行しているブックのブック名がメッセージ表示された

> **まとめ** 対象となるブックをきちんと確認しよう
>
> このレッスンでは、ブックの参照の仕方を説明しました。基本はWorkbooksプロパティを使ってブック名を指定して参照する方法です。これは、開いているブックが対象となります。また、アクティブブックを参照するActiveWorkbookプロパティやマクロを実行しているブックを参照するThisWorkbookプロパティも紹介しました。対象となるブックを正確に参照できるようにしておきましょう。

👍 スキルアップ

ブックのウィンドウを最大化、最小化するには

ブックのウィンドウ表示を変更するには、Windowオブジェクトに対して操作します。デスクトップ上に開いているすべてのウィンドウの集まりは「Windowsコレクション」、開いている各ウィンドウは「Windowオブジェクト」になります。開いているブックのウィンドウを参照するには、「Windows("1月.xlsx")」のように名前で指定するか、アクティブブックであれば、ActiveWindowで参照できます。
ブックウィンドウの表示を最大化・最小化するには、WindowオブジェクトのWindowStateプロパティを使います。

●WindowStateプロパティ

Windowオブジェクト.WindowState

| 説明 | 指定したウィンドウの表示状態を定数で取得・設定する |

●WindowStateプロパティの設定値

定数	内容
xlMaximized	最大化
xlMinimized	最小化
xlNormal	元のサイズ

●入力例1

ActiveWindow.WindowState = xlMaximized

| 説明 | アクティブウィンドウのウィンドウサイズを最大化する（対象となるブックをアクティブにしておく） |

●入力例2

Windows("1月.xlsx").WindowState = xlNormal

| 説明 | ［1月.xlsx］ブックのウィンドウサイズを元のサイズに戻す |

レッスン 57 ブック名やブックの保存先を参照するには

ブック名と保存場所 | **練習用ファイル** 手順見出しを参照

ブックを参照するときや開くときは、ブック名を指定します。また指定したブックがどこに保存されているかを調べたい場合があります。ここでは、ブックの名前や保存場所を調べる方法を紹介します。

キーワード
アクティブブック	P.340
ステートメント	P.342
メッセージボックス	P.345

用語解説
パス

指定したデータが保存されている場所までの経路のことで、ドライブ名とフォルダー名を「¥(円記号)」でつないで記述します。例えば、CドライブのDataフォルダーに保存されているブック「1月.xlsx」のパスは、「C:¥Data」になります。

ブックの名前と保存先を参照する

ブック名を取得するにはNameプロパティ、パスを含むブック名を取得するにはFullNameプロパティ、ブックの保存場所を取得するにはPathプロパティを使います。

●Nameプロパティ

Workbookオブジェクト.Name

説明	指定したブックの名前を参照する

●FullNameプロパティ

Workbookオブジェクト.FullName

説明	指定したブックの名前をパスを含めて参照する

●Pathプロパティ

Workbookオブジェクト.Path

説明	指定したブックのパスを参照する

使いこなしのヒント
エクスプローラーでファイルのパスを確認する

エクスプローラーでファイルが保存されているフォルダーを開き、ファイルを選択して、アドレスバーをクリックすると、ファイルのパスを確認できます。

ドライブから始まるパスを確認できる

使いこなしのヒント
ブックが保存されていない場合は

新規ブックを追加してまだブックを保存していない場合のNameプロパティやFullNameプロパティは、タイトルバーに表示される「Book1」といった仮の名前が返ります。

1 ブック名を取得する

L57_ブックの名前と保存先1.xlsm

●入力例

```
1  Sub ブック名の取得()
2    With ThisWorkbook.Worksheets(1)
3      .Range("B2").Value = ActiveWorkbook.Name
4      .Range("B3").Value = ActiveWorkbook.FullName
5    End With
6  End Sub
```

1	マクロ［ブック名の取得］を開始する
2	マクロを実行しているブックの1つ目のシートについて以下の処理を行う（Withステートメントの開始）
3	セルB2にアクティブブックのブック名が入力された
4	セルB3にアクティブブックの保存先を含めたブック名が入力された
5	Withステートメントを終了する
6	マクロを終了する

After — アクティブブックのブック名と、保存先も含めたブック名が表示された

	A	B	C	D
1		作業中のブック		
2	ブック名	L57_ブックの名前と保存先1.xlsm		
3	パス+ブック名	C:¥ExcelVBA¥Data¥L57_ブックの名前と保存先1.xlsm		
4				
5				

使いこなしのヒント
アクティブブックのブック名を取得する

手順1ではNameプロパティとFullNameプロパティでブック名を取得してセルB2とB3にブック名を入力しています。それぞれどのようにブック名が取得されるか確認してください。

2 ブックの保存先を参照する
L57_ブックの名前と保存先2.xlsm

●入力例

1	Sub␣保存先の取得()⏎
2	[Tab] MsgBox␣ActiveWorkbook.Path⏎
3	End␣Sub

1	マクロ［保存先の取得］を開始する
2	アクティブブックの保存先をメッセージ表示する
3	マクロを終了する

After — アクティブブックの保存先がメッセージ表示された

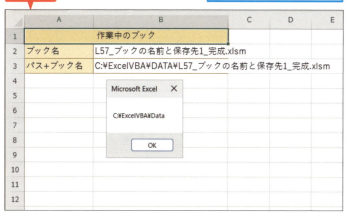

使いこなしのヒント
アクティブブックの保存先をPathプロパティで取得する

手順2では、アクティブブックの保存先をPathプロパティで取得し、メッセージ表示しています。Pathプロパティは、ブックの保存先を指定するときによく使用します。例えば「C:¥ExcelVBA¥Data¥1月.xlsx」の場合、Pathプロパティで取得するのは、「C:¥ExcelVBA¥Data」になります。

まとめ
各プロパティの取得する値を覚えておこう

ここでは、ブック名やブックの保存先を参照するプロパティを紹介しました。参照するブックを変更したり、ブックの保存先を指定したりするときによく使用します。Nameプロパティ、FullNameプロパティ、Pathプロパティが取得する値がどのようなものかを覚えておきましょう。

レッスン 58 ブックを開くには

| ブックの開き方 | 練習用ファイル | 手順見出しを参照 |

VBAでは保存されたブックを開いてデータをコピーする作業をよく行います。この作業の前段階として、VBAでブックを開く方法を確認しましょう。

活用編　第8章　シートやブックの操作を覚えよう

ブックを開く

保存されているブックを開くには、WorkbooksコレクションのOpenメソッドを使います。開いたブックを操作する方法もあわせて確認しましょう。

●Openメソッド

Workbooksコレクション.Open(Filename)

引数	Filename：保存先を表す文字列でブック名を指定する。ブック名のみを指定した場合はカレントフォルダーにあるブックが対象になる
説明	引数Filenameで指定したブックを開き、開いたブックを参照するWorkbookオブジェクトを取得する（ここでは一部の引数を省略している）

1 保存されている場所が異なるブックを開く
L58_ブックを開く1.xlsm

●入力例

1	Sub ブックを開く()
2	[Tab] Workbooks.Open "C:¥ExcelVBA¥まとめ.xlsx"
3	[Tab] Workbooks.Open ThisWorkbook.Path & "¥Data¥2月.xlsx"
4	End Sub

1	マクロ［ブックを開く］を開始する
2	［C:¥ExcelVBA］フォルダーに保存されている［まとめ.xlsx］ブックを開く
3	マクロを実行しているブックが保存されている同じ場所にある［Data］フォルダー内の［2月.xlsx］ブックを開く
4	マクロを終了する

キーワード

アクティブブック	P.340
変数	P.344
連結演算子	P.345

用語解説
カレントフォルダー

現在作業対象のフォルダーのこと。VBAから現在のカレントフォルダーを調べる方法はレッスン98を参照してください。

使いこなしのヒント
すでにブックが開いている場合は

指定したブックがすでに開いている場合は、そのブックがアクティブになります。

使いこなしのヒント
同名ブックが開いている場合は

別の場所に保存されている同名ブックの1つが開いている場合はエラーになります。

使いこなしのヒント
［ファイルを開く］画面を使うには

［ファイルを開く］画面を使ってユーザーに開くブックを選択させる方法はレッスン92を参照してください。

After

Cドライブの「ExcelVBA」フォルダーに「まとめ.xlsx」が保存されている状態で実行する

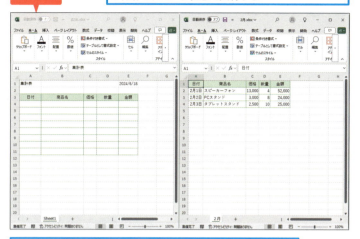

それぞれ違うフォルダーに保存されているブックが同時に開いた

2 開いたブックを変数に代入して操作する
L58_ブックを開く2.xlsm

●入力例

1	Sub_ブックを開いて操作する()⏎
2	[Tab] Dim_wb_As_Workbook⏎
3	[Tab] Set_wb_=_ _⏎ [Tab] Workbooks.Open("C:¥ExcelVBA¥まとめ.xlsx")⏎
4	[Tab] wb.Worksheets(1).Range("E1").Value_=_Date⏎
5	End_Sub

1	マクロ［ブックを開いて操作する］を開始する
2	Workbook型の変数wbを宣言する
3	［C:¥ExcelVBA］に保存されている［まとめ.xlsx］ブックを開いて変数wbに代入する
4	変数wbに代入したブックの1つ目のワークシートのセルE1に今日の日付を入力する
5	マクロを終了する

After

［まとめ.xlsx］ブックが開いて今日の日付が表示された

使いこなしのヒント
Pathで取得した場所を利用する

手順1では、ブックの保存先をドライブからブックまでを文字列で指定して開く方法と、すでに保存されているブックの保存場所をPathプロパティで調べて、取得した場所と開きたいブックまでのパスをつなぎ合わせて指定しています。マクロを実行している練習用ファイルの場所を「C:¥ExcelVBA¥L58_ブックを開く1.xlsm」、2月.xlsxの場所を「C:¥ExcelVBA¥Data¥2月.xlsx」とした場合、練習用ファイルまでのパスは、Pathプロパティによって「C:¥ExcelVBA」が取得されます。2月.xlsxまでの場所を指定するには、続きのパス「¥Data¥2月.xlsx」を指定します。3行目では文字列を「&」で連結して、「ThisWorkbook.Path & "¥Data¥2月.xlsx"」と指定しています。

使いこなしのヒント
開いたブックを変数に代入する

WorkbooksコレクションのOpenメソッドは、指定したブックを開いて、それを参照するWorkbookオブジェクトを取得します。そのため「Workbooks.Open(ファイル名)」をWorkbookオブジェクトとして扱うことができます。手順2では、開いたブックをWorkbook型の変数wbに代入し、1つ目のシートのセルE1に日付を入力しています。

まとめ
応用的なテクニックも覚えよう

ブックを開くには、WorkbooksコレクションのOpenメソッドで、ドライブからブック名までのパスを、ブック名として文字列で指定します。ブック名だけを指定した場合は、カレントフォルダーにあるブックが開きます。手順2のように開いたブックをそのまま変数に格納すれば、変数を使ってブックを操作できます。このテクニックは覚えておくと便利です。

レッスン 59 ブックを閉じるには

| ブックの閉じ方 | 練習用ファイル | 手順見出しを参照 |

処理が終了したら、ブックを閉じます。このレッスンでは閉じる方法を紹介します。Excelでは、ブックで変更が生じると閉じるときに保存のメッセージが表示されますが、VBAでは、メッセージを表示せずに変更を保存する設定にして閉じることができます。

キーワード

アクティブブック	P.340
引数	P.344
メッセージボックス	P.345

開いているブックを閉じる

開いているブックを閉じるには、Closeメソッドを使います。引数の設定の仕方により、変更を保存して閉じるのか、保存しないで閉じるのか指定ができます。ヒントも参照し、表示される画面も確認してください。

● Closeメソッド

Workbookオブジェクト.Close([SaveChanges])

| 引数 | SaveChanges：変更を保存する場合はTrue、保存しない場合はFalseを指定する |
| 説明 | 省略時は変更があった場合は確認メッセージが表示される（ここでは一部の引数を省略している） |

使いこなしのヒント

新規ブックの場合はファイル名を付けて保存する画面が表示される

1度も保存されたことがない新規ブックを閉じる場合は、ファイル名を付けて保存する画面が表示されます。

ファイル名を付けて保存する画面が表示される

1 ブックをそのまま閉じる

L59_ブックを閉じる1.xlsm

●入力例

1	Sub ブックを閉じる() ↵
2	[Tab] Workbooks("まとめ.xlsx").Close ↵
3	End Sub

1	マクロ［ブックを閉じる］を開始する
2	［まとめ.xlsx］ブックを閉じる
3	マクロを終了する

使いこなしのヒント

Closeメソッドで引数を指定しない場合の動作

手順1では、Closeメソッドで引数を指定しない状態でブックを閉じています。ブックに変更がある場合は、保存確認メッセージが表示され、変更がなければそのまま閉じることを確認してください。

Before ［まとめ.xlsx］を開き、今日の日付をセルに入力しておく

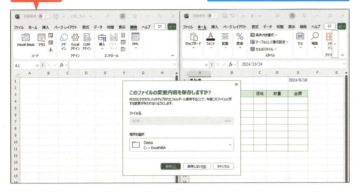

After 変更内容を保存するかどうかのメッセージが表示された

使いこなしのヒント
変更があれば自動的に保存する設定にする

手順2では、Closeメソッドの引数SaveChangesにTrueを指定しています。変更があっても自動的に上書き保存して閉じられることを確認してください。

使いこなしのヒント
新規ブックを閉じる場合は名前を付けて保存する画面が表示される

引数SaveChangesがTrueの場合で、新規ブックを閉じる場合は［名前を付けて保存］画面が表示されます。

［名前を付けて保存］画面が表示される

② 変更を保存してブックを閉じる

L59_ブックを閉じる2.xlsm

●入力例

1	Sub 変更を保存してブックを閉じる()
2	[Tab] Workbooks("まとめ.xlsx").Close SaveChanges:=True
3	End Sub

1	マクロ［変更を保存してブックを閉じる］を開始する
2	［まとめ.xlsx］ブックの変更を保存して閉じる
3	マクロを終了する

使いこなしのヒント
変更を保存しないで閉じるには

変更を保存しないで閉じるには、Closeメソッドで引数SavechangesにFalseを設定します。手順2を以下のように書き換えると変更があっても保存されません。

Workbooks("まとめ.xlsx").Close SaveChanges:=False

まとめ
保存の有無を指定してブックを閉じる

処理が終了したブックは、誤動作を防ぐためにも閉じるようにしましょう。Closeメソッドを使うと、引数SaveChangesの設定により変更を保存するかどうかの指定ができます。閉じる際に、毎回保存の確認メッセージが表示され、処理が止まることがないように設定しておくと便利です。

After

［まとめ.xlsx］が開いている状態で実行する

［まとめ.xlsx］ブックが閉じた。［まとめ.xlsx］ブックには変更が保存されている

レッスン 60 新規ブックを追加するには

ブックの追加 | 練習用ファイル 手順見出しを参照

作成した表をコピーして新規ブックに保存したいといった場合に、新規ブックを追加してからブックに対して処理を行います。このレッスンではVBAで新規にブックを追加し、そのブックに対して操作する方法を紹介します。

キーワード

アクティブブック	P.340
ステートメント	P.342
変数	P.344

ブックを追加する・追加して操作する

ブックを追加するには、WorkbooksコレクションのAddメソッドを使います。AddメソッドによりWorkbookオブジェクトが返ることを利用して、続けて処理ができることを確認してください。

●Addメソッド

Workbooksコレクション.Add

説明	新規ブックを追加し、追加されたブックを参照するWorkbookオブジェクトを取得する

使いこなしのヒント
追加されたブックを参照するには

新規追加されたブックはアクティブになります。そのため、ActiveWorkbookで参照できます。または、手順2のように変数に代入して操作することもできます。

1 新しいブックを追加する

L60_新規ブックの追加1.xlsm

●入力例

1	Sub_新規ブックを追加する()⏎
2	[Tab] Workbooks.Add ⏎
3	End_Sub

1	マクロ［新規ブックを追加する］を開始する
2	ワークブックを追加する
3	マクロを終了する

新規ブックを追加したい

使いこなしのヒント
新規ブックを追加する

手順1の2行目「Workbooks.Add」が実行されると、ワークシートを1枚含むブックが追加され、そのブックがアクティブになります。ActiveWorkbookプロパティを使って参照し、操作することができます。

After　　新規ブックが追加された

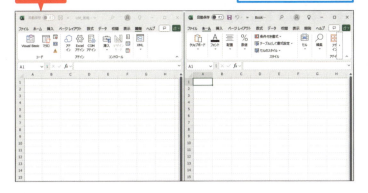

2 新規追加したブックを操作する　L60_新規ブックの追加2.xlsm

●入力例

1	Sub 追加したブックを操作する()
2	[Tab] Dim wb As Workbook
3	[Tab] Set wb = Workbooks.Add
4	[Tab] wb.Worksheets(1).Range("A1").Value = "ExcelVBA"
5	[Tab] wb.SaveAs "C:¥ExcelVBA¥保存練習.xlsx"
6	End Sub

1	マクロ［追加したブックを操作する］を開始する
2	Workbook型の変数wbを宣言する
3	ワークブックを追加して変数wbに代入する
4	変数wbの1つ目のシートのセルA1に「ExcelVBA」と入力する
5	変数wbを保存先を「C:¥ExcelVBA」、名前を「保存練習.xlsx」にして保存する
6	マクロを終了する

After　　追加された新規ブックに「ExcelVBA」と入力され、「保存練習.xlsx」の名前で保存された

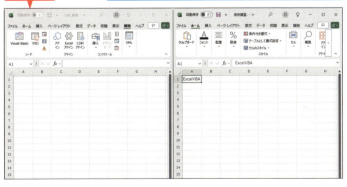

60 ブックの追加

使いこなしのヒント
変数を利用する

WorkbooksコレクションのAddメソッドは、追加したブックを参照するWorkbookオブジェクトを返すので、「Workbooks.Add」を追加した新規ブックのWorkbookオブジェクトとして扱うことができます。手順2では、これを変数に代入して、新規ブックとして扱っています。変数に代入しておけば、ブックに対するいろいろな操作ができて便利です。

使いこなしのヒント
Withステートメントで処理する

手順2では変数に代入して処理しましたが、Withステートメント（レッスン23参照）を使って操作することもできます。書式は以下のようになります。新規ブックに対する操作には、SaveAsメソッド（レッスン61参照）で保存したり、Closeメソッドで閉じたりといったWorbookオブジェクトを操作するコードを記述します。

```
With Workbooks.Add
    .新規ブックに対する操作1
    .新規ブックに対する操作2
    ：
End With
```

まとめ
新規ブックを追加したあとの操作も考えよう

新規ブックを追加するだけのマクロは実務では意味がありません。追加したブックを操作することを考えると、手順2で紹介したように変数に代入して操作したり、Withステートメントを使って操作したりといった処理を続けます。追加したブックを上手に扱うためにも、このようなテクニックを使えるようにしましょう。

レッスン 61 ブックを保存するには

ブックの保存 | 練習用ファイル 手順見出しを参照

新規ブックを保存したり、既存のブックを上書き保存したり、別の名前を付けて保存したりと、保存の仕方にもいろいろあります。このレッスンでは、VBAでブックを保存する方法を紹介します。それぞれの違いと使い方の確認をしてください。

キーワード
関数	P.341
ステートメント	P.342
変数	P.344

使いこなしのヒント
SaveAsメソッドの引数について

SaveAsメソッドには、引数がFileNameを含めて全部で12あり、保存時に細かく設定できます。FileNameは第1引数です。通常、FileNameでブック名を指定するだけで問題ありません。また、第2引数にFileFormatがあり、ファイルの種類を指定できます。この引数を省略すると、保存済みのファイルの場合は、前回保存した形式で保存されます。新規ブックの場合は、通常のExcelブック(.xlsx)で保存されます。このことは覚えておきましょう。なお、引数FileFormatやその他の引数についてはオンラインヘルプ（レッスン16参照）などで調べてください。

上書き保存、名前を付けて保存などが指定できる

開いているブックを保存するには、SaveAsメソッド、Saveメソッド、SaveCopyAsメソッドがあります。これらの違いを確認し、実際にどのように保存されるかを検証してみてください。

●SaveAsメソッド

Workbookオブジェクト.SaveAs([Filename])

引数	Filename:保存先を含めてブック名を文字列で指定する。ブック名のみを指定した場合はカレントフォルダーに保存される
説明	引数Filenameで指定したブック名を付けて保存する。保存先に同名ファイルが存在する場合は、確認メッセージが表示される（ここでは一部の引数を省略）

●Saveメソッド

Workbookオブジェクト.Save

説明	指定したブックを上書き保存する。保存したことのあるブックの内容を更新して保存される

●SaveCopyAsメソッド

Workbookオブジェクト.SaveCopyAs([Filename])

引数	Filename:保存先を含めてブック名を文字列で指定する。ブック名のみを指定した場合はカレントフォルダーに保存される
説明	引数Filenameで指定したブック名でブックの複製を保存する

使いこなしのヒント
保存時に同名ブックが開いていた場合

SaveAsメソッドでファイルを保存するときに、すでに同じ名前のブックが開いていると、エラーになります。保存する前に、同名ファイルが開いていないことを確認してから実行してください。

使いこなしのヒント
SaveCopyAsメソッドの注意点

SaveCopyAsメソッドでブックを保存する場合、元のブックと同じ拡張子を正しく指定してください。例えば、元のブックが通常のExcelブック（.xlsx）の場合、SaveCopyAsメソッドで保存するブックも同じ通常のExcelブックの拡張子「.xlsx」を付けて保存します。「.xlsm」など別の拡張子を付けると、保存はされますが開くことはできません。

1 ブックに名前を付けて保存する

L61_ブックの保存1.xlsm

●入力例

1	Sub␣名前を付けてブックを保存() ⏎
2	[Tab] Workbooks.Add ⏎
3	[Tab] ActiveWorkbook.SaveAs␣"C:\ExcelVBA\保存練習.xlsx" ⏎
4	End␣Sub

1	マクロ［名前を付けてブックを保存］を開始する
2	ワークブックを新規追加する
3	アクティブブックを、保存先を「C:\ExcelVBA」、名前を「保存練習.xlsx」にして保存する
4	マクロを終了する

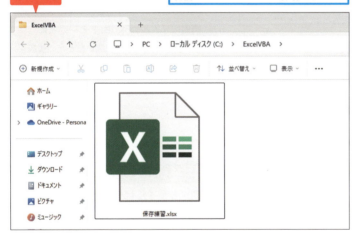

After

新規ブックが追加され「保存練習」の名前でC:\ExcelVBAに保存された

2 ブックを上書き保存する

L61_ブックの保存2.xlsm

●入力例

1	Sub␣ブックの上書き保存() ⏎
2	[Tab] ActiveWorkbook.Save ⏎
3	End␣Sub

1	マクロ［ブックの上書き保存］を開始する
2	アクティブブックを上書き保存する
3	マクロを終了する

💡 使いこなしのヒント
名前を付けて保存する

手順1では新規ブックを追加し、ActiveWorkbookプロパティで新規ブックを参照して、保存場所とブック名を指定して保存しています。名前を付けて保存する場合の基本的な記述の仕方を覚えてください。

💡 使いこなしのヒント
マクロを実行しているブックと同じ場所に保存するには

マクロを保存しているブックと同じ場所に保存したい場合は、「ThisWorkbook.Path」でマクロを実行しているブックの保存先のパスを取得し、以下のようにブック名をつなげて指定します。このときブック名の前に「\」(円記号)を記述するのを忘れないようにしてください。

ActiveWorkbook.SaveAs ThisWorkbook.Path & "\保存練習.xlsx"

💡 使いこなしのヒント
同名ファイルが保存されていた場合は

指定した保存場所に同名ファイルが保存されていた場合、以下のようなメッセージが表示されます。［はい］をクリックすると上書き保存されますが、［いいえ］と［キャンセル］をクリックすると実行時エラーになります。

同名ファイルがあることを示すメッセージが表示される

After							ブックが上書き保存された

	A	B	C	D	E	F
1	6月22日					
2						
3						
4						
5						
6						
7						
8						
9						

💡 使いこなしのヒント
アクティブブックを上書き保存する

手順2では、Saveメソッドを使ってActive Workbookを上書き保存しています。一度保存したことのあるブックはそのまま上書き保存されますが、新規ブックの場合、カレントフォルダーにタイトルバーに表示されている「Book1.xlsx」といった仮の名前で保存されます。

3 ブックの複製を保存する

L61_ブックの保存3.xlsm

●入力例

1	Sub␣ブックのコピーを保存()⏎
2	[Tab] Workbooks.Open␣"C:¥ExcelVBA¥まとめ.xlsx"⏎
3	[Tab] ActiveWorkbook.SaveCopyAs␣_⏎ [Tab] "C:¥ExcelVBA¥BK¥まとめBK.xlsx"⏎
4	End␣Sub

1	マクロ［ブックのコピーを保存］を開始する
2	［C:¥ExcelVBA］にある［まとめ.xlsx］ブックを開く
3	アクティブブックのコピーを［C:¥ExcelVBA¥BK］に［まとめBK.xlsx］と名前を付けて保存する
4	マクロを終了する

💡 使いこなしのヒント
バックアップ用に複製を保存する

手順3では、［まとめ.xlsx］ブックを開き、SaveCopyAsメソッドを使って、ブックの複製に「まとめBK.xlsx」という名前を付けて保存しています。開いたときの複製を別名で保存しておけば、バックアップファイルとして残すことができます。

💡 使いこなしのヒント
同名ファイルは常に上書き保存される

SaveCopyAsメソッドで保存する場合、保存場所に同名ファイルがある場合は、常に上書き保存されます。

After	[ExcelVBA]フォルダー内に[BK]フォルダーを作成しておく

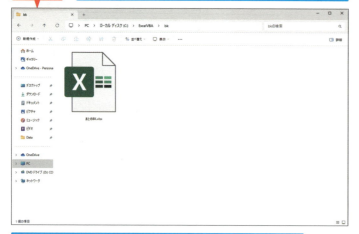

[BK]フォルダー内に［まとめ.xlsx］ブックのコピーが保存された

💡 使いこなしのヒント
元のブックは保存されない

SaveCopyAsメソッドはブックの複製を保存します。元となるブックは保存されませんので、変更を保存する必要がある場合は、別途Saveメソッドなどで保存してください。

4 同名ブックの存在を調べる

L61_ブックの保存4.xlsm

●入力例

1	Sub 同名ブックの有無を確認して保存() ↵
2	[Tab] Dim wName As String ↵
3	[Tab] wName = "C:¥ExcelVBA¥保存練習.xlsx" ↵
4	[Tab] If Dir(wName) <> "" Then ↵
5	[Tab][Tab] MsgBox "同名ブックが保存されています" ↵
6	[Tab] Else ↵
7	[Tab][Tab] Workbooks.Add.SaveAs wName ↵
8	[Tab] End If ↵
9	End Sub

1	マクロ［同名ブックの有無を確認して保存］を開始する
2	文字列型の変数wNameを宣言する
3	変数wNameに「C:¥ExcelVBA¥保存練習.xlsx」を代入する
4	wNameで指定した場所と名前で同じブックが存在する場合は（Ifステートメントの開始）
5	「同名ブックが保存されています」とメッセージ表示する
6	それ以外の場合は、
7	新規ブックを追加して、変数wNameで指定した場所と名前で保存する
8	Ifステートメントを終了する
9	マクロを終了する

After

手順1で「保存練習.xlsx」を保存しているため、同名ブックの存在が確認された

💡 使いこなしのヒント
Dir関数と、Ifステートメントを利用する

SaveAsメソッドで名前を付けて保存をするとき、同名ブックが保存されていると、保存確認のメッセージが表示されます。［いいえ］や［キャンセル］ボタンをクリックすると実行時エラーになってしまいます。そこでエラーが発生しないように、手順4では、保存する前に同名ブックがないかDir関数（レッスン98参照）を使って調べています。Dir関数は引数で指定したファイルがあるかどうかを調べ、見つかった場合はファイル名（保存練習.xlsx）を返し、見つからなかった場合は長さ0の文字列（""）を返します。これを利用して、Ifステートメント（レッスン67参照）を使って、見つかった場合と見つからなかった場合とで処理を分けています。

まとめ
保存方法をきちんと覚えておこう

VBAでブックを保存する方法は、SaveAsメソッド、Saveメソッド、SaveCopyAsメソッドの3種類があります。それぞれの特徴を確認しておきましょう。また、ファイル名の指定方法については、基本はドライブ名からファイル名までのパスを含めてファイル名を文字列で指定します。同じ場所に保存したい場合は、Pathプロパティが使えます。これを覚えておくと活用の幅が広がります。

レッスン 62 PDF形式のファイルとして保存するには

PDFで保存　練習用ファイル　L62_PDFファイルとして保存.xlsm

ExcelではブックやワークシートやセルをPDF形式のファイルとして保存することができます。これと同じことをVBAでも行うことができます。作成した表をブックではなくPDF形式のファイルとして保存すれば、ブラウザーなどで簡単に確認できます。

ブックをPDF形式で保存する

ブックやワークシートやセル範囲をPDF形式のファイルとして保存するには、ExportAsFixedFormatメソッドを使います。

●ExportAsFixedFormatメソッド

オブジェクト.ExportAsFixedFormat (Type, [FileName],,,,,,[OpenAfterPublish])

オブジェクト	Workbookオブジェクト、Worksheetオブジェクト、Chartオブジェクト、Rangeオブジェクト
引数	Type：保存するファイル形式を選択する。xlTypePDFまたは0の場合は、PDF形式。xlTypeXPSまたは1の場合は、XPS形式 FileName：ファイルの保存先とファイル名を文字列で指定する。ファイル名だけ指定した場合はカレントフォルダーに保存される OpenAfterPublish：ファイルを保存後、ファイルを開く場合はTrue、開かない場合はFalseを指定する
説明	オブジェクトで指定したブック、ワークシート、セル範囲、グラフをPDF形式またはXPS形式で保存する（ここでは一部の引数を省略しているので、引数を指定する場合は名前付き引数で記述する必要がある）

キーワード
拡張子	P.341
引数	P.344
ワークシート	P.345

用語解説
PDF

アドビ社が開発した、パソコン環境に依存せず紙に印刷したときの状態で表示、印刷できる電子文書のファイルを指します。Webブラウザーで表示できる他、Adobe Acrobat Readerなどのアプリで表示できます。

用語解説
XPS

マイクロソフト社が開発した、環境に依存せずに表示、印刷できる電子文書のファイルを指します。Windowsパソコンではダブルクリックするだけで開くことができます。

1 ワークシートをPDFファイルとして保存する

● 入力例

1	Sub PDFファイルとして保存()
2	ThisWorkbook.ExportAsFixedFormat, _ Type:=xlTypePDF, _ Filename:=ThisWorkbook.Path & "¥名簿.pdf", _ OpenAfterPublish:=True
3	End Sub

1	マクロ［PDFファイルとして保存］を開始する
2	マクロを実行しているブックを、ファイルの種類をPDF形式、保存先をマクロを実行しているブックと同じ場所、名前を「名簿.pdf」にして、保存後にファイルを開く設定で保存を実行する
3	マクロを終了する

Before

表をPDF形式で保存したい

	A	B	C	D	E	F
1	顧客名簿					2024/4/1
2						
3	NO	氏名	性別	郵便番号	都道府県	住所
4	1	川島 義明	男	570-0011	大阪府	守口市金田町X-X-X
5	2	杉本 優奈	女	615-8056	京都府	京都市西京区下津林番条X-X-X
6	3	永井 敦子	女	720-1135	広島県	福山市駅家町弥生ケ丘X-X-X
7	4	室井 正巳	男	630-8292	奈良県	奈良市中御門町X-X-X
8	5	川奈 奈津美	女	370-2106	群馬県	高崎市吉井町矢田X-X-X
9	6	小椋 直久	男	646-0213	和歌山県	田辺市長野X-X-X
10						
11						

After

「名簿.pdf」という名前が付きPDFファイルとして保存され、保存後にファイルが開いて表示された

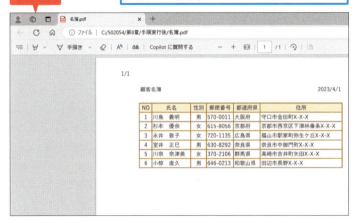

使いこなしのヒント
PDF形式で保存してからWebブラウザーで開く

手順1では、マクロを実行しているブックをPDFのファイル形式で、マクロを実行しているブックと同じ場所に「名簿.pdf」という名前で保存し、保存後にWebブラウザーを起動して開いています。ここではブック単位で保存しており、ブック内のすべてのシートが保存されます。オブジェクトでWorksheetオブジェクトを指定するとシート単位、Rangeオブジェクトを指定するとセル範囲単位で保存されます。

使いこなしのヒント
印刷イメージが保存される

手順1の設定では、Excelのページ設定で行った印刷設定に基づき、印刷イメージと同じ表示状態で保存されます。なお、印刷イメージを表示したことがない場合は、保存時のページ設定の印刷イメージで自動的に保存されます。

まとめ
印刷イメージをファイルとして保存する

ExportAsFixedFormatメソッドを使うと、Excelの印刷イメージをPDF形式のファイルとして保存できます。PDFファイルはいろいろな環境で表示できるため、Excelがインストールされていない環境でも閲覧したり、印刷したりできます。保存単位もブック、シート、セル範囲と指定することができ、必要な部分だけPDF化できるところも便利です。作成した表を提出用にPDF化しておくという処理をしたいときなどに利用するといいでしょう。

レッスン 63 シートをコピーして保存するマクロを作ってみよう

複数ブックの操作 | **練習用ファイル** L63_シートのコピーと保存.xlsm

ここでは、[元表] シートを新規ブックに3つコピーして、それぞれのシート見出しを「1月」「2月」「3月」、ブック名を「1月売上.xlsx」「2月売上.xlsx」「3月売上.xlsx」として保存し、閉じる処理を作成してみましょう。

キーワード

繰り返し処理	P.341
ステートメント	P.342
ワークシート	P.345

1 [元表] シートを新規ブックにコピーし保存する

●入力例

1	Sub 元表をコピーして保存()
2	[Tab] Dim i As Integer
3	[Tab] Application.ScreenUpdating = False
4	[Tab] For i = 1 To 3
5	[Tab][Tab] ThisWorkbook.Worksheets("元表").Copy
6	[Tab][Tab] With ActiveWorkbook
7	[Tab][Tab][Tab] .Worksheets(1).Name = i & "月"
8	[Tab][Tab][Tab] .SaveAs "C:¥ExcelVBA¥" & i & "月売上.xlsx"
9	[Tab][Tab][Tab] .Close
10	[Tab][Tab] End With
11	[Tab] Next
12	[Tab] Application.ScreenUpdating = True
13	End Sub

1	マクロ [元表をコピーして保存] を開始する
2	整数型の変数iを宣言する
3	画面の更新をオフにする
4	変数iが1から3になるまで以下の処理を繰り返す (For Nextステートメントの開始)
5	マクロを実行しているブックの [元表] シートを新規ブックにコピーする
6	アクティブブックについて以下の処理を行う (Withステートメントの開始)
7	1つ目のシートの名前を変数iと"月"を連結した名前に変更する
8	CドライブのExcelVBAフォルダーに変数iと"月売上.xlsx"を連結した名前で保存する

⚠ ここに注意

マクロを実行する前に、CドライブにExcelVBAフォルダーを用意し、その中には「1月売上.xlsx」「2月売上.xlsx」「3月売上.xlsx」が存在しない状態にしておきます。

用語解説

ScreenUpdatingプロパティ

Trueの場合、画面の更新をオンにします。Falseの場合、画面の更新をオフにします。

Applicationオブジェクト.ScreenUpdating

💡 使いこなしのヒント

シートの操作とブックの操作を組み合わせる

手順1では、マクロを実行しているブックの [元表] シートを新規ブックにコピーし、シート名を「(月数)月」と変更し、保存場所を「C:¥ExcelVBA」フォルダーにし、ブック名を「(月数)月売上.xlsx」と名前を付けて保存して、閉じています。1月~3月まで3回繰り返します。月数となる部分を変数iに代入し、同じ処理を3回繰り返すので、For Nextステートメントを使っています。これは第9章で紹介しますが、予習と思って使ってみてください。

9	ブックを閉じる
10	Withステートメントを終了する
11	4行目に戻る
12	画面の更新のオンにする
13	マクロを終了する

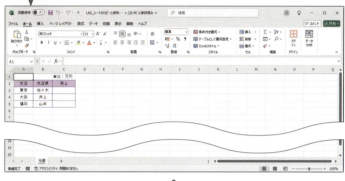

Before ［元表］シートを新規ブックにコピーしたい

After Cドライブ上の「ExcelVBA」フォルダーに、新規ブック「1月売上.xlsx」「2月売上.xlsx」「3月売上.xlsx」が作成された

ブックを開くとそれぞれ［元表］シートの内容がコピーされている、シート名がブック名と一致している

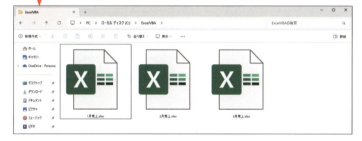

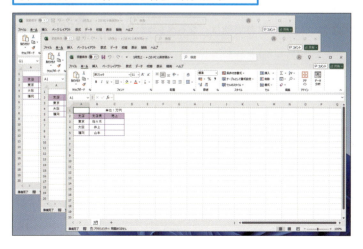

使いこなしのヒント

For Nextステートメントで処理を繰り返す

手順1のポイントは2つあります。1つは、5行目のシートのコピーの際、Copyメソッドで引数を指定しないと新規ブックにコピーされるということ。もう1つは、6〜10行目については、シートをコピーすると、コピーされたシートがアクティブシートになります。さらにここでは、新規ブックにコピーしているので、新規ブックがアクティブブックになります。これを利用し、WithステートメントでActiveWorkbookオブジェクトに対してシート名の変更、ブックの保存、閉じる操作を行っていることです。

シート名は「i & "月"」、ブック名は「"C:¥ExcelVBA¥" & i & "月売上.xlsx"」で指定できます。また、3行目と12行目では、ApplicationオブジェクトのScreenUpdatingプロパティを使って画面が更新されるのを制御しています。3行目でFalseに設定して画面更新をオフ、12行目でTrueに戻して画面更新をオンに戻しています。これによりブックの切り替えによる画面のちらつきを防止しています。

まとめ

シートとブックを同時に扱えると処理速度が上がる

このレッスンでは、ワークシートのコピーと名前の変更という処理と、ブックの保存と閉じるという処理をしています。ブックはマクロを実行しているブックThisWorkbookとアクティブブックActiveWorkbookを使っています。ActiveWorkbookは、シートを新規ブックにコピーした直後なので使えていることに注意してください。ブックやワークシートを扱えるようになると、複数ブックやシートの処理が迅速に行えるようになります。

この章のまとめ

シートやブックの扱いをマスターしよう

この章では、シートとブックについて説明しました。シートでは、コピーや移動、追加や削除の方法を紹介しました。またブックでは、ブック名や保存先の取得、ブックを開く、閉じる、新規ブックの追加、保存と一通りの操作方法を紹介しています。この章の内容をマスターすれば、シートやブックの扱いに困ることはないでしょう。また、ブックをPDF形式のファイルとして保存する方法も紹介しています。ぜひ役立ててください。

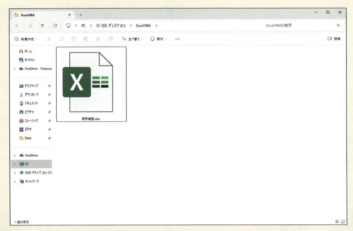

シートやブックの操作方法を確認しておこう

シートのコピーとか新規ブックの保存とか、自動でどんどん実行できてすごかったです！

VBAの魅力に近づいてきましたね♪どんどんマクロを試して、シートやブックの操作に慣れていきましょう。ブックの保存場所は、なるべくわかりやすい所にしておくのがコツです。

レッスン52で出てきた、配列変数の仕組みがすごいと思いました！

いいところに目をつけましたね。配列変数を使うと、複雑な処理でもシンプルなマクロにまとめることができます。本書ではあまり詳しく扱いませんが、覚えておくと役に立ちますよ。

活用編

第 9 章

条件分岐と繰り返し処理を覚えよう

9章では、条件分岐と繰り返しを学習します。また、条件分岐や繰り返し処理で必要となる条件式の設定方法もあわせて学習しましょう。

64	VBAの要になる処理を覚えよう	198
65	条件分岐と繰り返し処理とは何かを知ろう	200
66	条件式の設定方法を覚えよう	202
67	条件を満たす、満たさないで処理を分けるには	206
68	1つの対象に対して複数の条件で処理を分けるには	212
69	条件を満たす間処理を繰り返す	214
70	指定した回数処理を繰り返すには	218
71	コレクション全体に同じ処理を繰り返す	220
72	フォルダー内のブックのシートを1つのブックにコピーするには	222

レッスン 64

Introduction この章で学ぶこと

VBAの要になる処理を覚えよう

条件を満たすか満たさないかで異なる処理を実行したり、条件を満たすまで同じ処理を繰り返したりといった処理ができるようになると、より実務的な処理ができるようになります。この章では、条件分岐と繰り返し処理を覚えましょう。

プログラミングの2大処理が登場！

条件分岐と繰り返し処理!?
プログラミングみたいな用語ですね！

VBAはプログラミング言語ですよ。この章では、プログラミングにとって重要な要素である、条件分岐と繰り返し処理を詳しく学びます。

フローチャートの見方を覚えよう

条件分岐や繰り返し処理は、よくフローチャートを使って説明されます。始めは見慣れないと思いますが、全体の処理が図になっているのでとても便利なんですよ。

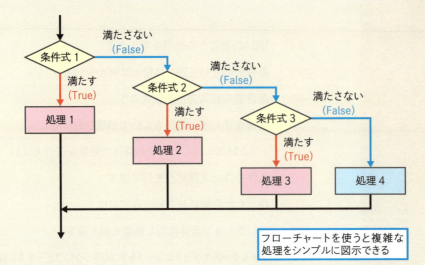

フローチャートを使うと複雑な処理をシンプルに図示できる

条件分岐をマスターしよう

さて、条件分岐です。これまで学んできた構文とは少し違いますが、If（もし）Then（そのとき）ElseIf（また、もし）など日本語で覚えていきましょう。最後のEnd Ifも忘れずに！

フローチャートと組み合わせると、全体でどんな処理をしているのか覚えやすいですね！

If 条件式 Then
  処理1
Else
  処理2
End If

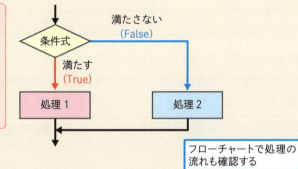

フローチャートで処理の流れも確認する

繰り返し処理もマスターしよう

そしてこちらは繰り返し処理。Do While（〜の間、行う）とLoop（繰り返す）を使います。条件に応じて処理を繰り返したり、止めておいたりするのがポイントです。

フローチャートはこちらのほうが簡単ですね。しっかりマスターします！

Do While 条件式
  繰り返し実行する処理
Loop

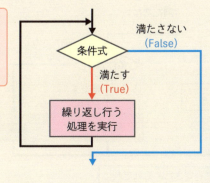

繰り返し実行する処理が何かを把握する

レッスン 65 条件分岐と繰り返し処理とは何かを知ろう

フローチャート **練習用ファイル** なし

ここでは、条件分岐や繰り返し処理はどのように処理が進むのかといったことを、フローチャートを使って説明します。条件分岐と繰り返し処理の違いを確認し、概要を理解しましょう。

キーワード	
繰り返し処理	P.341
条件式	P.342
条件分岐	P.342

条件分岐でできること

条件分岐は、設定した条件を満たす(True)か満たさない(False)かによって異なる処理を実行する仕組みです。条件を満たすときだけ実行する場合、満たすときと満たさないときで異なる処理を実行する場合、複数の条件を指定して順番に判定して実行する処理を分ける場合などがあります。

●条件を満たすときだけ実行する処理の流れ

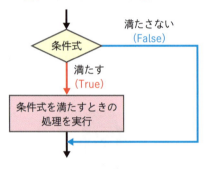

条件を満たす場合のみ処理を実行する

●条件を満たす場合と満たさない場合で異なる処理をする流れ

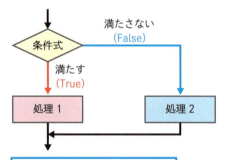

条件に応じて別々の処理を実行する

●複数の条件を順番に判定して処理を実行する流れ

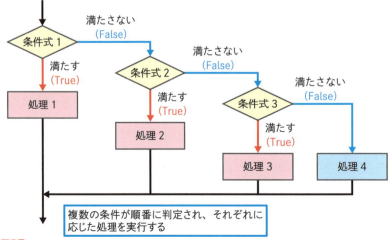

複数の条件が順番に判定され、それぞれに応じた処理を実行する

繰り返し処理でできること

繰り返し処理では、条件を満たしている間、同じ処理を繰り返したり、指定した回数だけ処理を繰り返したりします。繰り返しは、セルに値が入力されている間や、変数がある値になるまでなど、ブック内の各ワークシートに対して繰り返し同じ処理を行いたい場合などに使用します。

●条件を満たしている間は処理を繰り返す

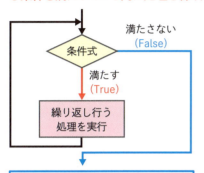

●条件を満たさない間は処理を繰り返す

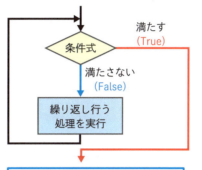

●繰り返しの処理のあとで条件を判定する

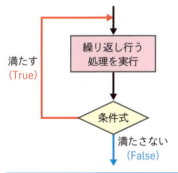

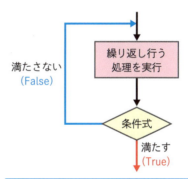

> ### 👍 スキルアップ
> **フローチャートの読み方を覚えよう**
>
> フローチャートとは、処理の流れを図式化したものです。ひし形は「条件式」、長方形は「処理」を示し、これらをつなぐ線や矢印は、処理の流れを示しています。なお、ここでは簡易的な表現にしているため、「開始」と「終了」は省略しています。フローチャートを作成すると、条件による処理の振り分けや、繰り返し処理の流れが整理されて把握しやすくなります。

> ### まとめ　フローチャートで処理の流れを視覚化しよう
>
> このレッスンでは、条件分岐と繰り返しの処理の流れを、フローチャートを使って説明しました。条件に対しての処理や、全体の処理の流れを比較して、それぞれの違いを確認しておきましょう。フローチャートを見ると、処理の流れが視覚化されて理解が深まります。自分でプログラムを組むときもこのようなフローチャートを作成すると、処理が整理されて、マクロ作成がスムーズになります。

レッスン 66 条件式の設定方法を覚えよう

条件式　　　　　練習用ファイル　L66_条件式.xlsm

条件式とは、2つ以上の値や式の結果を比較する式です。比較した結果に条件式があてはまる場合はTrue、あてはまらない場合はFalseが戻り値として返します。ここでは、条件式のいろいろな設定方法を学習しましょう。

キーワード
演算子	P.341
条件式	P.342
比較演算子	P.343

用語解説
論理値

条件式の戻り値は、TrueとFalseの2つの値が返ります。この値を論理値（真偽値）といいます。

「比較演算子」で2つの値を比較する

2つの値の大小を比較して、あてはまるかどうかを調べるには「比較演算子」を使います。例えば、「Range("A1").Value > 10」という条件式は、セルA1の値が20の場合は条件を満たすのでTrueが返り、5の場合は条件を満たさないのでFalseが返ります。

●基本構文（比較演算子を使った条件式）

値1　　比較演算子　　値2

●入力例

Range("A1").Value <= 20

意味	セルA1の値が20以下
説明	セルA1の値が20以下の場合はTrue、20よりも大きい場合はFalseが返る

●主な比較演算子

演算子	内容	条件式	戻り値
=	等しい	10 = 20	False
<>	等しくない	10 <> 20	True
>	より大きい	10 > 20	False
>=	以上	10 >= 20	False
<	より小さい	10 < 20	True
<=	以下	10 <= 20	True

使いこなしのヒント
関数の戻り値やプロパティの値を条件式に使うこともできる

VBA関数の中にはTrueやFalseを戻り値として返すものがあります。また、プロパティの中にもTrueやFalseを値として持つものがあります。このような関数やプロパティを使って条件式にすることもできます。

「論理演算子」で複数の条件を組み合わせる

条件が複数ある場合は、「論理演算子」を使います。論理演算子を使うと「セルA1の値が100以上、かつ200以下」というように複数の条件を組み合わせることができます。

使いこなしのヒント
結果を変数に代入する場合は

条件式の結果を変数に代入する場合は、変数のデータ型をブール型（Boolean）（レッスン25参照）にします。

●基本構文（論理演算子を使った条件式）

| 条件式1 | 論理演算子 | 条件式2 |

●入力例

x >=10 And x<20

意味	変数xの値が10以上かつ20より小さい
説明	変数xの値が10以上かつ20より小さい場合はTrue、10より小さいまたは20以上の場合Falseが返る

●主な論理演算子

演算子	内容	条件式	戻り値
And	条件式1かつ条件式2（条件式1と条件式2がともにTrueの場合はTrue、それ以外はFalse）	10>5 And 4<15	True
Or	条件式1または条件式2（条件式1と条件式2の少なくとも1つがTrueの場合はTrue、それ以外はFalse）	10>5 Or 4>15	True
Not	条件式1ではない（条件式1の結果の逆が返る。Trueの場合はFalseが返り、Falseの場合はTrueが返る。）	Not 10>5	False

「Like演算子」で文字列をあいまいな条件で比較する

「Like演算子」は指定した文字列と文字列のパターンを比較します。文字列のパターンとは、「*」（アスタリスク）のような記号を使った文字列のパターンのことで、例えば、「*桜*」（桜を含む文字列）といったものです。文字列のパターンを使うとあいまいな条件で文字列を比較することができます。このように文字列を文字列のパターンと比較することを「パターンマッチング」といいます。

●基本構文（Like演算子を使った条件式）

| 文字列 | Like | 文字列のパターン |

●入力例

"SAKURA" Like "S*"

意味	「SAKURA」は「Sで始まる文字列」
説明	「SAKURA」はSで始まるためTrueが返る

使いこなしのヒント
論理演算子をベン図で理解する

論理演算子をベン図で説明すると以下のようになります。緑色の部分が条件を満たしています。

演算子	意味と書式
And	条件1を満たし、条件2を満たす（論理積） 書式：条件1 And 条件2
Or	条件1を満たすか、または条件2を満たす（論理和） 書式：条件1 Or 条件2
Not	条件でない（論理否定） 書式：Not 条件

使いこなしのヒント
文字列のパターンは「"」で囲む

Like演算子を使って、文字列のパターンを指定する場合は、「"S*"」のように「"」で囲んで文字列として指定します。

●主な文字列のパターンで使う記号

記号	内容	条件式	戻り値
*	0文字以上の任意の文字列	"dragon" Like "*d*" 意味：dを含む文字列	True
?	任意の1文字	"dragon" Like "d??" 意味：dで始まる3文字	False
#	任意の1数字	"B4C" Like "B#C" 意味：BとCの間に1数字	True
[ ]	[ ]内の1文字	"S" Like "[SAND]" 意味：SANDに含まれる	True
[!]	[ ]内に指定した文字以外の文字	"S" Like "[!SAND]" 意味：SANDに含まれない	False
[-]	[ ]内に指定した範囲の1文字	"E" Like "[A-F]" 意味：A～Fに含まれる	True

「Is演算子」でオブジェクトどうしを比較する

「Is演算子」は、同じオブジェクトを参照しているかどうかを比較する場合に使います。例えばWorksheet型の変数wsにWorksheets(1)が代入されている場合、「ws Is Worksheets(1)」はTrueを返します。

●基本構文（Is演算子を使った条件式）

オブジェクト1　Is　オブジェクト2

●入力例1

ws Is Worksheets(1)

意味	変数wsにWorksheets(1)が代入されている場合はTrueが返る

●入力例2

ws Is Nothing

意味	変数wsに何も代入されていない場合はTrueが返る

●入力例3

Not ws Is Nothing

意味	変数wsにいずれかのWorksheetオブジェクトが代入されている場合はTrueが返る

使いこなしのヒント
[-]内の範囲は昇順で指定する

[-]を使って、文字の範囲を指定する場合は、昇順（小→大）で指定します。アルファベットAからZの場合は、[A-Z]と指定し、[Z-A]と指定することはできません。

使いこなしのヒント
オブジェクト変数に何も代入されていない場合は

オブジェクト変数を宣言した直後のように、オブジェクト変数に何も代入されていない場合の値はNothingになります。

使いこなしのヒント
オブジェクトへの参照が代入されているかを調べる

「Not オブジェクト変数 Is Nothing」は、オブジェクト変数にオブジェクトへの参照が代入されているかどうかを判定するのによく使われる条件式です。オブジェクト変数にオブジェクトへの参照が代入されていればTrueが返り、代入されていなければFalseが返ります。

使いこなしのヒント
「オブジェクトへの参照を代入」と「オブジェクトを代入」は同じ

オブジェクト型の変数に代入するということは、実際にはオブジェクトへの参照を代入するということになります。本書では代入と表現している箇所もありますが、オブジェクトへの参照を代入と読み替えてください（レッスン26参照）。

1 「以上」や「でない」を使った条件式を作成する

●入力例

1	Sub 条件式2() ↵
2	[Tab] Range("B2").Value = 10 >= 20 ↵
3	[Tab] Range("B3").Value = Not 10 >= 20 ↵
4	[Tab] Range("B4").Value = IsDate(10) ↵
5	End Sub

1	マクロ[条件式2]を開始する
2	条件式「10>=20」（10は20以上である）の結果をセルB2に入力する
3	条件式「Not 10>=20」（10は20以上ではない）の結果をセルB3に入力する
4	関数「IsDate(10)」（10は日付と判断できる）の結果をセルB4に入力する
5	マクロを終了する

Before

それぞれの条件式が正しいかどうかを「結果」に表示したい

	A	B	C	D
1	条件式	結果		
2	10>=20			
3	Not 10>=20			
4	IsDate(10)			
5				
6				

After

それぞれの条件式の内容が正しいかどうかが判断され、「結果」に表示された

	A	B	C	D
1	条件式	結果		
2	10>=20	FALSE		
3	Not 10>=20	TRUE		
4	IsDate(10)	FALSE		
5				
6				

使いこなしのヒント

条件式の設定方法を確認する

手順1では、比較演算子やNot演算子、関数を使った条件式の結果をセルB2、B3、B4にそれぞれ表示しています。判定された結果がTrueまたはFalseで返っていることを確認してください。4行目は、IsDate関数を使って、数値10が日付と判断できるかどうかの条件式として使用しています。

用語解説

IsDate関数

IsDate関数を使うと、引数で指定した値を日付として扱えるかどうかを判定し、扱える場合はTrue、扱えない場合はFalseを返します。引数Expressionで、日付として扱えるかどうかを調べたい値を指定（レッスン78参照）。

IsDate(Expression)

まとめ 4つの演算子の特徴を把握しよう

条件式の設定方法を一通り紹介しました。条件式はTrueまたはFalseが戻り値として返る式で、比較演算子、論理演算子、Like演算子、Is演算子があります。それぞれの特徴を覚えておきましょう。これらの演算子はこれから学習する条件分岐や繰り返しの中の条件でも使います。どうすればいいかわからなくなったときは、このレッスンに戻って確認しましょう。

レッスン 67 条件を満たす、満たさないで処理を分けるには

Ifステートメント　　　**練習用ファイル** 手順見出しを参照

条件によって処理を振り分けるには、Ifステートメントを使います。条件を満たす場合のみ処理を実行するのか、条件を満たす場合と満たさない場合でそれぞれ処理を実行するのか、あるいは、複数の条件で処理を振り分けるのか、3つ設定パターンがあります。

キーワード
条件式	P.342
条件分岐	P.342
ステートメント	P.342

条件を満たすときだけ処理を実行する

条件を満たしたときだけ処理を実行するには、以下の構文になります。条件式がTrueの場合のみ処理が実行されます。条件式がFalseの場合は、Ifステートメントを終了します。

●基本構文（Ifステートメント）

```
If 条件式 Then 処理
```

または

```
If 条件式 Then
    処理
End If
```

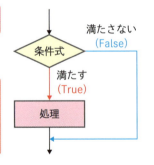

説明　条件式を満たす場合、処理を実行する

💡 使いこなしのヒント
Ifステートメントは1行で記述できる

Ifステートメントの構文で「処理」をThenに続けて記述すれば1行で記述できます。この場合、End Ifの記述は不要です。

1 条件を満たすときにメッセージ表示する
L67_条件分岐1.xlsm

●入力例

1 Sub␣条件分岐1()↵
2 [Tab] If␣Range("C3").Value␣>=␣60␣Then↵
3 [Tab][Tab] MsgBox␣"早割り料金が適用されます"↵
4 [Tab] End␣If↵
5 End␣Sub

1 マクロ［条件分岐1］を開始する
2 セルC3の値が60以上の場合（Ifステートメントの開始）

💡 使いこなしのヒント
出発日まで60日以上あるかどうかを判定する

手順1では、出発日までの日数が60日以上あるかどうかをIfステートメントを使って条件判定し、条件を満たす場合だけメッセージを表示しています。

3	「早割り料金が適用されます」とメッセージ表示する
4	Ifステートメントを終了する
5	マクロを終了する

Before

	A	B	C	D	E	F
1	標準旅行代金	30,000				
2	申込日	出発日	出発日まで			
3	2024/4/1	2024/6/10	70			
4						

「出発日まで」が「60」以上の場合はメッセージを表示したい

After

	A	B	C	D	E	F
1	標準旅行代金	30,000				
2	申込日	出発日	出発日まで			
3	2024/4/1	2024/6/10	70			
4						
5						
6						

「出発日まで」が「70」なのでメッセージが表示された

Microsoft Excel
早割り料金が適用されます
OK

💡 使いこなしのヒント

セルC3の出発日までの日数を求めるには

左の表のセルC3では、申込日から出発日までの日数を計算する式として「=B3-A3」が入力されています。

📘 用語解説

Else句

Else句には、Ifの条件式がTrueでない場合に実行する処理を指定します。

条件を満たすときと満たさないときで処理を分ける

条件を満たすときと満たさないときで異なる処理を実行するには、Else句を追加して以下の構文になります。条件式がTrueの場合は処理1を実行し、Falseの場合は処理2を実行します。

●基本構文（Else句を追加したIfステートメント）

```
If 条件式 Then 処理1 Else 処理2
```

または

```
If 条件式 Then
    処理1
Else
    処理2
End If
```

説明：条件式を満たすときは処理1を実行し、満たさないときは処理2を実行する

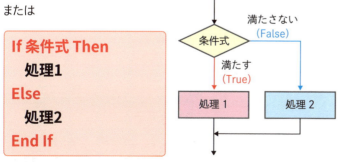

💡 使いこなしのヒント

Else句を含めて1行で記述できる

左の基本構文のように、Ifステートメントの処理1に続けてElse句を追加すると、条件を満たさない場合に実行するElse句も含めて1行で記述できます。この場合は、End Ifを記述する必要はありません。なお、処理1や処理2の部分が複数ある場合は、二番目の構文のように改行して指定してください。その場合は、End Ifは省略できません。

2 条件を判定して数値計算を行う

L67_条件分岐2.xlsm

●入力例

1	Sub␣条件分岐2()⏎
2	[Tab] If Range("C3").Value␣>=␣60␣Then⏎
3	[Tab][Tab] Range("D3").Value␣=␣Range("B1").Value␣*␣0.7⏎
4	[Tab] Else⏎
5	[Tab][Tab] Range("D3").Value␣=␣Range("B1").Value⏎
6	[Tab] End␣If⏎
7	End␣Sub

1	マクロ［条件分岐2］を開始する
2	セルC3の値が60以上の場合（Ifステートメントの開始）
3	セルD3に「セルB1の値×0.7」の結果を入力する
4	そうでない場合
5	セルD3にセルB1の値を入力する
6	Ifステートメントを終了する
7	マクロを終了する

Before

	A	B	C	D	E	F
1	標準旅行代金	30,000				
2	申込日	出発日	出発日まで	適用価格		
3	2024/4/1	2024/6/10	70			
4						
5						

「出発日まで」が「60」以上の場合は「適用価格」に早割り料金を適用したい

After

	A	B	C	D	E	F
1	標準旅行代金	30,000				
2	申込日	出発日	出発日まで	適用価格		
3	2024/4/1	2024/6/10	70	21,000		
4						
5						

「出発日まで」が「70」なので早割り料金が適用され、「標準旅行代金」から3割引の値が「適用価格」に表示された

使いこなしのヒント

早割り料金の適用期間内かどうかを判定して金額を分ける

手順2では、出発日までの日数が60日以上ある場合は、早割り料金の適用期間となるので標準旅行代金の0.7を掛けた割引料金を適用価格に表示しています。そうでない場合は、標準旅行代金が適用価格になるようにIfステートメントを使って条件分岐しています。

使いこなしのヒント

セルの値を計算するには

VBAの中でセルの値で計算する場合は、算術演算子を使います。ここでは、「Range("B1").Value＊0.7」と記述しています。「＊」は掛け算の算術記号です。

用語解説

算術演算子

+（足し算）、-（引き算）、/（割り算）、＊（掛け算）といった計算をするための記号を指します。Excelのセル内で計算する場合と同じものが使えます。

複数の条件で処理を分ける

IfステートメントにElseIf句を追加すると、複数の条件で処理を分けることができます。1つ目の条件を満たさなかった場合にElseIf句で指定した条件式2の条件判定をし、それも満たさなかったら、次のElseIf句で指定した条件判定をする、というように必要なだけ条件分岐をつなげることができます。最後のElseですべての条件を満たさなかった場合の処理を指定できますが、省略もできます。

●基本構文（ElseIf句を追加したIfステートメント）

> If 条件式 Then
> 　処理1
> ElseIf 条件式2 Then
> 　処理2
> ElseIf 条件式3 Then
> 　処理3
> …
> Else
> 　処理4（すべての条件を満たさなかったときの処理）
> End If

説明：条件式1を満たすときは処理1を実行し、満たさないときは条件式2の条件判定をする。条件式2を満たすときは処理2を実行し、満たさないときは条件式3の条件判定をする。すべての条件を満たさなかった場合は処理4を実行する

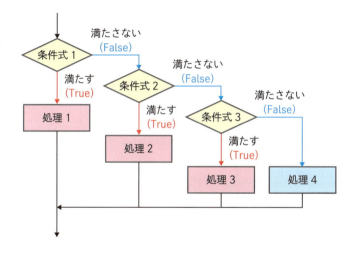

使いこなしのヒント

Else句は省略できる

すべての条件を満たさなかったときに実行すべき処理がない場合は、Else句は省略できます。

使いこなしのヒント

優先順位の高い順に条件式を指定する

ElseIf句を使った場合、最初にIfに続く条件式1が判定され、Trueでない場合は次のElseIf句の条件2が判定されます。条件2がTrueではない場合は次のElseIf句の条件3が判定されます。このように、段階的に条件が判定されるため、最優先したい条件を最初に指定し、次に優先したい条件という具合に優先順位の高い順に条件式を指定してください。

使いこなしのヒント

ElseIf句で条件の対象は変えられる

ElseIf句では、いろいろな条件を指定できます。例えば、Ifに続く条件式1を「A＞100」（Aは100より大きい）としてTrueではなかった場合、次のElseIf句の条件式2では「B＞＝50」（Bは50以上）というように、条件の対象となるものがAでないものを条件式として指定することができます。

3 複数の条件を判定して数値計算を行う

L67_条件分岐3.xlsm

●入力例

1. `Sub 条件分岐3()`
2. `[Tab] If Range("C3").Value >= 60 Then`
3. `[Tab][Tab] Range("D3").Value = Range("B1").Value * 0.7`
4. `[Tab] ElseIf Range("C3").Value >= 45 Then`
5. `[Tab][Tab] Range("D3").Value = Range("B1").Value * 0.8`
6. `[Tab] ElseIf Range("C3").Value >= 25 Then`
7. `[Tab][Tab] Range("D3").Value = Range("B1").Value * 0.9`
8. `[Tab] Else`
9. `[Tab][Tab] Range("D3").Value = Range("B1").Value`
10. `[Tab] End If`
11. `End Sub`

1. マクロ［条件分岐3］を開始する
2. セルC3の値が60以上の場合（Ifステートメントの開始）
3. セルD3に「セルB1の値×0.7」の結果を入力する
4. セルC3の値が45以上の場合
5. セルD3に「セルB1の値×0.8」の結果を入力する
6. セルC3の値が25以上の場合
7. セルD3に「セルB1の値×0.9」の結果を入力する
8. いずれの条件も満たさない場合
9. セルD3にセルB1の値を入力する
10. Ifステートメントを終了する
11. マクロを終了する

Before

	A	B	C	D	E	F	G	H
1	標準旅行代金	30,000						
2	申込日	出発日	出発日まで	適用価格				
3	2024/5/1	2024/6/10	40					

「出発日まで」の値で「適用価格」に適用される早割り料金の価格が変わる

「出発日まで」が「40」なので早割り料金が適用され、「標準旅行代金」から1割引の値が「適用価格」に表示された

After

	A	B	C	D	E	F	G	H
1	標準旅行代金	30,000						
2	申込日	出発日	出発日まで	適用価格				
3	2024/5/1	2024/6/10	40	27,000				

使いこなしのヒント
出発日までの期間による複数の早割り料金を求める

手順3では、出発日までの日数が60日以上ある場合は標準旅行代金の7割、45日以上の場合は8割、25日以上の場合は9割と段階的に金額が変更になる処理を、IfステートメントにElseIf句を追加して複数の条件分岐をしています。

使いこなしのヒント
複数の条件を指定している場合は段階的に条件を設定する

ElseIf句を追加して複数の条件を指定する場合は、上から順番に判定するため、どの条件を指定するかを考えましょう。使用例の場合は、60日以上が7割、45日以上が8割、25日以上が9割なので、最初に60日以上という条件を設定し、それを満たさなかったら、45日以上というように段階的に条件を設定してください。

まとめ
Ifステートメントの条件分岐をまず覚えよう

ここでは、Ifステートメントを使った条件分岐の方法を紹介しました。1つの条件を満たすときだけ処理を実行するだけではなく、Else句を追加して条件を満たしたときと満たさないときで実行する処理を分けることができました。さらに、ElseIf句を使用すると、複数の条件を指定できるようになります。Ifステートメントはとてもよく使います。ここで覚えてしまいましょう。

スキルアップ

独自の強調表示ルールでセルに色を付ける

L67_条件分岐4.xlsm

手順3のElseIf句を追加したIfステートメントを利用して、出発までの日数によってセルの色を変更するマクロに作り変えてみましょう。ここでは、出発日までの日数が表示されているセルをアクティブセルにした状態で実行するマクロとします。そのため、左ページの「Range("C3")」を「ActiveCell」に書き換えています。そして、色の設定を60以上の場合はサーモン色（rgbSalmon）、45以上の場合は薄いピンク（rgbLightPink）、25以上の場合は薄い黄色（rgbLightYellow）、それ以外は色なし（xlNone）に設定しています。例えば、60以上の場合は、「ActiveCell.Interior.Color = rgbSalmon」のように記述してアクティブセルの色がサーモン色になるように指定します。

●入力例

1	Sub_強調表示ルール設定() ↵
2	[Tab] If_ActiveCell.Value_>=_60_Then ↵
3	[Tab][Tab] ActiveCell.Interior.Color_=_rgbSalmon ↵
4	[Tab] ElseIf_ActiveCell.Value_>=_45_Then ↵
5	[Tab][Tab] ActiveCell.Interior.Color_=_rgbLightPink ↵
6	[Tab] ElseIf_ActiveCell.Value_>=_25_Then ↵
7	[Tab][Tab] ActiveCell.Interior.Color_=_rgbLightYellow ↵
8	[Tab] Else ↵
9	[Tab][Tab] ActiveCell.Interior.Color_=_xlNone ↵
10	[Tab] End_If ↵
11	End_Sub

Before

	A	B	C	D	E
1		標準旅行代金	30,000		
2	申込NO	申込日	出発日	出発日まで	
3	1	2024/4/15	2024/6/10	56	
4	2	2024/5/20	2024/6/10	21	
5	3	2024/4/30	2024/7/10	71	
6	4	2024/6/15	2024/7/10	25	
7					

強調したいセルをアクティブセルにしてマクロを実行したい

After

	A	B	C	D	E
1		標準旅行代金	30,000		
2	申込NO	申込日	出発日	出発日まで	
3	1	2024/4/15	2024/6/10	56	
4	2	2024/5/20	2024/6/10	21	
5	3	2024/4/30	2024/7/10	71	
6	4	2024/6/15	2024/7/10	25	
7					

条件によってセルに色（ここでは薄いピンク）が設定される

他のセルも同様にしてマクロを実行するとそれぞれの日数によって色が設定される

レッスン 68 1つの対象に対して複数の条件で処理を分けるには

Select Caseステートメント　　練習用ファイル　L68_複数の条件で場合分け.xlsm

YouTube動画で見る
詳細は2ページへ

レッスン67では、セルC3の値が60以上のとき、45以上のとき、25以上のときのように1つのセルの値によって複数条件で処理を分けました。このような場合、Select Caseステートメントを使うこともできます。

キーワード

条件式	P.342
条件分岐	P.342
ステートメント	P.342

複数の条件で場合分けして処理を分ける

Select Caseステートメントは、1つの対象に対して複数の条件を設定できます。最初に、判定の対象が条件式1を満たすかどうかを判定し、満たすときはそのCase句の中の処理を実行します。満たさなかったときは、次の条件式2に移動し、満たすかどうか判定するという流れで処理を進めます。必要なだけ条件を追加できます。

使いこなしのヒント
ElseIfキーワードのあるIfステートメントとの違い

Select Caseステートメントの処理の流れは、レッスン67で紹介したElseIfキーワードのあるIfステートメントと同じですが、ElseIfは条件判断の対象が同じである必要はないことに対し、Select Caseステートメントでは、条件判断の対象は常に1つという点が異なります。

●基本構文

```
Select Case 条件判断の対象
Case 条件式1
    処理1:対象が条件式1を満たすときの処理
Case 条件式2
    処理2:対象が条件式2を満たすときの処理
…
Case Else
    処理n:対象がすべての条件を満たさないときの処理
End Select
```

説明　条件判断の対象が条件式1を満たすときは処理1を実行し、満たさないときは条件式2の条件判定をする。条件式2を満たすときは処理2を実行し、満たさないときは次の条件判定をする。対象がすべての条件を満たさなかった場合は処理nを実行する

使いこなしのヒント
Case Elseは省略できる

すべての条件を満たさない場合に実行したい処理がない場合は、Case Else句は省略できます。

使いこなしのヒント
Case句の条件の設定方法

Select Caseステートメントで比較演算子を使う場合は、Caseの後ろに「Is」を続けてから比較演算子を記述します。

●条件と設定方法

条件	設定方法
10のとき	Case 10
10以上のとき	Case Is >= 10
10より大きいとき	Case Is > 10
20以下のとき	Case Is <= 20
20より小さいとき	Case Is < 20
10以上20以下のとき	Case 10 To 20
10または20のとき	Case 10, 20

1 複数の条件で場合分けして数値計算を行う

●入力例

1	Sub␣複数条件で場合分け()⏎
2	[Tab] Select␣Case␣Range("C3").Value⏎
3	[Tab][Tab] Case␣Is␣>=␣60⏎
4	[Tab][Tab][Tab] Range("D3").Value␣=␣Range("B1").Value␣*␣0.7⏎
5	[Tab][Tab] Case␣Is␣>=␣45⏎
6	[Tab][Tab][Tab] Range("D3").Value␣=␣Range("B1").Value␣*␣0.8⏎
7	[Tab][Tab] Case␣Is␣>=␣25⏎
8	[Tab][Tab][Tab] Range("D3").Value␣=␣Range("B1").Value␣*␣0.9⏎
9	[Tab][Tab] Case␣Else⏎
10	[Tab][Tab][Tab] Range("D3").Value␣=␣Range("B1").Value⏎
11	[Tab] End␣Select⏎
12	End␣Sub

1	マクロ［複数条件で場合分け］を開始する
2	セルC3の値について以下の処理を行う（Select Caseステートメントの開始）
3	セルC3の値が60以上の場合
4	セルD3に「セルB1の値×0.7」の結果を入力する
5	セルC3の値が45以上の場合
6	セルD3に「セルB1の値×0.8」の結果を入力する
7	セルC3の値が25以上の場合
8	セルD3に「セルB1の値×0.9」の結果を入力する
9	いずれの条件も満たさない場合
10	セルD3にセルB1の値を入力する
11	Select Caseステートメントを終了する
12	マクロを終了する

After

	A	B	C	D	E	F
1	標準旅行代金	30,000				
2	申込日	出発日	出発日まで	適用価格		
3	2024/5/1	2024/6/10	40	27,000		
4						
5						

「出発日まで」が「40」なので早割り料金が適用され、「標準旅行代金」から1割引の値が「適用価格」に表示された

使いこなしのヒント
出発日までの日数で場合分けをする

手順1では、出発日までの日数によって、処理する内容を場合分けしています。**レッスン67**のElseIf句の使用例をSelect Caseステートメントを使って書き換えると、手順1のコードのようになります。

使いこなしのヒント
Isは自動入力される

条件式で比較演算子を使う場合、入力時にIsを省略しても、条件式を確定して改行すると自動で入力されます。

まとめ
複数の場合分けをして処理を実行できる

Select Caseでは1つの対象に対して複数の場合分けをして処理を実行できます。対象がCase句の条件を満たすかどうかを上から順番に判定し、最初に満たしたCase句にある処理を実行します。その場合、以降のCase句の処理は行いません。また、Case句の条件の設定の仕方も特徴的です。今一度設定方法を確認しておきましょう。

レッスン 69 条件を満たす間処理を繰り返す

Do While…Loopステートメント | 練習用ファイル 手順見出しを参照

繰り返し処理の仕組みには、いくつか種類があります。先に条件を満たすかどうかを判定し、条件を満たす場合だけ繰り返しの処理を行うものと、先に繰り返しの処理を行ってからあとで条件を満たすかどうかを判定するものがあります。

キーワード
繰り返し処理	P.341
ステートメント	P.342
ループ	P.345

条件を満たす間同じ処理を繰り返す

条件を満たす間処理を繰り返す場合は、Do While…Loopステートメントを使います。最初に条件式を満たすかどうかを確認し、満たす場合だけ繰り返し処理を実行します。条件が満たされなくなった時点で、繰り返し処理を終了し、Do While…Loopステートメントの次の処理に移ります。

●基本構文

```
Do While 条件式
    繰り返し実行する処理
Loop
```

説明 | 条件式を満たす間繰り返し処理を行う

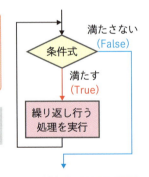

使いこなしのヒント
1行ずつ下のセルに移動しながら処理を繰り返す

手順1では、初期値として3を代入した変数iをセルの行番号にしてCellsプロパティでセルを参照しています。i行3列目のセルの値をチェックして500未満であればi行4列目のセルに「未達成」と入力します。変数iに1を加算することで1つ下のセルに移動し、繰り返しの先頭に戻って条件判定をして、満たしていれば繰り返し処理を実行します。ここでは、行番号を指定するための変数iを使い、繰り返しの最後で変数iに1を加算することで1行下のセルに移動するところがポイントです。

1 条件を満たす間処理を繰り返す

L69_繰り返し処理1.xlsm

●入力例

1	Sub 条件を満たす間繰り返し()
2	Dim i As Long
3	i = 3
4	Do While Cells(i, 3).Value < 500
5	Cells(i, 4).Value = "未達成"
6	i = i + 1
7	Loop
8	End Sub

用語解説
カウンター変数

手順1の6行目「i = i +1」では、変数iに1を加算しています。これを記述すると繰り返しの回数が変数iに代入されます。このような繰り返しの回数を管理する変数を「カウンター変数」といいます。手順1では、カウンター変数を利用してセルを1行ずつ下に移動しています。

1	マクロ［条件を満たす間繰り返し］を開始する
2	長整数型の変数iを宣言する
3	変数iに3を代入する
4	i行、3列目のセルの値が500未満の間、以下の処理を繰り返す（Do Whileステートメントの開始）
5	i行、4列目のセルに「未達成」と入力する
6	変数iに1を加算する
7	4行目に戻る
8	マクロを終了する

Before

「累計数」のセルの値を上から順に判定する

After

「累計数」のセルの値が「500」未満の間、「状態」のセルに「未達成」と表示された

用語解説

Do Until…Loopステートメント

Do Until…Loopステートメントを使うと、条件式を満たさない間、繰り返し処理を実行します。条件を満たした時点で繰り返し処理を終了し、次の処理に移ります。

Do Until 条件式
　繰り返し実行する処理
Loop

使いこなしのヒント

条件を満たすまで繰り返す

手順1をDo Until…Loopステートメントで書き換える場合、条件式を「Cells(i, 3).Value>=500」にします。Do Until…Loopステートメントにより、累計数のセルの値が500以上でない間（500以上になるまで）処理を繰り返します。

1	Sub_条件を満たすまで繰り返し()↵
2	[Tab] Dim_i_As_Long↵
3	[Tab] i_=_3↵
4	[Tab] Do_Until_Cells(i,_3).Value_>=_500↵
5	[Tab][Tab] Cells(i,_4).Value_=_"未達成"↵
6	[Tab][Tab] i_=_i_+_1↵
7	[Tab] Loop↵
8	End_Sub

繰り返し処理を途中で抜ける

Exitステートメントを使用すると、繰り返し処理を途中で抜けることができます。繰り返し処理の中で、Ifステートメントで終了条件を設定し、条件を満たしたときにExitステートメントを使って処理を終了させます。条件を満たしたら、それ以降、繰り返す必要がなくなる場合などに使用できます。

●主なExitステートメントの種類

ステートメント	機能
Exit Do	Do…Loopステートメントの途中で終了する
Exit For	For…NextステートメントまたはFor Each…Nextステートメントの途中で終了する
Exit Sub	Subプロシージャの途中で終了する

2 途中で抜ける処理を追加する

L69_繰り返し処理2.xlsm

●入力例

1	Sub_繰り返し処理を途中で抜ける()↵
2	[Tab] Dim_i_As_Long↵
3	[Tab] i_=_3↵

使いこなしのヒント

処理を中断するには

条件がずっと満たされ続けると、処理が永遠に終わりません。途中で処理を中断するには、[Esc]キーを押すか、[Ctrl]+[Break]キーを押します。

4	[Tab] Do While Cells(i, 1).Value <> "" ↵
5	[Tab][Tab] If Cells(i, 3).Value >= 500 Then Exit Do ↵
6	[Tab][Tab] Cells(i, 4).Value = "未達成" ↵
7	[Tab][Tab] i = i + 1 ↵
8	[Tab] Loop ↵
9	End Sub

1	マクロ［繰り返し処理を途中で抜ける］を開始する
2	長整数型の変数iを宣言する
3	変数iに3を代入する
4	i行、1列目のセルに値が入力されている間、以下の処理を繰り返す（Do Whileステートメントの開始）
5	i行、3列目のセルの値が500以上の場合、Do Whileステートメントを途中で終了する
6	i行、4列目のセルに「未達成」と入力する
7	変数iに1を加算する
8	4行目に戻る
9	マクロを終了する

Before：「日付」のセルにデータが入力されている間処理を繰り返す

After：「累計数」のセルの値が500以上になったため、繰り返しの処理を終了している

少なくとも1回は繰り返し処理を実行する

繰り返し処理の最初に条件式を設定すると、最初から条件を満たさない場合は、繰り返し処理が1度も実行されずに次の処理に進みます。少なくとも1回は繰り返しの処理を実行させたい場合は、Do…Loop Whileステートメントを使います。

使いこなしのヒント
繰り返しの上限を作っておく

繰り返し処理の条件がずっと満たされている場合、処理が永遠に繰り返されてしまいます。このようなことがないように、最大でも変数iの値が50になったら繰り返しを抜けるというような、処理を抜けるコードを記述しておくと、永遠に終わらないという状況を作らないで済みます。

使いこなしのヒント
途中で抜ける処理を追加する

手順1のマクロで、セルC6が500未満の場合は、セルC7以降も繰り返し処理が終わりません。これを防ぐには、4行目と5行目の間に、「If Cells(i, 1).Value = "" Then Exit Do」（日付のセルが空欄の場合は繰り返しを抜ける）と記述して、途中で抜ける処理を追加します。

使いこなしのヒント
「累計数」が500以上になったら処理を終了する

手順2では、繰り返しの条件をi行1列目の「日付」の列が空欄でない間（<>""）という条件にして処理を繰り返します。「日付」の列はすべての行に値が入力されているため、この条件で表内のすべての行について処理を繰り返すことができます。表内のセルを上から順番に下に移動しながら処理をするときに、Ifステートメントで「累計数」の列が500以上の場合はExit Doステートメントで繰り返しの処理を抜けています。また、IfステートメントのThenに続けてExit Doと実行する処理を続けることで、1行で記述しています。

●基本構文（Do…Loop Whileステートメント）

```
Do
    繰り返し実行する処理
Loop While 条件式
```

| 説明 | 繰り返し実行する処理を実行したあとで条件式を満たしているか判定する |

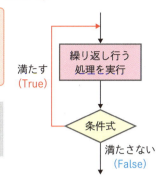

3 繰り返し処理をしてから条件判定をする

L69_繰り返し処理3.xlsm

●入力例

1	Sub_少なくとも1回は繰り返し処理をする()
2	[Tab] Do
3	[Tab][Tab] Range("A2").Value_=_Range("A2").Value_+_5
4	[Tab][Tab] MsgBox_Range("A2").Value
5	[Tab] Loop_While_Range("A2").Value_<_Range("B2").Value
6	End_Sub

1	マクロ［少なくとも1回は繰り返し処理をする］を開始する
2	以下の処理を繰り返す（Do Loop Whileステートメントの開始）
3	セルA2に5を加算する
4	セルA2の値をメッセージ表示する
5	セルA2の値がセルB2の値より小さい間、処理を繰り返す
6	マクロを終了する

Before

	A	B	C	D
1	値1	値2		
2	10	10		

セルA2の値がセルB2の値より小さい間セルA2に5を加算する

After

	A	B	C	D
1	値1	値2		
2	15	10		

Microsoft Excel
15
OK

条件は満たしていないが、Do～Loop Whileにより先に処理が行われた

用語解説
Do…Loop Untilステートメント

Do…Loop UntilステートメントもDo…Loop Whileステートメントと同様の処理を実行します。

```
Do
    繰り返し実行する処理
Loop Until 条件式
```

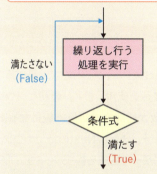

使いこなしのヒント
繰り返しのあとで条件を判定する

手順3では、繰り返しのあとで条件を判定する設定で、セルA2の値がセルB2の値より小さい間処理を繰り返します。この表では、セルA2はセルB2と同じ値であり、最初から条件を満たさないため、先に条件判定をするDo While…Loopを使うと繰り返しの処理を行いません。しかし、繰り返し処理のあとで条件判定をするため、1回実行されていることが確認できます。

まとめ
条件を満たす間、満たさない間の繰り返し

Do Whileステートメントは条件を満たす間処理を繰り返し、Do Untilステートメントは条件を満たさない間処理を繰り返します。また、繰り返しの条件を先に判定するのかあとに判定するのか指定できます。また、ある条件に達したときに処理を途中で抜けるExitステートメントも覚えておきましょう。

レッスン 70 指定した回数処理を繰り返すには

For Nextステートメント　　練習用ファイル：手順見出しを参照

変数の値が10になるまでや、表の3行目から7行目までというように回数を決めて処理を繰り返したい場合があります。指定した回数だけ同じ処理を繰り返すにはFor Nextステートメントを使います。

キーワード
カウンター変数	P.341
繰り返し処理	P.341
ステートメント	P.342

指定した回数だけ処理を繰り返す

For Nextステートメントでは、繰り返す回数を管理するためにカウンター変数を使用します。最初にカウンター変数を宣言し、カウンター変数が初期値から最終値になるまで、繰り返し実行する処理を行います。また、Nextの行でカウンター変数に加算値を足して、For行に戻って処理を繰り返します。「Step 加算値」では、カウンター変数に加算する数値を指定します。加算する数値が1の場合は省略できます。また、Nextの後ろのカウンター変数も省略できます。

● 基本構文

```
Dim カウンター変数
For カウンター変数 = 初期値 To 最終値 (Step 加算値)
    繰り返し実行する処理
Next (カウンター変数)
```

使いこなしのヒント
加算値はマイナスにもできる

加算値はマイナスにも設定できます。初期値を5、最終値を1、加算値を-1にすると、カウンター変数は、5、4、3、2、1と減っていきます。表の下の行から上に向かって順番に繰り返し処理を行いたい場合に使います。例えば、行を挿入したり、削除したりするときに行の参照がずれないようにできます。

使いこなしのヒント
カウンター変数は自動で加算される

For Nextステートメントのカウンター変数は自動的に加算値だけ加算されます。加算する式を設定する必要はありません。

1 指定した回数だけ同じ処理を繰り返す

L70_指定回数繰り返し1.xlsm

● 入力例

```
1  Sub 指定回数繰り返し()
2      Dim i As Long
3      For i = 3 To 7
4          If Cells(i, "C").Value <> "" Then
5              Cells(i, "D").Value = "処理済み"
6          End If
7      Next
8  End Sub
```

使いこなしのヒント
3行目から7行目まで繰り返す

手順1では、表の3行目から7行目まで処理を繰り返します。そのため、変数iの初期値が3、最終値が7となり、加算値は1なので省略しています。繰り返す処理は、i行C列(納入日)に値が入力されている場合、i行D列(状態)に「処理済み」と入力しています。

1	マクロ［指定回数繰り返し］を開始する
2	長整数型の変数iを宣言する
3	変数iが3から7になるまで以下の処理を行う（For Nextステートメントの開始）
4	i行C列のセルの値が空欄でない場合、
5	i行D列のセルに「処理済み」と入力する
6	Ifステートメントを終了する
7	変数iに1を加算して、3行目に戻る
8	マクロを終了する

Before

	A	B	C	D
1				
2	商品ID	商品名	納入日	状態
3	S001	ビジネス靴	4月3日	
4	S002	パンプス	4月3日	
5	S003	サンダル		
6	S004	ブーツ	4月4日	
7	S005	スニーカー		
8				

After

	A	B	C	D
1				
2	商品ID	商品名	納入日	状態
3	S001	ビジネス靴	4月3日	処理済み
4	S002	パンプス	4月3日	処理済み
5	S003	サンダル		
6	S004	ブーツ	4月4日	処理済み
7	S005	スニーカー		
8				

「納入日」に値が入力されている場合、「状態」に「処理済み」と入力したい

「納入日」が空欄ではない値の「状態」に「処理済み」と入力された

2 加算値を変更して処理を繰り返す

L70_指定回数繰り返し2.xlsm

●入力例

1	Sub_指定回数繰り返し2()
2	[Tab] Dim_i_As_Long
3	[Tab] For_i_=_1_To_5_Step 2
4	[Tab][Tab] Range("A3:D7").Rows(i).Interior.Color_=_rgbLightYellow
5	[Tab] Next
6	End_Sub

1	マクロ［指定回数繰り返し2］を開始する
2	長整数型の変数iを宣言する
3	変数iが1から5になるまで、加算値を2にして以下の処理を行う（For Nextステートメントの開始）
4	セル範囲A3～D7のi行目のセルの色を薄い黄色に設定する
5	変数iに2を加算して、3行目に戻る
6	マクロを終了する

使いこなしのヒント
1行おきに処理を繰り返す

加算値を2にすると1行おきに処理を繰り返すことができます。手順2では表のデータ部分が対象なので変数iは1からデータ件数である5まで繰り返します。1行おきに表のデータ部分の行に色を設定するため、「Range("A3:D7").Rows(i)」でデータ部分のi行目を参照しています。

使いこなしのヒント
手順2の実行後の表を確認しよう

手順2を実行すると、以下のように1行おきに色が付きます。

	A	B	C	D	E
1					
2	商品ID	商品名	納入日	状態	
3	S001	ビジネス靴	4月3日		
4	S002	パンプス	4月3日		
5	S003	サンダル			
6	S004	ブーツ	4月4日		
7	S005	スニーカー			
8					

「加算値」が「2」なので変数iは2ずつ加算され、表のデータ部分の1、3、5行目に処理が実行され、薄い黄色になる

まとめ 回数を決めて繰り返せる

For Nextステートメントは、カウンター変数が1～5になるまで5回繰り返すことができますが、加算値を変更すると、1行おきとか2行おきとかに処理を繰り返すこともできます。また加算値をマイナスの数にすることもできます。加算値をマイナスの数にする場合は、初期値を最終値より大きい数字にしてください。

レッスン 71 コレクション全体に同じ処理を繰り返す

For Each…Nextステートメント | **練習用ファイル** 手順見出しを参照

ブック内のすべてのワークシート、開いているすべてのブックのようにコレクション内の各メンバーに同じ処理をまとめて行うには、For Each…Nextステートメントを使います。よく使う繰り返し処理なのでぜひ覚えましょう。

各オブジェクトすべてに同じ処理を繰り返す

For Each…Nextステートメントを使ってコレクション内の各メンバーに対して同じ処理を繰り返すには、最初にオブジェクト型の変数をオブジェクトの種類を指定して宣言します。次にFor Eachステートメントで、コレクションの中から各メンバーを1つずつオブジェクト変数に代入して、繰り返しの処理を実行します。Nextの後のオブジェクト変数は省略できます。

●基本構文

```
Dim オブジェクト変数 As オブジェクトの種類
For Each オブジェクト変数 In コレクション
    繰り返し実行する処理
Next （オブジェクト変数）
```

1 セル範囲内に処理を繰り返す
L71_コレクション内の繰り返し1.xlsm

●入力例

1	Sub セル範囲内繰り返し()
2	[Tab] Dim rng As Range
3	[Tab] For Each rng In Range("B3:D5")
4	[Tab][Tab] If rng.Value >= 50 Then
5	[Tab][Tab][Tab] rng.Interior.Color = rgbLightPink
6	[Tab][Tab] End If
7	[Tab] Next
8	End Sub

キーワード
繰り返し処理	P.341
ステートメント	P.342
変数	P.344

用語解説
コレクション
同じ種類のオブジェクトの集まりを指します。

用語解説
メンバー
コレクション内に含まれる各オブジェクトを意味します。

使いこなしのヒント
Rangeオブジェクトはコレクションとしても扱える

Rangeオブジェクトは、Rangesコレクションという使い方はしません。ですが、Rangeオブジェクトの中に複数のセルを含むことができるので、コレクションとして扱うことができます。

使いこなしのヒント
各月の売上数が50以上のセルに色を付ける

手順1ではセル範囲B3～D5内の中からRange型の変数rngに1つずつ代入することですべてのセルに同じ処理を繰り返します。変数rngは代入されているセルとして扱うことができ、繰り返しの処理の中で変数rngの値が50以上の場合に、セルの色を薄いピンクに設定しています。

1	マクロ［セル範囲内繰り返し］を開始する
2	Range型の変数rngを宣言する
3	セル範囲B3〜D5内のセルを1つずつ変数rngに代入して以下の処理を繰り返す（For Eachステートメントの開始）
4	変数rngに代入されたセルの値が50以上の場合（Ifステートメントの開始）
5	セルの色を薄いピンクに設定する
6	Ifステートメントを終了する
7	3行目に戻る
8	マクロを終了する

After

各商品の1月〜3月の範囲内のセルで値が「50」以上のものに薄いピンク色が付いた

2 全ワークシートに処理を繰り返す

L71_コレクション内の繰り返し2.xlsm

●入力例

1	Sub_全ワークシートに繰り返し()
2	[Tab] Dim_ws_As_Worksheet
3	[Tab] For_Each_ws_In_Worksheets
4	[Tab][Tab] ws.Name_=_ws.Range("B1").Value
5	[Tab] Next
6	End_Sub

1	マクロ［全ワークシートに繰り返し］を開始する
2	Worksheet型の変数wsを宣言する
3	ブック内のすべてのワークシートを1つずつ変数wsに代入して以下の処理を繰り返す（For Eachステートメントの開始）
4	変数wsに代入されたワークシートのセルB1の値をワークシート名に設定する
5	3行目に戻る
6	マクロを終了する

💡 使いこなしのヒント

各ワークシートの名前をセルB1の値に設定する

手順2ではブック内のすべてのシートの名前を各シートのセルB1の値にまとめて設定します。繰り返し処理の中では変数wsをワークシートとして扱えるので、繰り返しの処理の中で「ws.Name=ws.Range("B1").Value」と記述するだけです。

💡 使いこなしのヒント

手順2の実行後を確認しよう

手順2を実行すると、以下のようにセルB1の値が各シートの名前に設定されます。

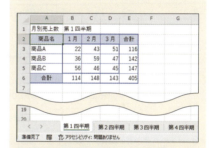

各ワークシートのセルB1の値がシート名に設定された

まとめ

同じ種類のオブジェクトに一気に処理が実行できる

For Each…Nextステートメントは、同じ種類のオブジェクトに対して、同じ処理を繰り返します。例えば、開いているブックをまとめて閉じたり、ブック内のすべてのシートに同じ値を設定したりと、複数のシートやブックに対して自動で同じ動作をすることができます。そのため、このステートメントを覚えると業務の効率化を一気に図れるでしょう。

レッスン 72 フォルダー内のブックのシートを 1つのブックにコピーするには

Dir関数 　　　**練習用ファイル** L72_Dir関数.xlsm

ここでは、「C:¥ExcelVBA¥Data」フォルダーにある、Excelブックを順番に開き、開いたブックのシートをマクロを実行しているブックにコピーする処理をします。フォルダー内のブックを検索するDir関数を使ってみましょう。

キーワード

関数	P.341
繰り返し処理	P.341
変数	P.344

1 フォルダー内の各シートを1つのブックにコピーする

●入力例

1	Sub フォルダー内ブックシートコピー()
2	[Tab] Dim fName As String
3	[Tab] fName = Dir("C:¥ExcelVBA¥Data¥*.xlsx")
4	[Tab] Do While fName <> ""
5	[Tab][Tab] Workbooks.Open "C:¥ExcelVBA¥Data¥" & fName
6	[Tab][Tab] Workbooks(fName).Worksheets(1).Copy _ [Tab][Tab][Tab] Before:=ThisWorkbook.Worksheets("Sheet1")
7	[Tab][Tab] Workbooks(fName).Close
8	[Tab][Tab] fName = Dir()
9	[Tab] Loop
10	End Sub

1	マクロ［フォルダー内ブックシートコピー］を開始する
2	文字列型の変数fNameを宣言する
3	ブック「C:¥ExcelVBA¥Data¥*.xlsx」を検索し、見つかったファイル名を変数fNameに代入する
4	変数fNameが「""」でない間以下の処理を繰り返す
5	ブック名「"C:¥ExcelVBA¥Data¥" & fName」ブックを開く
6	開いたfNameブックの1つ目のシートを、マクロを実行しているブックの［Sheet1］シートの前にコピーする
7	開いたブックfNameを閉じる
8	同じ条件で2つ目以降のファイルを検索し、見つかったファイルを変数fNameに代入する
9	4行目に戻って処理を繰り返す
10	マクロを終了する

使いこなしのヒント

ブックを順番に開いてコピーする

手順1では、「C:¥ExcelVBA¥Data」に保存されているExcelブックをDir関数で検索して順番に開き、各シートをマクロを実行しているブックの［Sheet1］シートの前にコピーして閉じています。

使いこなしのヒント

繰り返し処理とDir関数を組み合わせる

検索するブックはパスを含めて「C:¥ExcelVBA¥Data¥*.xlsx」と指定します。Excelブックに限定するのでファイルの指定はワイルドカード文字を使用しています。「fName = Dir("C:¥ExcelVBA¥Data¥*.xlsx")」とすると、見つかった場合は、変数fNameにファイル名（例：1月.xlsx）が代入されます。変数fNameはファイル名のみなので、ブックを開くときのパスを、「"C:¥ExcelVBA¥Data¥" & fName」と指定します。シートをコピーして、ブックを閉じたら、「fName=Dir()」として同じ設定で次のブックを検索し、見つかったらファイル名が変数fNameに代入され、見つからなかった場合は変数fNameに「""（長さ0の文字列）」が返ります。そのため、4行目で繰り返しの処理を「Do While fName<>""」として、fNameが見つかっている間、処理を繰り返し、「""」になったら繰り返しの処理を終了します。

このフォルダーに保存されている各ブックのシートをコピーしたい

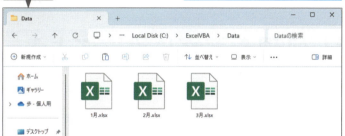

フォルダー内のブックが順番に開かれ、各ブックのシートがコピーされた

After

	A	B	C	D	E	F
1	日付	商品名	価格	数量	金額	
2	1月1日	卓上ライト	3,500	6	21,000	
3	1月2日	タブレットスタンド	2,500	12	30,000	
4	1月3日	Webカメラ	5,000	8	40,000	
5						
6						
20						

1月 2月 3月 Sheet1

	A	B	C	D	E	F
1	日付	商品名	価格	数量	金額	
2	2月1日	スピーカーフォン	13,000	4	52,000	
3	2月2日	PCスタンド	3,000	8	24,000	
4	2月3日	タブレットスタンド	2,500	10	25,000	
5						
6						
20						

1月 2月 3月 Sheet1

	A	B	C	D	E	F
1	日付	商品名	価格	数量	金額	
2	3月1日	タブレットスタンド	2,500	10	25,000	
3	3月2日	マイク付きイヤホン	4,500	4	18,000	
4	3月3日	Webカメラ	5,000	6	30,000	
5						
6						
20						

1月 2月 3月 Sheet1

使いこなしのヒント

「*.xlsx」の意味

「*.xlsx」は「.xlsx」で終わる文字列を意味しています。0文字以上の任意の文字列を表すワイルドカード文字「*」を使っているので、フォルダー内にあるいずれかのExcelブックを指定できます。

用語解説

Dir関数

フォルダー内のファイルを検索するには、Dir関数を使用します。引数PathNameは、検索したいファイル名を、パスも含めて指定します。ファイル名だけを検索した場合はカレントフォルダー内を検索します。ファイル名にはワイルドカード文字が使用できます。

ファイルが見つかった場合は、パスは含まずにファイル名だけが返ります。2回目以降の検索で引数を省略すると、同じ条件で検索し、見つかったファイル名が返ります。検索するファイルが見つからなかった場合は、「""（長さ0の文字列）」を返します。

なお、詳細はレッスン98を参照してください。

Dir([PathName])

まとめ　Dir関数の使い方を確認しよう

このレッスンでは、指定したフォルダー内にあるExcelブックを順番に開き、シートをコピーする処理を紹介しました。Dir関数を使って、指定したフォルダー内のExcelブックを検索する方法が新しく含まれています。それ以外の内容はすべて今までに紹介しています。Dir関数は、フォルダー内の複数のブックを扱いたいときに使う便利な関数です。第13章でも登場しますので、ここで使い方を覚えておきましょう。

この章のまとめ

条件分岐と繰り返し処理を実務に役立てよう

9章では、条件分岐と繰り返し処理を紹介しました。条件式の設定の仕方や、条件分岐の種類や仕組み、繰り返し処理の種類や仕組みを、それぞれ確認しておきましょう。
条件分岐と繰り返し処理は、VBAの中でももっとも重要です。いろいろな条件によって実行する処理を分けたり、条件を満たす間や指定する回数処理を繰り返したりと、さまざまな状況に合わせていろいろな処理ができます。ぜひマスターして、実務に役立てていきましょう。

条件分岐と繰り返し処理の組み合わせで実務に直結する処理ができる

難しかったですけど、フローチャートで図にすれば何とかわかる感じです。

この章はプログラミングの要素が強かったので、ちょっと難しかったかもしれません。でも条件分岐と繰り返し処理は、作業の自動化などに非常に役立ちます。頑張って覚えましょう。

Select Case、For Each Nextステートメントなども便利そうでした。

それです！ IfやLoopとの使い分けができると、処理がぐっとシンプルになりますよ。こちらのステートメントのほうがいいかな？ と思ったら、ぜひ試してみてください。

活用編

第10章

VBA関数を使ってみよう

VBAには、Excelで使うワークシート関数とは別にVBA用の関数が用意されています。VBA関数を使うと文字列を加工したり、日付や時刻を扱ったり、データの種類を調べたりできます。10章では、VBA関数について紹介します。

73	関数を使っていろいろな処理を行おう	226
74	VBA関数とは	228
75	日付や時刻を操作する関数を使うには	230
76	文字列を操作する関数を使うには	232
77	データの表示形式を変換する関数を使うには	234
78	データ型を操作する関数を使うには	236
79	ワークシート関数をVBAで使うには	238
80	オリジナルの関数を作成するには	240
81	西暦の日付から元号の年を求めるには	244

レッスン 73

Introduction この章で学ぶこと

関数を使っていろいろな処理を行おう

VBA専用に作られた関数を「VBA関数」といいます。VBA関数には、日付時刻や文字列操作、データ変換やファイル操作などを行える、多くの種類の関数が用意されています。VBA関数を使うと、いろいろな処理を効率的に行えるようになります。

VBA関数って何ですか？

この章は……VBA関数？
Excelの関数とは違うんですか？

いい質問ですね！　VBA関数はExcelの一般的な「ワークシート関数」とは似ているものもあるけど、基本的には違うものです。詳しく紹介しますよ。

データの変換・操作が自在にできる！

VBA関数には日付や時刻、文字列の操作をしたり、データの変換などを行うための関数が用意されています。Excelのワークシート関数とは構文が違うので覚えておきましょう。

●基本構文（関数）

関数名（[引数1],[引数2],[引数3],…）

| 説明 | 引数によって与えられたデータをもとに計算し、戻り値として結果を返す。[ ]で囲まれた引数は省略できる |

●戻り値を返す関数の例（CLng関数）

CLng(Expression)

| 引数 | Expression:変換する元データ |
| 説明 | 引数で指定されたデータを強制的に長整数型の数値に変換する |

ワークシート関数と記述方法が異なる

いつものExcelの関数を使うこともできる

Excelのワークシート関数に慣れている人にはこれもおすすめ。VBA関数の中で、ワークシート関数を使うこともできます！

合計のSum、平均のAverageが使えるんですね！よく使う関数なので嬉しいですー。

	A	B	C	D	E	F	G
1	売上販売数						
2	商品ID	商品名	販売数		合計	730	
3	S001	ビジネス靴	130		平均	182.5	
4	S002	パンプス	245				
5	S003	サンダル	144				
6	S004	ブーツ	211				
7							
8							

SumやAverageなどの関数をVBAから実行できる

オリジナルの関数も作れる！

そしてこれがVBAのすごいところ。なんと、自分が好きな操作を関数にしてワークシートで使うことができるんです！

さすがプログラミング言語！ ちょっと難しそうだけど、使い方を知りたいです！

	A	B	C	D	E
1		合格ライン	65		
2	NO	得点	合否		
3	1	86	=Gouhi(B3,C1)		
4	2	56			
5	3	65			
6					
7					

作成した関数をワークシート内で使える

レッスン 74 VBA関数とは

VBA関数　　**練習用ファイル** L74_関数テスト.xlsm

VBA関数とは、VBA内で使用するために用意されている関数で、Excelのワークシート関数とは異なります。VBA関数を使うと、データを加工したり、データを変換したりいろいろなことができます。ここでは、VBA関数の概要を説明します。

VBA関数とは

VBA関数は、VBAの中で使用できる関数です。関数は、引数を使って計算した結果を戻り値として返します。また、直接動作するものもあります。VBA関数は基本的に以下のような構文になり、指定すべき引数の数は関数の種類によって異なります。

●基本構文（関数）

関数名（[引数1],[引数2],[引数3],…）

説明	引数によって与えられたデータをもとに計算し、戻り値として結果を返す。[ ]で囲まれた引数は省略できる

●戻り値を返す関数の例（CLng関数）

CLng(Expression)

引数	Expression：変換する元データ
説明	引数で指定されたデータを強制的に長整数型の数値に変換する

●動作をする関数の例（MsgBox関数）

MsgBox Prompt

引数	Prompt：メッセージ文を指定する
説明	引数で指定された値をメッセージ表示する（一部の引数を省略。詳細はレッスン90を参照）

キーワード
VBA	P.340
関数	P.341
メッセージボックス	P.345

用語解説
戻り値

計算をした結果、返ってくる値のことを「戻り値」といいます。

使いこなしのヒント
引数の計算結果を戻り値として返す

CLng関数のように引数を()で囲んだ関数は、引数の計算結果を戻り値として返します。戻り値は変数やセルのValueプロパティに設定したり、関数やメソッドの引数にするなどして使用します。

使いこなしのヒント
動作をする関数とは

MsgBox関数のように直接動作する関数のこと。この場合は、引数は( )で囲みません。なお、MsgBox関数も引数の設定方法によって、戻り値を受け取ることがあります（レッスン90参照）。

1 VBA関数をテストする

●入力例

1	Sub 関数テスト()
2	[Tab] Range("A1").Value_=_CLng("¥1,000")
3	[Tab] MsgBox_"おはよう"
4	End_Sub

1	マクロ［関数テスト］を開始する
2	文字列「"¥1,000"」を長整数型の数値に変換し、セルA1に表示する
3	「おはよう」とメッセージ表示する
4	マクロを終了する

After

セルA1に「1000」と表示された、「おはよう」というメッセージが表示された

VBA関数とワークシート関数の違い

VBA関数にはワークシート関数と同じ名前で同じ機能を持つもの、名前が同じでも異なる機能を持つものの両方があります。そのため、ワークシート関数と同じように設定してもうまくいかないことがあります。ここでは、いくつかの例を表でまとめます。

●VBA関数とワークシート関数とで異なる関数

項目	例
同じ名前で機能が違う関数	関数名：DATE関数 VBA関数：現在のシステム日付を返す ワークシート関数：DATE(年,月,日)で指定した日付を表すシリアル値を返す
違う名前で機能が同じ関数	乱数を発生させる関数 VBA関数：Rnd関数 ワークシート関数：RAND関数
ワークシート関数のみの関数	SUM関数、SUMIF関数、MAX関数など
VBA関数にしかない関数	IsArray関数、Clng関数など

使いこなしのヒント
2種類の関数の結果を確認しよう

CLng関数は、引数で指定された文字列を強制的に長整数型の数値に変換して返すため、手順1では文字列「¥1,000」が長整数型に変換された結果、セルA1に1000と表示されています。また、3行目のMsgBox関数は、引数で指定された値「おはよう」をメッセージ文としてメッセージ表示します。

使いこなしのヒント
同じ名前で処理が違う関数がある

Round関数は、ワークシート関数にも同名のものがあります。どちらも四捨五入する関数ですが、VBAのRound関数は、銀行型の丸め処理を行うため、「.5」の結果が偶数になるように処理されます。例えば、「0.5」は「0」、「2.5」は「2」が返ります。

まとめ
VBA関数の概要を覚えておこう

VBA関数には、戻り値のあるものと動作をするものがあります。戻り値のある関数を使って、処理に必要なデータを作ったり、動作をする関数を使ってメッセージを表示したりできます。また、Excelのワークシート関数との違いも押さえておきましょう。

レッスン 75 日付や時刻を操作する関数を使うには

日付時刻関数　　**練習用ファイル** L75_日付時刻関数.xlsm

日付時刻関数は、現在の年、月、日を取り出したり、日付から年、月、日を取り出したりできます。また文字列の日付を日付データに変換することもできます。このレッスンでは、日付や時刻を扱う主な関数を紹介します。

キーワード

関数	P.341
セル参照	P.343
引数	P.344

日時を求めてデータを作成する

Date関数、Time関数、Now関数は、それぞれ現在の日付、時刻、日付と時刻を返します。また、文字列の日付を日付データに変換するには、DateValue関数を使います。その他、よく使われる関数を表でまとめています。あわせて確認してください。

●Date ／ Time ／ Now関数

Date
Time
Now

説明	それぞれ、現在の日付のシステム日付、現在のシステム時刻、現在のシステム日付と時刻を返す。引数をもたないため、（　）は不要

●DateSerial関数

DateSerial(Year, Month, Day)

引数	Year：年の数値を100 〜 9999の範囲で指定する／ Month：月の数値を1 〜 12の範囲で指定する／ Day：日の数値を1 〜 31の範囲で指定する
説明	Year、Month、Dayの3つのデータを組み合わせて日付データを作成する

●よく使用する日付時刻関数

関数	内容	例	結果
Year(Date)	日付から年を取り出す	Year(#3/20/2024#)	2024
Month(Date)	日付から月を取り出す	Month(#3/20/2024#)	3
Day(Date)	日付から日を取り出す	Day(#3/20/2024#)	20

使いこなしのヒント
範囲外の数値を指定すると日付が自動調整される

DateSerial関数は、引数Monthや引数Dayに範囲外の数値を指定すると、自動調整された日付になります。例えばDateSerial(2023,13,10)の場合、1か月後の「2024/01/10」が返り、DateSerial(2023,4,0)とすると、4月1日の前日に調整され「2023/3/31」と前月の末日が返ります。

使いこなしのヒント
文字列を日付データに変換するには

DateValue関数を使うと、文字列の日付を日付データに変換できます。例えば、DateValue("2024-5-20")の場合は、「2024/5/20」と日付データに変換された値が返ります。なお、文字列が日付に変換できない場合は、エラーになります。

●よく使用する日付時刻関数（続き）

関数	内容	例	結果
Hour(Time)	時刻から時を取り出す	Hour(#8:35:40 AM#)	8
Minute(Time)	時刻から分を取り出す	Second(#8:35:40 AM#)	35
Second(Time)	時刻から秒を取り出す	Second(#8:35:40 AM#)	40
DateValue(Date)	文字列を日付データに変換	DateValue("令和6年3月20日")	2024/03/20

1 現在の日時を求める

●入力例

1	Sub␣日付時刻関数()⏎
2	[Tab] Range("B3").Value␣=␣Date⏎
3	[Tab] Range("B4").Value␣=␣Time⏎
4	[Tab] Range("B5").Value␣=␣Now⏎
5	End␣Sub

1	マクロ［日付時刻関数］を開始する
2	セルB3に現在の日付を入力する
3	セルB4に現在の時刻を入力する
4	セルB5に現在の日時を入力する
5	マクロを終了する

Before

	A	B	C
1	予約者		
2	予約者名	田中　花子	
3	予約確定日		
4	予約時刻		
5	予約日時		
6			

「予約確定日」「予約時刻」「予約日時」を表示したい

After

	A	B	C
1	予約者		
2	予約者名	田中　花子	
3	予約確定日	2024/9/17	
4	予約時刻	4:52:34 PM	
5	予約日時	2024/9/17 16:52	
6			

セルB3に現在の日付が表示された、セルB4に現在の時刻が表示された、セルB5に現在の日時が表示された

使いこなしのヒント
現在の日時を取得する

手順1では、Date、Time、Now関数を使って現在の日時をセルに表示しています。引数がないため、（ ）を省略しています。

使いこなしのヒント
日付の戻り値の表示形式

Date関数、Time関数、DateSerial関数など、日付や時刻を返す関数は、パソコンの［日付と時刻の形式］に設定されている表示形式で表示されます（レッスン77のヒント参照）。なお、セルに表示する場合は、セルに設定されている形式で表示されます。

まとめ
日付や時刻をVBA関数で扱えるようにしよう

マクロの中で現在の日付や時刻を取得したいということはよく起こります。そのため、Date、Time、Now関数はよく使われます。それぞれの使い方を把握しておきましょう。また、DateSerial関数を使うと、年、月、日を組み合わせて日付データを作成できます。引数の指定方法によっては日付調整されることも覚えておきましょう。

レッスン 76 文字列を操作する関数を使うには

文字列関数　　**練習用ファイル** L76_文字列関数.xlsm

文字列関数には、文字列の中から部分的に文字を取り出したり、文字種を変換したりと、文字に関していろいろな処理ができるものがそろっています。このレッスンでは、部分的に文字を取り出す関数と文字列を扱う主な関数を紹介します。

キーワード

関数	P.341
セル参照	P.343
引数	P.344

指定セルから指定した文字列だけ取り出す

Left関数は、文字列の左から指定した文字数の文字を取り出します。Right関数は、文字列の右から指定した文字数を取り出します。Mid関数は、文字列の指定した文字位置から指定した文字数を取り出します。

使いこなしのヒント

引数Lengthが引数Stringの文字数より大きい場合は

Left関数、Right関数ともに、引数Lengthが引数Stringの文字数より大きい場合は、文字列全体を取り出します。

●Left関数
Left(String, Length)

引数	String：取り出す元となる文字列や変数を指定する。文字列は「""(ダブルクォーテーション)」で囲む／Length：取り出す文字数を指定する。「0」の場合、長さ0の文字列「""」を返す
説明	指定した文字列の左から引数Lengthで指定した文字数だけ文字を取り出す

使いこなしのヒント

Chr関数で制御文字を取得できる

Chr関数を使うと、タブや改行などの制御文字を取得できます。よく使用される制御文字とそれに対応する定数は下表の通りです。MsgBox関数で文字列を改行する場合は、「Chr(10)」「Chr(13)」「Chr(10)+Chr(13)」のいずれかを指定します。

●Chr関数で使用される制御文字

Chr関数	内容	定数
Chr(9)	タブ	vbTab
Chr(10)	ラインフィード	vbLf
Chr(13)	キャリッジリターン	vbCr
Chr(10)+Chr(13)	改行文字	vbCrLf

●Right関数
Right(String, Length)

引数	String：取り出す元となる文字列や変数を指定する。文字列は「""(ダブルクォーテーション)」で囲む／Length：取り出す文字数を指定する。「0」の場合、長さ0の文字列「""」を返す
説明	引数Stringで指定した文字列の右から引数Lengthで指定した数だけ文字を取り出す

●Mid関数
Mid(String, Start, [Length])

| 引数 | String：取り出す元となる文字列や変数を指定する。文字列は「""(ダブルクォーテーション)」で囲む／Start：引数Stringの何文字目から取り出すかを先頭文字の位置を数値で指定する／Length：取り出す文字数を指定する。「0」の場合、長さ0の文字列「""」を返す |

用語解説

ラインフィード

「次の行に移動」するよう命令する、制御文字のことです。

説明	引数Stringで指定した文字列の、引数Startで指定した位置から、引数Lengthで指定した数だけ文字を取り出す。引数Lengthを省略または、引数Stringの文字数より大きい場合は、引数Startから後ろのすべての文字列を取り出す

1 左から指定した文字列だけ取り出す

●入力例

1	Sub 文字列関数() ↵
2	[Tab] Range("B2").Value = Left(Range("A2"), 2) ↵
3	[Tab] Range("C2").Value = Mid(Range("A2"), 3, 3) ↵
4	[Tab] Range("D2").Value = Right(Range("A2"), 1) ↵
5	End Sub

1	マクロ［文字列関数］を開始する
2	セルB2にセルA2の文字列の左から2文字を入力する
3	セルC2にセルA2の文字列の3文字目から3文字を入力する
4	セルD2にセルA2の文字列の右から1文字を入力する
5	マクロを終了する

After: セルB2にセルA2の文字列の左から2文字、セルC2にセルA2の文字列の3文字目から3文字、セルD2にセルA2の文字列の右から1文字がそれぞれ表示された

	A	B	C	D	E	F
1	商品ID	分類1	分類2	分類3		
2	SW101H	SW	101	H		
3						

使いこなしのヒント
文字列を部分的に取り出す

手順1では、Left関数、Mid関数、Right関数を使ってセルA2に入力されている文字列から2文字、3文字、1文字と部分的に取り出しています。文字列を分割して必要な部分だけ取り出したいときにこれらの関数を使います。

まとめ
データ加工や検索などに幅広く使える

このレッスンでは、文字列の中から部分的に文字を取り出すLeft関数、Right関数、Mid関数を紹介しましたが、それ以外にもヒントで紹介したような、データ加工や変換、検索まで文字列を操作するさまざまな関数が豊富に用意されています。これらの関数は、表整形やデータの加工、検索などの処理を行うのに役立ちます。

使いこなしのヒント
その他の文字列関数

文字列関数には、その他にもたくさんの種類が用意されています。その一部を紹介します。

●よく使用する文字列操作関数

関数	内容	例	結果
Len(String)	文字数を数える（スペースも数える）	Len("Excel VBA")	9
RTrim(String)	文字列の末尾のスペースを削除する	RTrim(" Excel ")	" Excel"
Replace(Expression, Find, Replace)	文字列の中にある検索文字を置換文字に置換する	Replace("V B A", " ", "")	"VBA"
StrConv(String, Conversion)	文字列を指定した文字種に変換する	StrConv("A", vbLowerCase)	"a"
InStr([Start], String1, String2)	文字列の中から検索文字列が何文字目にあるかを返す	InStr(1,"PANDA","A")	2

レッスン 77 データの表示形式を変換する関数を使うには

表示形式変換　　**練習用ファイル** L77_表示書式変換.xlsm

YouTube動画で見る
詳細は2ページへ

ワークシートに文字列と日付を組み合わせた名前を付けたり、ブックを保存するときに数字とアルファベットを組み合わせたりするなど、表示形式を自分が使いたい形に変換するには、Format関数を使います。

データを指定した表示形式に変換する

Format関数を使うと、文字列、日付、数値をいろいろな表示書式に変換します。戻り値は文字列になります。Format関数の設定方法を確認しましょう。

●Format関数

Format(Expression, [Format])

引数	Expression：変換元となる値／ Format：表示形式を定義済み書式または、表示書式指定文字を使ったカスタム書式を文字列で指定する
説明	引数Expressionで指定したデータを、引数Formatで指定した表示書式に変換した文字列で返す

●主な定義済み書式

書式名	内容
General Number	指定された数値をそのまま表示する
Currency	通貨記号、桁区切りカンマ付きで「¥1,000」のように表示する
Standard	整数を最低1桁、小数を最低2桁で「10.00」のように表示する
Percent	数値を100倍、小数を2桁、%記号付で表示する。「0.25」は「25.00%」のように表示する
Long Date	長い形式の日付「2024年4月30日」のように表示する
Short Date	短い形式の日付「2024/04/30」のように表示する
Long Time	長い形式の時刻「14:35:00」のように表示する
Short Time	短い形式の時刻「14:35」のように表示する

※日付や時刻を表示書式に変換する場合、パソコンの［日付と時刻の形式］の設定によって変換結果が異なる

キーワード

イミディエイトウィンドウ	P.341
関数	P.341
引数	P.344

用語解説
表示書式指定文字

ユーザー定義の表示書式を指定するときに使用する文字。セルの表示形式を設定する書式指定文字とほぼ同じです（レッスン45参照）。

使いこなしのヒント
パソコンに設定されている［日付と時刻の形式］を表示するには

Windows11で［スタート］ボタンをクリックし、スタートメニューから［設定］をクリックして、［時刻と言語］の［言語と地域］をクリックします。一覧の中の［地域設定］をクリックすると表示されます。なお、［形式を変更］をクリックすると表示形式を変更できます。

使いこなしのヒント
ワークシート名に今日の日付を付けるには

ワークシート名に今日の日付をもとに「202404」（西暦4桁月2桁）の形式で名前を付けたい場合は、以下のように記述します。

```
Worksheets(1).Name = Format(Date, "yyyymm")
```

1 文字列、数値、日付を指定した表示形式に変換する

●入力例

1	Sub 書式変換()
2	[Tab] Debug.Print Format("ace", ">")
3	[Tab] Debug.Print Format(1500, "Currency")
4	[Tab] Debug.Print Format(Now, "Long Date")
5	[Tab] Debug.Print Format(Now, "yyyy-mm-dd")
6	End Sub

1	マクロ［書式変換］を開始する
2	文字列「ace」をカスタム書式「>」（大文字変換）で変換してイミディエイトウィンドウに書き出す
3	数値「1500」を定義済み書式「Currency」で変換してイミディエイトウィンドウに書き出す
4	現在の日時を定義済み書式「Long Date」で変換してイミディエイトウィンドウに書き出す
5	現在の日時をカスタム書式「yyyy-mm-dd」で変換してイミディエイトウィンドウに書き出す
6	マクロを終了する

After

指定した通りにイミディエイトウィンドウに表示された

使いこなしのヒント

イミディエイトウィンドウで表示結果を確認する

イミディエイトウィンドウは、［表示］メニューの［イミディエイトウィンドウ］をクリックして表示します。手順1では、Format関数でいろいろな値を指定した表示書式に変換して、イミディエイトウィンドウに結果を書き出しています。イミディエイトウィンドウは計算式の結果やプロパティの値を書き出すことができるウィンドウで、検証をするときに使います（レッスン97参照）。

使いこなしのヒント

イミディエイトウィンドウに計算結果を書き出すには

イミディエイトウィンドウに計算結果を書き出すには、以下の構文で指定します。

Debug.Print 値

使いこなしのヒント

結果をセルに表示した場合は日付や数値に変換される

Format関数の結果は文字列ですが、セルに書き出した場合、セルの値が日付や数値とExcelが判断すると、自動的に日付や数値に変換して表示します。変換できないものだけ文字列としてセルに表示されます。

まとめ 値を使いたい形式に変換しよう

Format関数は、日付や数値、文字列を、定義済み書式や、表示書式指定文字を使っていろいろな表示形式に変換した文字列を返します。結果はブック名やシート名によく使われます。この関数もVBAではよく使われますので、覚えておきましょう。

レッスン 78 データ型を操作する関数を使うには

データ型操作 | **練習用ファイル** なし

データ型には、文字列型、数値型、日付時刻型やオブジェクト型などいろいろなデータ型があります。このレッスンでは、データ型を調べる関数、データ型に変換する関数、オブジェクトや変数の種類を調べる関数の3つの種類の関数について紹介します。

値が数値や日付として扱えるかどうかを調べる

値が数値として扱えるかどうかを調べるにはIsNumeric関数を使い、日付として扱えるかどうかを調べるにはIsDate関数を使います。

●IsNumeric関数
IsNumeric(Expression)

引数	Expression：調べたいデータ
説明	引数Expressionで指定したデータが数値として扱える場合はTrue、扱えない場合はFalseが返る

●IsDate関数
IsDate(Expression)

引数	Expression：調べたいデータ
説明	引数Expressionで指定したデータが日付として扱える場合はTrue、扱えない場合はFalseが返る

●IsNumeric関数・IsDate関数の戻り値の例

IsNumeric関数	戻り値	IsDate関数	戻り値
IsNumeric("1000円")	False	IsDate("2023-4-30")	True
IsNumeric("¥1000")	True	IsDate("令和5年4月")	True
IsNumeric("10+20")	False	IsDate("1000")	False

文字列を数値や日付に変換するには

文字列を長整数型に変換するにはCLng関数、日付に変換するにはCDate関数を使います。

キーワード

関数	P.341
データ型	P.343
引数	P.344

使いこなしのヒント

数値として扱えないデータは？

スペースが含まれているデータや日付時刻データは数値として扱えません。

用語解説

データ型

データ型とは、VBAで扱うデータの種類のことです。主なデータ型は下表の通りです。詳細はレッスン25を参照してください。

●データ型の種類

データ型	内容
整数型（Integer）	−32,768 〜 32,767までの整数
長整数型（Long）	Integerでは保存できない大きな桁の整数
単精度浮動小数点数型（Single）	小数点を含む数値
倍精度浮動小数点数型（Double）	Singleよりも大きな桁の小数点を含む数値
通貨型（Currency）	15桁の整数部分と4桁の小数部分の数値
日付型（Date）	日付と時刻
文字列型（String）	文字列
ブール型（Boolean）	TrueまたはFalse
バリアント型（Varinat）	あらゆる種類の値
オブジェクト型（Object）	オブジェクトを参照するデータ型

●CLng関数
CLng(Expression)

引数	Expression：長整数型に変換したいデータ
説明	引数Expressionで指定したデータを長整数型の数値に変換する。小数が含まれる場合は、四捨五入される。小数部が「0.5」の場合は一番近い偶数に丸められる。例えば「0.5」は「0」、「2.5」は「2」に丸められる。また、数値以外のデータが指定された場合はエラーになる

●CDate関数
CDate(Expression)

引数	Expression：日付型に変換したいデータ
説明	引数Expressionで指定したデータを日付型のデータに変換する。数値を指定した場合はシリアル値とみなされ、整数部は日付、小数部は時刻に変換される。また、日付以外のデータが指定された場合はエラーになる

●CLng関数・CDate関数の戻り値の例

CLng関数	戻り値	CDate関数	戻り値
CLng("36.425")	36	CDate("2025-4-30")	2025/04/30
CLng("¥1000")	1000	CDate("令和7年4月")	2025/04/01

オブジェクトや変数の種類を調べるには

TypeName関数は、変数やオブジェクトの種類を調べます。例えば、バリアント型の変数に代入されているデータの種類を調べたり、オブジェクト変数にどのオブジェクトが代入されているか調べたりできます。次の処理に進む前のデータチェックのためによく使われます。

●TypeName関数
TypeName(VarName)

引数	VarName：種類を調べたい変数やオブジェクト
説明	引数VarNameは種類を調べたい変数やオブジェクト。引数VarNameで指定したデータの種類を文字列で返す。例えば、変数に代入されている値が「"VBA"」の場合は「"String"」が返る

●変数の種類を表す主な戻り値

戻り値	内容	戻り値	内容
Integer	整数型	Boolean	ブール型
Long	長整数型	String	文字列型
Date	日付型	Double	倍精度浮動小数点数型

使いこなしのヒント
日付として扱えないデータは?

「2023/4/30(日)」のような曜日を含む文字列や、「2023」や「令和5年」のような年だけの文字列は日付として扱えません。

使いこなしのヒント
TypeName関数でオブジェクトの種類を調べた場合は

引数VarNameにオブジェクト変数を指定した場合、変数に代入されているオブジェクトの種類を表す文字列を返します。例えば、ブックが代入されていれば「Workbook」を返し、セルが代入されていれば「Range」が返ります。何も代入されていなければ「Nothing」が返り、オブジェクトの種類が不明の場合は「UnKnown」が返ります。

使いこなしのヒント
バリアント型の変数に何も代入されていない場合は

引数VarNameにバリアント型の変数を指定した場合、変数に何も代入されていないと「Empty」を返します。

まとめ
データ型の変換や確認の方法を覚えておこう

このレッスンでは、値が数値や日付として扱えるかチェックする関数を紹介しました。IsDateのように「Is」で始まる関数は指定したデータとして扱えるかどうかのチェックを行い、CDateのように、「C」で始まる関数は、データ型を変換します。例えば、IsDate関数がTrueの場合、CDate関数で変換して使うことができます。またTypeName関数は、変数のデータの種類を調べるときに便利です。

レッスン 79 ワークシート関数をVBAで使うには

ワークシート関数の利用 | 練習用ファイル L79_ワークシート関数の利用.xlsm

VBA関数には、SUM関数のような合計を求める関数はありません。SUM関数以外にも、平均を求めるAVERAGE関数のような、ワークシート関数をマクロで使えると大変便利です。このレッスンでは、VBAでワークシート関数を使う方法を学習しましょう。

キーワード

関数	P.341
メソッド	P.345
ワークシート	P.345

VBAからワークシート関数を使うには

VBAからワークシート関数を使用するには、WorksheetFunctionオブジェクトのメソッドとしてワークシート関数を呼び出します。

●基本構文

WorksheetFunction.ワークシート関数名(引数)

説明	ワークシート関数名は、WorksheetFunctionオブジェクトのメソッドとして用意されている。引数は、指定したワークシート関数名の引数を設定する。なお、すべてのワークシート関数が使えるわけではない

●Sumメソッド

WorksheetFunctionオブジェクト.Sum(Arg1, [Arg2],…)

引数	Arg：値、セルまたはセル範囲を指定する。最大で30個まで指定できる
説明	引数Argで指定した数値を合計する。セルやセル範囲を指定する場合はRangeオブジェクトで指定する

●Averageメソッド

WorksheetFunctionオブジェクト.Average(Arg1, [Arg2],…)

引数	Arg：値、セルまたはセル範囲を指定する。最大で30個まで指定できる
説明	引数Argで指定した数値を平均する。セルやセル範囲を指定する場合はRangeオブジェクトで指定する

使いこなしのヒント

WorksheetFunctionオブジェクトを取得するには

WorksheetFunctionオブジェクトは、ApplicationオブジェクトのWorksheetFunctionプロパティで取得できます。通常はApplicationの記述は省略できるので、構文のように記述します。

時短ワザ

ワークシート関数は入力候補から選択できる

マクロ入力中に、「WorksheetFunction」と入力し、「.(ピリオド)」を入力すると、入力候補が表示され、使用できるワークシート関数の確認と選択ができます。

◆自動メンバー表示
使用できるワークシート関数の確認と選択ができる

1 ワークシート関数を使う

●入力例

1	Sub ワークシート関数の利用()
2	[Tab] Range("F2").Value = _ [Tab][Tab] WorksheetFunction.Sum(Range("C3:C6"))
3	[Tab] Range("F3").Value = _ [Tab][Tab] WorksheetFunction.Average(Range("C3:C6"))
4	End Sub

1	マクロ［ワークシート関数の利用］を開始する
2	セルF2にセル範囲C3〜C6の合計を入力する
3	セルF3にセル範囲C3〜C6の平均を入力する
4	マクロを終了する

Before

ワークシート関数を使って「合計」と「平均」を計算したい

	A	B	C	D	E	F	G
1	売上販売数						
2	商品ID	商品名	販売数		合計		
3	S001	ビジネス靴	130		平均		
4	S002	パンプス	245				
5	S003	サンダル	144				
6	S004	ブーツ	211				
7							
8							

↓

After

ワークシート関数により「合計」と「平均」が計算され、結果が表示された

	A	B	C	D	E	F	G
1	売上販売数						
2	商品ID	商品名	販売数		合計	730	
3	S001	ビジネス靴	130		平均	182.5	
4	S002	パンプス	245				
5	S003	サンダル	144				
6	S004	ブーツ	211				
7							
8							

使いこなしのヒント
VBA内でSUM関数とAVERAGE関数を使う

手順1では、セル範囲C3〜C6までの合計と平均を、ワークシート関数のSUM関数とAVERAGE関数を呼び出して求めました。ワークシート関数を使わない場合は、セル範囲C3〜C6で繰り返し処理をしながら変数に販売数を加算することになります。そのようなコードを記述することなく、簡単に合計や平均が求められます。

使いこなしのヒント
SUM関数とAVERAGE関数の書式

ワークシート関数のSUM関数とAVERAGE関数の書式は以下のようになります。引数の数値ではそれぞれ合計や平均を求めたい数値またはセル範囲を指定します。入力例で、VBAで使用する場合との違いを確認してください。

●SUM関数

=SUM(数値1, [数値2],…)

●入力例

=SUM(C3:C6)

●AVERAGE関数

＝AVERAGE(数値1, [数値2],…)

●入力例

=AVERAGE(C3:C6)

まとめ　ワークシート関数はメソッドとして使用する

ワークシート関数は、WorksheetFunctionオブジェクトのメソッドとして使用します。自動メンバーが表示されますので、一覧から使用したい関数を選択します。引数はExcelで使っているときと同じように指定します。ただし、セルを指定する場合は、Rangeオブジェクトで指定することを忘れないでください。ワークシート関数は、合計や平均などの計算をする場合にとても便利なのでぜひ活用してください。

レッスン 80 オリジナルの関数を作成するには

ユーザー定義関数 | **練習用ファイル** L80_ユーザー定義関数作成.xlsm

このレッスンではオリジナル関数の作り方を紹介します。オリジナルの関数を作るには、Functionプロシージャを使用します。Functionプロシージャは、処理の結果、戻り値を返します。

キーワード

Functionプロシージャ	P.340
関数	P.341
モジュール	P.345

ユーザー定義関数を作成する

Functionプロシージャは、戻り値を返すプロシージャです。この機能を利用してオリジナルの関数を作成してみましょう。

●基本構文

```
Function 関数名 (引数 As 引数のデータ型, …)
As 戻り値のデータ型
    処理
    関数名 = 戻り値
End Function
```

説明　関数名には、作成するオリジナルの関数名を指定する／引数には、結果の値を出すために必要な情報を必要な数だけ、「,(カンマ)」で区切って指定する／戻り値のデータ型には、関数の戻り値のデータ型を指定する／処理のあとには、「関数名 = 戻り値」として、処理の結果の値を関数名に代入する。この戻り値がFunctionプロシージャの戻り値となる

使いこなしのヒント

ユーザー定義関数の仕組み

ユーザー定義関数は、処理結果を返すFunctionプロシージャを標準モジュールに記述して作成します。Functionプロシージャのプロシージャ名がユーザー定義関数の関数名になります。プロシージャ内には、処理内容を記述し、その結果をプロシージャ名である関数名に代入して、ユーザー定義関数の戻り値にします。プロシージャ内の処理で使用したいデータは、引数を介して受け取ります。引数を複数指定する場合は、「,(カンマ)」で区切って（引数1 As データ型1, 引数2 As データ型2, …）という形で記述します。ユーザー定義関数の戻り値のデータ型は、引数の後に記述します。

1　Functionプロシージャを作成する

●入力例

1. `Function_Gouhi(Tokuten_As_Long,_`
   `[Tab][Tab][Tab] Goukaku_As_Long)_As_String`
2. `[Tab] If_Tokuten_>=_Goukaku_Then`
3. `[Tab][Tab] Gouhi_=_"合格"`
4. `[Tab] Else`
5. `[Tab][Tab] Gouhi_=_"不合格"`

使いこなしのヒント

引数のデータ型を省略した場合は

引数のデータ型を省略すると、Variant型とみなされます。

6	[Tab] End_If [↵]
7	End_Function

1	文字列型の結果を返すユーザー定義関数［Gouhi］を開始し、引数として整数型の「Tokuten」と「Goukaku」を設定する
2	引数Tokutenの値が引数Goukakuの値以上の場合（Ifステートメントの開始）
3	Gouhiに「合格」という文字列を代入し、Gouhi関数の戻り値にする
4	それ以外の場合
5	Gouhiに「不合格」という文字列を代入し、Gouhi関数の戻り値にする
6	Ifステートメントを終了する
7	ユーザー定義関数を終了する

2 ユーザー定義関数「Gouhi」を使用する

1	結果を表示するセル（ここではセルC3）に「=gouhi」と入力
2	関数の候補として表示された「Gouhi」を選択し[Tab]キーを押す

引数を指定する

3	第1引数にセルB3、第2引数にセルC1を絶対参照（C1）で指定して「=Gouhi(B3,C1)」と入力
4	[Enter]キーを押す

使いこなしのヒント

「合否」を表示するユーザー定義関数「Gouhi」を作成する

手順1では「得点」の数値が「合格ライン」の条件を満たしているかどうかで「合否」を表示するユーザー定義関数「Gouhi」を作成します。「Gouhi」の結果を求めるには、[得点]の点数と[合格ライン]の点数の2つが引数として必要になります。
関数[Gouhi]の戻り値は、「合格」または「不合格」とするため、データ型はStringにしています。
第1引数[Tokuten]は[得点]の値を指定するため、第2引数[Goukaku]は[合格ライン]の値を指定するためで、どちらも長整数型で指定します。

使いこなしのヒント

Functionプロシージャを標準モジュールに作成する

ユーザー定義関数ではFunctionプロシージャを標準モジュールに作成します（レッスン11参照）。手順1を参考に入力してください。なお、1行目は、紙幅の関係で「_」（行継続文字）を入力して改行していますが、改行せずに1行で記述しても問題ありません。

使いこなしのヒント

ユーザー定義関数はテストできる

イミディエイトウィンドウを表示してユーザー定義関数をテストできます。イミディエイトウィンドウで、「? Gouhi(81,65)」と入力し[Enter]キーで改行します。すると、[Gouhi]関数の戻り値が次の行に表示されます。

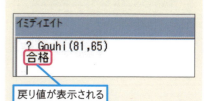

戻り値が表示される

●数式をコピーする

結果が表示された

	A	B	C	D	E	F
1		合格ライン	65			
2	NO	得点	合否			
3	1	86	合格			
4	2	56				
5	3	65				
6						

5 セルC3の数式をセルC5までドラッグしてコピーする

関数がコピーされ、それぞれの得点に対する合否が表示された

	A	B	C	D	E	F
1		合格ライン	65			
2	NO	得点	合否			
3	1	86	合格			
4	2	56	不合格			
5	3	65	合格			
6						

Before

	A	B	C
1		合格ライン	65
2	NO	得点	合否
3	1	86	
4	2	56	
5	3	65	
6			

「得点」の数値が「合格ライン」の条件を満たしているかどうかで「合否」を表示したい

After

	A	B	C
1		合格ライン	65
2	NO	得点	合否
3	1	86	合格
4	2	56	不合格
5	3	65	合格
6			

「得点」の数値によって「合否」が判断され、表示された

使いこなしのヒント
ユーザー定義関数も関数の候補として表示される

操作1で「=go」まで入力した段階で、自動メンバー表示によりユーザー定義関数が候補として絞り込まれます。

使いこなしのヒント
第2引数は絶対参照にする

セルC3に入力したGouhi関数は、セルC5までコピーするので、合格ラインのセルの参照を固定するために絶対参照にします。

まとめ 処理の流れを整理してから作成しよう

ユーザー定義関数を作成するときに、どのような結果が欲しいのか整理しておきましょう。結果として表示したい値は何かを明確にし、その結果を導き出すのにどのようなデータが必要かということを考えます。これが引数になります。引数のデータ型も決めたら、処理の流れを確認し、実際にFunctionプロシージャを作り始めましょう。

👍 スキルアップ

［関数の挿入］画面や［関数の引数］画面が使える

Excelの画面で［関数の挿入］ボタンをクリックして表示される［関数の挿入］画面で、［関数の種類］で［ユーザー定義］を選択すると、［関数名］に作成したユーザー定義関数が表示されます。選択して［OK］をクリックし、表示される画面で引数を設定したら、［OK］をクリックして関数を入力できます。

●［関数の挿入］画面を利用する

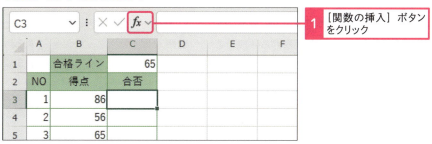

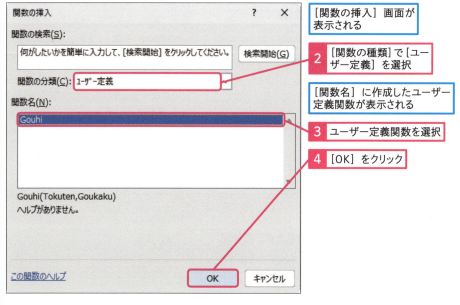

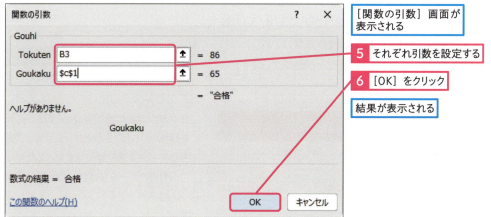

レッスン 81 西暦の日付から元号の年を求めるには

元号のユーザー定義関数　　**練習用ファイル** L81_元号のユーザー定義関数.xlsm

西暦の日付が元号の何年になるのかを調べるユーザー関数を作成しましょう。元号は明治～令和までに対応させています。少し長くなっていますが、1行ずつの行訳もありますので、確認しながら作成してみてください。

ユーザー定義関数「Gengo」を作成する

「日付」が元号（明治、大正、昭和、平成、令和）の何年に当たるのかを調べるユーザー定義関数「Gengo」を作成します。

●元号の期間を確認する

この関数が必要とするのは、日付とそれぞれの元号の期間です。元号の期間は下表のようになります。

元号	期間
令和	2019/5/1 ～
平成	1989/1/8 ～ 2019/4/30
昭和	1926/12/25 ～ 1989/1/7
大正	1912/7/30 ～ 1926/12/25
明治	1868/10/23 ～ 1912/7/30

それぞれの元号の初日以降が元号の切り替わりになります。日付がどの期間に含まれるのかを調べれば、元号を求めることができます。

●「日付」が元号何年に該当するか確認する

次に、その日付が元号の何年になるかは、「日付の西暦年－（元号の開始の西暦-1）」になります。例えば、日付が2023/4/30の場合、2019年が令和1年（元年）なので、日付の西暦（2023）から（2019-1）を引くと5となり、元号と一致することが確認できます。この規則をふまえて作成していきましょう。

1 Functionプロシージャを作成する

●入力例

1 Function Gengo(dt As Date) As String ↵
2 [Tab] Select Case dt ↵

キーワード

Functionプロシージャ	P.340
関数	P.341
ステートメント	P.342

用語解説

元号

元号とは、特定の年代に付けられる称号をいいます。日本では、例えば「明治」「大正」「昭和」「平成」「令和」という称号があります。また、元号とそれに続く年数で年を表現する方法を和暦といいます。ここで作成するユーザー定義関数「Gengo」は和暦を調べる関数といってもいいでしょう。

使いこなしのヒント

Gengo関数の引数と戻り値のデータ型

ユーザー定義関数「Gengo」では、元号を調べたい日付を引数とし、戻り値は「元号○年」の文字列が返ります。したがって引数dtのデータ型はDate型、戻り値のGengoのデータ型はString型で宣言します。

3	[Tab][Tab] Case Is >= #5/1/2019# ⏎
4	[Tab][Tab][Tab] Gengo = "令和" & year(dt) - 2018 & "年" ⏎
5	[Tab][Tab] Case Is >= #1/8/1989# ⏎
6	[Tab][Tab][Tab] Gengo = "平成" & year(dt) - 1988 & "年" ⏎
7	[Tab][Tab] Case Is >= #12/25/1926# ⏎
8	[Tab][Tab][Tab] Gengo = "昭和" & year(dt) - 1925 & "年" ⏎
9	[Tab][Tab] Case Is >= #7/30/1912# ⏎
10	[Tab][Tab][Tab] Gengo = "大正" & year(dt) - 1911 & "年" ⏎
11	[Tab][Tab] Case Is >= #10/23/1868# ⏎
12	[Tab][Tab][Tab] Gengo = "明治" & year(dt) - 1867 & "年" ⏎
13	[Tab] End Select ⏎
14	End Function

1	文字列型の結果を返すユーザー定義関数［Gengo］を開始し、引数として日付型の変数「dt」を設定する
2	引数dtの値について以下の処理を行う（Select Caseステートメントの開始）
3	引数dtが「2019/5/1」以降の場合
4	変数Gengoに「令和」と引数dtの年から2018を引いた値と「年」を連結した文字列を代入し、Gengo関数の戻り値とする
5	引数dtが「1989/1/8」以降の場合
6	変数Gengoに「平成」と引数dtの年から1988を引いた値と「年」を連結した文字列を代入し、Gengo関数の戻り値とする
7	引数dtが「1926/12/25」以降の場合
8	変数Gengoに「昭和」と引数dtの年から1925を引いた値と「年」を連結した文字列を代入し、Gengo関数の戻り値とする
9	引数dtが「1912/7/30」以降の場合
10	変数Gengoに「大正」と引数dtの年から1911を引いた値と「年」を連結した文字列を代入し、Gengo関数の戻り値とする
11	引数dtが「1868/10/23」以降の場合
12	変数Gengoに「明治」と引数dtの年から1867を引いた値と「年」を連結した文字列を代入し、Gengo関数の戻り値とする
13	Select Caseステートメントを終了する
14	ユーザー定義関数を終了する

使いこなしのヒント
ユーザー定義関数「Gengo」の詳細

手順1では、Date型の変数dtに元号を調べたい日付を引数とします。関数Gengoの戻り値はString型としています。変数dtをもとに場合分けをしますので、Select Caseステートメントを使い、それぞれの元号の開始日以上（より後の日付）かどうかをチェックします。変数dtが満たすCase句で「Gengo = "令和" & year(dt) - 2018 & "年"」のように、該当する元号の文字列と、元号の年を計算する式と「年」をつなぎ合わせて戻り値となります。実際に作業して確認してみてください。

使いこなしのヒント
ユーザー定義関数で「Gengo」を使用するには

レッスン80の手順2を参考に、結果を表示するセル（ここではセルB2）に「=Gengo(A2)」と入力したら、セルB3〜B6にコピーします。

まとめ
Select Caseステートメントを活用する

このレッスンでは、元号を調べるユーザー定義関数を作ってみました。調べたい日付を引数として、Select Caseステートメントで順番にどの期間（元号）に含まれるかを調べ、含まれる元号がわかったら、そのCase句にある元号の中の年を計算しています。また、日付を使用する場合は「#」で囲むことも確認しておきましょう。

Before — それぞれの日付が元号の何年にあたるか調べたい

	A	B	C
1	日付	元号	
2	1959/6/2		
3	1994/11/5		
4	2022/3/20		
5	1926/4/5		
6	1988/8/23		
7			

After — 対応する年号が表示できた

	A	B	C
1	日付	元号	
2	1959/6/2	昭和34年	
3	1994/11/5	平成6年	
4	2022/3/20	令和4年	
5	1926/4/5	大正15年	
6	1988/8/23	昭和63年	
7			

この章のまとめ

関数を使いこなしてデータ操作に役立てよう

10章では、VBA関数、VBAの中でワークシート関数を使う方法、ユーザー定義関数の作成と3種類の関数の学習をしましたが、いかがでしたでしょうか？ VBA関数では、日付を扱うもの、文字列を扱うもの、表示形式を扱うもの、データ型を扱うものを中心に説明しました。関数を使えば、いろいろな操作ができます。本書では、よく使われるものをピックアップしましたが、実際にはもっと多くの関数が用意されています。興味をもたれましたら、オンラインヘルプなどを参照して、活用してください。

よく使う関数から構文を覚えていこう

ワークシート関数ではできないことがいろいろできて、楽しかったです！

それは良かった！ この章では基本的なものだけ紹介しましたが、VBA関数は他にもたくさんあります。組み合わせることで、さらに複雑な処理もできるようになりますよ！

データ型がたくさんありすぎて、手強かったです……。

文字列、整数、通貨、日付などExcelの書式で馴染みのあるものから覚えていきましょう。よくわからないデータ型が出てきたら、レッスン25の表で確認するといいですよ。

活用編

第11章

並べ替えや抽出を使ってデータを操作しよう

11章では、大量のデータをVBAで操作する方法を紹介します。ここでは、データの並び順を変更したり、条件に一致するデータだけを絞り込んで表示したりする方法と、データの検索と置換、そしてテーブルを使ったデータの操作を紹介します。

82	データベースを操作する方法を学ぼう	248
83	データを並べ替えるには	250
84	データを抽出するには	252
85	データを検索するには	256
86	データを置換するには	260
87	テーブルを操作するには	262
88	支店別のデータを別シートにコピーするには	264

レッスン 82

Introduction この章で学ぶこと

データベースを操作する方法を学ぼう

この章では並べ替えと抽出、検索と置換、そしてテーブルの操作を紹介します。これらは、データベースを活用するために必要となります。瞬時に目的のデータを取り出すことができるように、しっかり学んでいきましょう。

データベースを自在に操作できる！

内容がだんだん複雑になってきましたね。この章では何を学びますか？

この章ではいよいよ、データベースを操作する方法を紹介します。普段はExcelの画面上でやっていることと同じなので、操作内容をイメージしながら進めていきましょう。

オートフィルター機能が使える

最初はデータの並べ替え、抽出から紹介します。Excelの機能では「オートフィルター」がこれにあたります。データベース形式の表を使うところがポイントです。

データの並べ替え、抽出が一瞬でできる

データの検索・置換も実行できる

そしてこれもよく使う機能。Excelの「検索と置換」もVBAで操作できます。ここでは一歩進んで、検索結果を別のセルに記入する方法を紹介しますよ。

大量のデータから抽出したいときに便利ですね！使い道がいろいろありそうです。

	A	B	C	D	E	F	G
1	スキルアップ講座受講希望者						
2							
3	社員NO	氏名	部署		部署	経理部	
4	182210	杉山　こずえ	経理部				
5	193147	林田　健介	総務部		検索結果	杉山　こずえ	
6	202188	藤森　克則	開発部				
7	213078	川口　七海	経理部				
8	225896	安藤　杏子	営業部				
9	231478	松田　忍	開発部				
10	232677	渡辺　洋治	営業部				

検索結果を別のセルに表示できる

テーブルの操作も簡単にできる

もう1つ、便利なマクロも紹介しますね。表がテーブルになっているときは、それを活かした操作ができるんです♪

これ、イメージしやすいです！ オートフィルター機能と一緒に覚えたいですー。

	A	B	C	D	E	F
1						
2	NO	氏名	年齢	性別	都道府県	
5	7	稲村　信之	46	男	東京都	
7	3	木村　順平	48	男	東京都	
9	5	佐藤　奈津美	52	女	東京都	
10						
11						

テーブルを操作するマクロも作成できる

レッスン 83 データを並べ替えるには

| データの並べ替え | 練習用ファイル | L83_並べ替え.xlsm |

データの並び順を変更すると、同じ種類のデータを表内でまとめて表示できたり、50音順で並べ替えたりできます。このレッスンでは、比較的簡単でわかりやすい、Sortメソッドを使った並べ替えの方法を紹介します。

データを大きい順、小さい順に並べ替える

データを並べ替えるには、Sortメソッドを使います。Sortメソッドでは、並べ替えの条件を最大3つまで指定できます。

●Sortメソッド

Rangeオブジェクト.Sort([Key1], [Order1], [Key2], [Order2], [Key3], [Order3], [Header])

| 引数 | Key1：最優先で並べ替える列をRangeオブジェクトまたはフィールド名で指定する。Key2、Key3には、2番目、3番目の並べ替える列を指定する／Order1：Key1で指定した列の並べ替え順を定数で指定する（下表参照）。Order2はKey2、Order3はKey3の並べ替え順を指定する／Header：1行目を見出し行とするかどうかを定数で指定する（下表参照） |
| 説明 | Rangeオブジェクトは、並べ替える表内の単一セルを指定した場合は、そのセルを含むアクティブセル領域が並べ替えの対象となる。セル範囲を指定した場合は、そのセル範囲内で並べ替えされる。ここでは一部の引数を省略している |

●引数Orderの設定値

定数	内容
xlAscending	昇順（既定値）
xlDescending	降順

●引数Headerの設定値

定数	内容
xlGuess	Excelに自動判断させる
xlYes	先頭行を見出し行にする
xlNO	先頭行を見出し行にしない（既定値）

キーワード

引数	P.344
列	P.345
列番号	P.345

使いこなしのヒント
データベース形式の表を用意しておく

データベース形式の表とは、1行目に見出し行、2行目以降にデータが集められている形式の表です。このとき、1行で1件分のデータになるように見出しを用意しておきます。また、[NO]列のような連番の列を用意しておき、並べ替えを最初の状態に戻せるようにしておきます。

用語解説
昇順、降順

昇順は数値の小さい順、日付の古い順、英字のアルファベット順、ひらがなを五十音順に並べることです。降順はその逆になります。漢字の場合は、セルに入力するときに漢字変換の読みの情報がふりがなとしてセルに記憶されています。既定では、そのふりがな情報をもとに五十音順に並べ替えられます。

使いこなしのヒント
ふりがな情報を追加するには

他のソフトで作成されたデータをExcelに取り込んでいる場合は、ふりがな情報をもちません。そのような場合は、ふりがなを設定したいセル範囲に対して、SetPhoneticメソッドを使って設定できます（レッスン50参照）。

1 支店を昇順、売上を降順に並べ替える

●入力例

1. `Sub 並べ替え()`
2. `Range("A3").Sort _`
   `Key1:=Range("B3"), Order1:=xlAscending, _`
   `Key2:=Range("D3"), Order2:=xlDescending, _`
   `Header:=xlYes`
3. `End Sub`

1	マクロ［並べ替え］を開始する
2	セルA3を含む表について、先頭行を見出しにしてセルB3の列を昇順、セルD3の列を降順にして並べ替える
3	マクロを終了する

Before

支店名ごとに金額の降順で並び替えたい

	A	B	C	D	E	F
1	売上表					
2						
3	NO	支店名	商品名	金額		
4	1	渋谷	卓上ライト	42,000		
5	2	池袋	Webカメラ	35,000		
6	3	渋谷	タブレットスタンド	60,000		
7	4	新宿	PCスタンド	45,000		
8	5	渋谷	マイク付きイヤホン	40,500		
9	6	新宿	タブレットスタンド	25,000		
10	7	池袋	PCスタンド	54,000		
11	8	渋谷	Webカメラ	55,000		

After

昇順で支店名が並び替えられ、さらに金額の降順で並び替えられた

	A	B	C	D	E	F
1	売上表					
2						
3	NO	支店名	商品名	金額		
4	7	池袋	PCスタンド	54,000		
5	2	池袋	Webカメラ	35,000		
6	3	渋谷	タブレットスタンド	60,000		
7	8	渋谷	Webカメラ	55,000		
8	1	渋谷	卓上ライト	42,000		
9	5	渋谷	マイク付きイヤホン	40,500		
10	4	新宿	PCスタンド	45,000		
11	6	新宿	タブレットスタンド	25,000		

使いこなしのヒント
支店名ごと金額ごとに並べ替える

手順1では引数Key1を最優先で並べ替えるので、Range("B3")（支店名）を指定し、引数Key2でRange("D3")（金額）と指定しています。

使いこなしのヒント
並べ替えを元に戻すには

並べ替えの直後であれば、Ctrl+Zキーまたは、[元に戻す]ボタンで戻すことができます。[NO]列があれば、2行目を以下のように記述してNO順で並べ替えます。

1. `Sub NO順並べ替え()`
2. `Range("A3").Sort _`
   `Key1:=Range("A3"), _`
   `Order1:=xlAscending, _`
   `Header:=xlYes`
3. `End Sub`

まとめ
データを並べ替えて表の見た目を整える

データを並べ替えると、表のデータがNO順になったり、50音順になったりと、見たい並び順に整えることができます。Sortメソッドは、引数Keyで並べ替えの列を指定し、引数Orderで並べ替えの順番を指定するだけなので、とてもシンプルに使用できます。また、セル範囲を指定すれば並べ替える範囲を限定できることも覚えておきましょう。

レッスン 84 データを抽出するには

データの抽出 | **練習用ファイル** 手順見出しを参照

表の中から必要なデータを表示したい場合は、データを抽出します。このレッスンではオートフィルターの機能を使って抽出する方法を紹介します。オートフィルターの機能を使うと「○○を含む」、「○以上○未満」、「ベスト3」のような抽出ができます。

キーワード

オートフィルター	P.341
比較演算子	P.343
引数	P.344

オートフィルターでデータを抽出する

オートフィルターを使用するには、AutoFilterメソッドを使います。

●AutoFilterメソッド

Rangeオブジェクト.**AutoFilter**(**[Field]**, **[Criteria1]**, **[Operator]**, **[Criteria2]**, **[VisibleDropDown]**)

引数	Field：条件を設定する列を番号で指定する。左端から1、2、3と数える／Criteria1：1つ目の抽出条件となる文字列を指定する／Operator：抽出条件の種類を定数で指定する(下表参照)／Criteria2：2つ目の抽出条件となる文字列を指定する。引数Criteria1との関係を引数Operatorで指定して複合条件を設定する／VisibleDropDown:Trueまたは省略時はオートフィルターのドロップダウン矢印を表示し、Falseの場合は表示しない
説明	Rangeオブジェクトは、抽出元となる表内の単一セルを指定した場合は、そのセルを含むアクティブセル領域が対象となり、セル範囲を指定した場合は、そのセル範囲内で抽出される

●引数Operatorの主な設定値

定数	内容
xlAnd	Criteria1かつCriteria2
xlOr	Criteria1またはCriteria2
xlTop10Items	上位からCriteria1で指定した項目数
xlBottom10Items	下位からCriteria1で指定した項目数
xlTop10Percent	上位からCriteria1で指定した割合
xlBottom10Percent	下位からCriteria1で指定した割合
xlFilterCellColor	セルの色
xlFilterFontColor	フォントの色
xlFliterValues	フィルターの値

使いこなしのヒント

オートフィルターの機能

Excelでオートフィルターを使用するには、[データ]タブの[フィルター]をクリックして表の見出しに▼ボタンを表示し、抽出したい列の▼ボタンをクリックして、表示したい項目にチェックを付け、[OK]ボタンをクリックします。

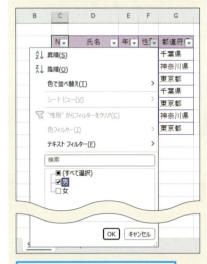

表示したい項目にチェックを付ける

用語解説

オートフィルター

表の並べ替えや抽出を行うExcelの機能のこと。

● 引数Criteriaに設定する抽出条件の例

抽出条件	記述例	抽出条件	記述例
Aと等しい	"A"	10に等しい	"=10"
Aではない	"<>A"	10に等しくない	"<>10"
Aを含む	"*A*"	10より大きい	">10"
Aを含まない	"<>*A*"	10以上	">=10"
空白セル	"="	10より小さい	"<10"
空白以外のセル	"<>"	10以下	"<=10"

1 1つの条件で抽出する

L84_データ抽出1.xlsm

● 入力例

1	Sub␣抽出1() ↵
2	[Tab] Range("A2").AutoFilter␣Field:=4,␣Criteria1:="男" ↵
3	End␣Sub

1	マクロ［抽出1］を開始する
2	セルA2を含むアクティブセル領域に対し、4列目の抽出条件を「男」としてオートフィルターを実行する
3	マクロを終了する

Before — 男性のデータだけを抽出したい

	A	B	C	D	E	F	G
1							
2	NO	氏名	年齢	性別	都道府県		
3	1	松崎　健介	32	男	千葉県		
4	2	田中　聡美	26	女	神奈川県		
5	3	木村　順平	48	男	東京都		
6	4	鈴木　紀子	30	女	千葉県		
7	5	佐藤　奈津美	52	女	東京都		
8	6	飯田　真矢	22	男	神奈川県		
9	7	稲村　信之	46	男	東京都		

↓

After — 「性別」が「男」のデータだけを抽出できた

	A	B	C	D	E	F	G
1							
2	N	氏名	年齢	性別	都道府		
3	1	松崎　健介	32	男	千葉県		
5	3	木村　順平	48	男	東京都		
8	6	飯田　真矢	22	男	神奈川県		
9	7	稲村　信之	46	男	東京都		

使いこなしのヒント
男性のみ抽出する

手順1では男性のみ抽出しています。［性別］列は4列目なので、Fieldは「4」を指定し、Criteria1に「"男"」と指定します。

使いこなしのヒント
特定の言葉を含むデータを抽出する

特定の言葉を含むデータを抽出する場合は、0以上の任意の文字の代用である「＊（アスタリスク）」を使って、Criteria1に指定します。例えば、「「田」を含む」の場合は、「"*田*"」と指定します。

1	Sub␣抽出4() ↵
2	[Tab] Range("A2").AutoFilter␣Field:=2,␣Criteria1:="*田*" ↵
3	End Sub

	A	B	C	D	E
1					
2	N	氏名	年	性	都道府
4	2	田中　聡美	26	女	神奈川県
8	6	飯田　真矢	22	男	神奈川県
10					

「田」を含むデータが抽出された

ここに注意

オートフィルターが実行され、データが抽出されている状態で別のオートフィルターを実行すると、現在の抽出状態に対して抽出が実行されます。抽出条件を変更するときは、いったんオートフィルターを解除してから実行してください。

2 同じ列内で抽出する

L84_データ抽出2.xlsm

●入力例

1	Sub_抽出2()↵
2	[Tab] Range("A2").AutoFilter_Field:=3,_Criteria1:=">=30",_ _↵ [Tab][Tab] Operator:=xlAnd,_Criteria2:="<50"↵
3	End_Sub

1	マクロ［抽出2］を開始する
2	セルA2を含むアクティブセル領域に対し、3列目の抽出条件を「30以上」かつ「50未満」としてオートフィルターを実行する
3	マクロを終了する

After 「年齢」が30以上50未満のデータだけを抽出できた

	A	B	C	D	E	F
1						
2	N▼	氏名 ▼	年▼	性▼	都道府▼	
3	1	松崎　健介	32	男	千葉県	
5	3	木村　順平	48	男	東京都	
6	4	鈴木　紀子	30	女	千葉県	
9	7	稲村　信之	46	男	東京都	
10						

3 異なる列内で抽出する

L84_データ抽出3.xlsm

●入力例

1	Sub_抽出3()↵
2	[Tab] Range("A2").AutoFilter_Field:=4,_Criteria1:="男"↵
3	[Tab] Range("A2").AutoFilter_Field:=5,_Criteria1:="東京都"↵
4	End_Sub

1	マクロ［抽出3］を開始する
2	セルA2を含むアクティブセル領域に対し、4列目の抽出条件を「男」としてオートフィルターを実行する
3	セルA2を含むアクティブセル領域に対し、5列目の抽出条件を「東京都」としてオートフィルターを実行する
4	マクロを終了する

💡 使いこなしのヒント
年齢が30～40代の人を抽出する

年齢の中で「30以上、かつ50未満」という条件が「30～40代」という条件になります。そのため、手順2では、Criteria1が「">=30"」、Operetorが「xlAnd」、Criteria2が「"<50"」と設定します。

💡 使いこなしのヒント
1列の中で3つ以上の条件を設定したい場合は

1列の中で3つ以上の条件を設定するには、Criteria1でArray関数を使い、引数に条件式を設定してリストにします。OperatorをxlFilterValuesに設定します。以下の例は「年齢が32または48または22」という意味になります。

1	Sub_抽出5()↵
2	[Tab] Range("A2").AutoFilter_Field:=3,_↵ [Tab] Criteria1:=Array("32",_"48",_"22"),_ _↵ [Tab] Operator:=xlFilterValues↵
3	End_Sub

💡 使いこなしのヒント
男性で東京都の人を抽出する

異なる列で条件を設定する場合は、すべての列の条件を満たすデータが抽出されます。手順3では、男性で抽出し、続けて東京都で抽出しているので、両方を満たす男性で東京都の人だけが抽出されます。

After 「性別」が「男」でかつ「都道府県」が「東京都」のデータだけが抽出された

💡 使いこなしのヒント
オートフィルターを解除する

オートフィルターを解除するには、手順4のようにWorksheetオブジェクトのAutoFilterModeプロパティにFalseを設定します。Rangeオブジェクトではないところに注意してください。

4 抽出を解除する
L84_データ抽出4.xlsm

●入力例

1	Sub 抽出解除()
2	[Tab] ActiveSheet.AutoFilterMode = False
3	End Sub

1	マクロ［抽出解除］を開始する
2	アクティブシートのフィルターモードを解除する
3	マクロを終了する

After 抽出が解除され、すべてのデータが表示された

💡 使いこなしのヒント
その他の抽出解除の方法を覚えよう

抽出解除のその他の方法には、引数を指定しないでAutoFilterメソッドを実行します。この場合は条件がないということになり、全データが表示されます。

1	Sub 抽出解除2()
2	[Tab] Range("A3").AutoFilter
3	End Sub

まとめ オートフィルターで必要なデータを抽出しよう

AutoFilterメソッドを使うと、条件式の設定の仕方次第でいろいろな抽出ができます。引数Criteria1やCriteria2では、文字列で条件を指定するため、「"(ダブルクオーテーション)」で囲むことを忘れないでください。また、抽出されている状態で、続けて抽出すると、現在の抽出データが対象となります。これを防ぐには、Autofilterメソッドの前の行で、抽出を解除するコードを入れておくといいでしょう。

レッスン 85 データを検索するには

データの検索 | **練習用ファイル** 手順見出しを参照

表の中から特定のデータを検索するには、Findメソッドを使います。Findメソッドには多くの引数があるため、詳細な設定で検索できます。また、同じ条件で続けて検索するには、FindNextメソッドを使います。このレッスンではこの2つのメソッドを紹介します。

キーワード
繰り返し処理	P.341
引数	P.344
変数	P.344

ここに注意
引数LookIn、LookAt、SearchOrder、MatchByteの設定は、Findメソッドを実行するたびに保存され、[検索と置換] 画面に反映されます。これらの引数を省略した場合は、[検索と置換] 画面に保存されている内容で検索が実行されます。

指定したデータを含むセルを検索する

Findメソッドは、セル範囲の中で、引数で指定した条件で検索し、見つかったセルを参照するRangeオブジェクトを返し、見つからなかった場合は、Nothingを返します。そのため、Findメソッドの結果をRange型の変数に代入して変数を見つかったセルとして処理します。

●Findメソッド

Rangeオブジェクト.**Find**(**What**, [**After**], [**LookIn**], [**LookAt**], [**SearchOrder**], [**SearchDirection**], [**MatchCase**], [**MatchByte**], [**SearchFormat**])

引数	What：検索する値を指定する／After：検索範囲内の単一のセルを指定する。指定したセルの次のセルから検索が開始される。指定したセルは最後に検索される。省略した場合は、検索範囲の左上端セルの次のセルから検索が開始される／LookIn：検索対象（数式・値・コメント）を定数で指定する（下表参照）／LookAt：検索方法（完全一致・部分一致）を定数で指定する（下表参照）
説明	セル範囲の中を、設定した条件に従ってデータを検索し、見つかったセルを参照するRangeオブジェクトを返す。見つからなかった場合は「Nothing」を返す。ここでは、使用例で使用している引数のみ解説している

●引数LookInの設定値

定数	内容
xlFormulas	数式
xlValues	値
xlComments	コメント

使いこなしのヒント

[検索と置換] の [検索] タブの設定項目に対応している

Findメソッドの引数は、[ホーム] タブの [検索と置換] の [検索] をクリックして表示される [検索と置換] 画面の [検索] タブに対応しています。

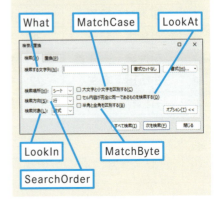

●引数LookAtの設定値

定数	内容
xlWhole	完全一致
xlPart	部分一致

1 指定した値のセルを検索する L85_検索1.xlsm

●入力例

1	Sub 検索()
2	[Tab] Dim rng As Range
3	[Tab] Set rng = Range("C3:C10").Find _ [Tab][Tab] (What:=Range("F3").Value, _ [Tab][Tab] LookIn:=xlValues, Lookat:=xlWhole)
4	[Tab] If Not rng Is Nothing Then
5	[Tab][Tab] Range("F5").Value = rng.Offset(,-1).Value
6	[Tab] Else
7	[Tab][Tab] MsgBox "該当者なし"
8	[Tab] End If
9	End Sub

1	マクロ［検索］を開始する
2	Range型の変数rngを宣言する
3	セル範囲C3〜C10の中で、セルF3の値を、完全一致で検索し、見つかったセルを変数rngに代入する
4	もし、変数rngがNothingではない（セルが見つかっている）場合（Ifステートメントの開始）
5	セルF5に変数rngの1つ左のセルの値を入力する
6	そうでない場合は
7	「該当者なし」とメッセージ表示する
8	Ifステートメントを終了する
9	マクロを終了する

使いこなしのヒント

Findメソッドと条件分岐を組み合わせる

手順1では、「経理部」のセルを検索し、最初に見つかった経理部の人の名前をセルF5に入力しています。

Findメソッドの結果、変数rngにRangeオブジェクトが代入されているかどうかを、条件分岐で判定しています。この判定式が、4行目の「Not rng Is Nothing」で、「変数rngにオブジェクトが代入されていれば」ということになります。ここでは、「経理部」のセルが見つかったので、変数rngには最初に見つかったセルC4が格納されています。そのセルの1つ左「rng.Offset(,-1)」のセルの値をF5に記入して処理を終了しています。もし見つからなかった場合は「該当者なし」とメッセージ表示されます。試しに「人事部」とF3に入力して実行してみてください。

使いこなしのヒント

「Not rng Is Nothing」の意味は?

「変数rngがNotingではない場合」つまり、変数rngにオブジェクトが代入されているということを意味しています。これは、Is演算子を使ったオブジェクト同士を比較する条件式です（レッスン66参照）。

After

「部署」が「経理部」の人の中で最初に見つかった人が検索され、表示された

	A	B	C	D	E	F	G
1	スキルアップ講座受講希望者						
2							
3	社員NO	氏名	部署		部署	経理部	
4	182210	杉山 こずえ	経理部				
5	193147	林田 健介	総務部		検索結果	杉山 こずえ	
6	202188	藤森 克則	開発部				
7	213078	川口 七海	経理部				
8	225896	安藤 杏子	営業部				
9	231478	松田 忍	開発部				
10	232677	渡辺 洋治	営業部				

引き続きセルを検索する

FindNextメソッドは、Findメソッドで設定した検索条件で引き続き検索を実行します。引数Afterで指定したセルの次のセルから検索を再開し、検索内容の含まれているセルを参照するRangeオブジェクトを返します。

●FindNextメソッド

Rangeオブジェクト.FindNext([After])

引数	After：検索範囲内の単一のセルを指定する。指定したセルの次のセルから検索が開始され、指定したセルは最後に検索される。省略時は、検索範囲内の左上のセルの次のセルから検索が開始される
説明	セル範囲の中を、設定した条件に従ってデータを検索し、見つかったセルを参照するRangeオブジェクトを返す。見つからなかった場合は「Nothing」を返す。

2 同じ条件で続けてセルを検索する　L85_検索2.xlsm

●入力例

```
1  Sub 連続して検索()
2      Dim rng As Range, ad As String, i As Long
3      Set rng = Range("C3:C10").Find( _
             What:=Range("F3").Value, _
             LookIn:=xlValues, Lookat:=xlWhole)
4      If Not rng Is Nothing Then
5          ad = rng.Address
6          i = 5
7          Do
```

💡 使いこなしのヒント

FindNextメソッドで繰り返し検索する

手順2では、同じ条件「経理部」のセルを探して、次に見つかった経理部の人の名前を書き出しています。

同じ条件で繰り返すまでに、5行目で最初に見つかった（経理部）のセルのセル番地を変数adに代入して最初の場所を記憶しておきます。変数i=5は、名前を入力するF列で5行目の行番号を繰り返しの初期値として指定します。あとで条件判定をするDo…LoopUntilループで、最初に見つかった人の名前を書き出します。

9行目で次の検索が始まります。変数rngに、FindNextメソッドで同じ条件で変数rngのセルの次から検索を再開し、見つかったセルを変数rngに代入しています。ここで見つかっていれば、繰り返しの条件「変数rngのセル番地は最初に見つかったセルのセル番地と等しい」を満たさないので、繰り返しの処理を続けます。変数adのセルは最後に検索されるので、変数rngのセル番地と等しくなったとき、検索がセル範囲を1周したということになり、繰り返しの処理が終了します。

8	`Tab` `Tab` `Tab` Cells(i, "F").Value = rng.Offset(, -1).Value ↵
9	`Tab` `Tab` `Tab` Set rng = Range("C3:C10").FindNext(After:=rng) ↵
10	`Tab` `Tab` `Tab` i = i + 1 ↵
11	`Tab` `Tab` Loop Until rng.Address = ad ↵
12	`Tab` Else ↵
13	`Tab` `Tab` MsgBox "該当者なし" ↵
14	`Tab` End If ↵
15	End Sub

1	マクロ［連続して検索］を開始する
2	Range型の変数rngと文字列型の変数adと長整数型の変数iを宣言する
3	セル範囲C3～C10の中で、セルF3の値を、完全一致で検索し、見つかったセルを変数rngに代入する
4	もし、変数rngがNothingではない（セルが見つかっている）場合（Ifステートメントの開始）
5	変数adに変数rngのセル番地を代入する（最初に見つかったセルを保存するため）
6	変数iに5を代入（名前の入力欄が5行目にあるため）
7	繰り返し処理Doステートメントを開始する（少なくとも1回は繰り返し処理をする）
8	i行F列のセルに、変数rngの1つ左のセルの値を入力する
9	変数rngにセル範囲C3～C10で変数rngの次のセルから同じ条件で検索を続行する
10	変数iに1を加算する
11	最初に見つかったセルadと同じセル番地を持つセルが見つかるまで上の処理を繰り返す
12	そうでない場合は
13	「該当者なし」とメッセージ表示する
14	Ifステートメントを終了する
15	マクロを終了する

After 「部署」が「経理部」の人すべてが検索され、表示された

	A	B	C	D	E	F	G	H
1	スキルアップ講座受講希望者							
2								
3	社員NO	氏名	部署		部署	経理部		
4	182210	杉山 こずえ	経理部					
5	193147	林田 健介	総務部		検索結果	杉山 こずえ		
6	202188	藤森 克則	開発部			川口 七海		
7	213078	川口 七海	経理部					
8	225896	安藤 杏子	営業部					
9	231478	松田 忍	開発部					
10	232677	渡辺 洋治	営業部					

使いこなしのヒント

重複検索を防ぐには

FindNextメソッドは、指定した検索範囲を検索し終わると、検索範囲の開始位置から検索が実行されます。重複して検索されないように、Findメソッドで検索して最初に見つかったRangeオブジェクトを変数に代入しておく必要があります。

まとめ

1回目はFindメソッド、それ以降はFindNextメソッド

検索は1回だけであればFindメソッドを使います。同じ条件で、同じセル範囲に対して繰り返し検索を続けたい場合は、FindNextメソッドを使います。FindNextメソッドは、繰り返し処理の中で使います。この検索処理はパターン化されているので、もともとあるコードを自分用にアレンジして使ってみるのもいいでしょう。アレンジすると勉強になりますし、より理解が深まります。

レッスン 86 データを置換するには

データの置換 | **練習用ファイル** L86_置換.xlsm

商品名を改定された商品名に置き換えたり、指定した文字列を一気に削除したりするときは、RangeオブジェクトのReplaceメソッドが便利です。また、半角スペースを全角スペースに統一する、表を整形する場合などにも役立ちます。

キーワード
セル範囲	P.343
定数	P.343
引数	P.344

ここに注意
引数LookAt、SearchOrder、MatchCase、MatchByteの設定はReplaceメソッドを実行するたびに保存され、[検索と置換] 画面に反映されます。これらの引数を省略すると、[検索と置換] 画面に保存されている内容で置換が実行されます。

データを一括で別の値に置換する

Replaceメソッドは、セル範囲の中から指定した値を別の値に一気に置き換えます。引数の指定の仕方で置換の仕方もいろいろ変更できます。

●Replaceメソッド

Rangeオブジェクト.**Replace**(**What**, **Replacement**, [**LookAt**], [**SearchOrder**], [**SearchDirection**], [**MatchCase**], [**MatchByte**], [**SearchFormat**], [**ReplaceFormat**])

引数	What：検索する値を指定する／ Replacement：置換する値を指定する／ LookAt：検索方法を定数で指定する／ MatchCase：大文字・小文字を区別する場合はTrue、区別しない場合はFalseを指定する／ MatchByte：全角・半角の区別をする場合は、「True」、区別しない場合は「False」を指定する
説明	セル範囲の中で、引数で指定した文字列を別の文字列に置き換える。ここでは、使用例で使用している引数のみ解説している

●引数LookAtの設定値

定数	内容
xlWhole	完全一致
xlPart	部分一致

使いこなしのヒント
文字列内の空白を一気に削除する

文字列内にある空白の全角半角を区別せずに一気に削除できます。コードは以下のようになり、部分的に変更するのでLookAtはxlPart、全角半角の区別をしないのでMatchByteはFalseにします。

1. Sub 置換2()
2. Range("A1:B4").Replace _
   What:=" ", _
   Replacement:="", _
   Lookat:=xlPart, _
   MatchByte:=False
3. End Sub

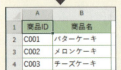

文字列内の空白が削除された

1 指定した値を別の値に置換する

●入力例

1	Sub_置換()
2	[Tab] Range("D3:D7").Replace,_ [Tab][Tab] What:="富良野",_Replacement:="夕張",_ [Tab][Tab] LookAt:=xlWhole
3	End_Sub

1	マクロ［置換］を開始する
2	セル範囲D3〜D7に対して、「富良野」を「夕張」に完全一致で置換する
3	マクロを終了する

Before

「製造工場」の「富良野」を「夕張」にしたい

	A	B	C	D	E
1	商品一覧				
2	商品ID	商品名	価格	製造工場	
3	C001	バターケーキ	2,500	十勝	
4	C002	メロンケーキ	4,500	富良野	
5	C003	チーズケーキ	1,800	十勝	
6	C004	ミルククッキー	1,200	十勝	
7	C005	ハーブクッキー	1,000	富良野	
8					
9					

「富良野」が一括で「夕張」に置換された

After

	A	B	C	D	E
1	商品一覧				
2	商品ID	商品名	価格	製造工場	
3	C001	バターケーキ	2,500	十勝	
4	C002	メロンケーキ	4,500	夕張	
5	C003	チーズケーキ	1,800	十勝	
6	C004	ミルククッキー	1,200	十勝	
7	C005	ハーブクッキー	1,000	夕張	
8					
9					

使いこなしのヒント
「富良野」を「夕張」に一気に置き換える

手順1では、セル範囲D3〜D7にある文字列の「富良野」を検索し、「夕張」に置き換えています。完全一致で処理をするため、引数LookAtをxlWholeにしています。

使いこなしのヒント
改行を一気に「/（スラッシュ）」に変えるには

セル内で改行されている場合、改行を一気に削除できます。下記は改行を「/」に変更していますが、削除するだけなら「""」を指定します。

1	Sub_置換3()
2	[Tab] Range("A1:B3").Replace,_ [Tab] What:=Chr(10),_ [Tab] Replacement:="/",_ [Tab] Lookat:=xlPart
3	End_Sub

	A	B
1	商品ID	商品名
2	C001	バター ケーキ
3	C002	メロン ケーキ

↓

	A	B	
1	商品ID	商品名	セル内の改行が削除された
2	C001	バター/ケーキ	
3	C002	メロン/ケーキ	

まとめ
データを置換するだけでなく、削除もできる

Replaceメソッドは、指定した範囲内にある文字列を別の文字列に置き換えるだけでなく、セル内にある余分な空白や改行などの制御文字も一気に削除できます。置換対象を完全一致だけでなく、全角、半角の区別をつけることも、大文字小文字の区別をつけることもできます。データを整形するときに使うと大変役立ちます。

レッスン 87 テーブルを操作するには

テーブル 　　　　**練習用ファイル** L87_テーブル操作.xlsm

データをテーブルで管理しているのであれば、テーブルの機能を利用すると、普通の表よりも管理がしやすくなります。このレッスンでは、すでに作成されているテーブルで、抽出や並べ替えをVBAから操作する方法を確認しましょう。

キーワード

オートフィルター	P.341
ステートメント	P.342
引数	P.344

テーブルを参照して、並べ替えや抽出をする

テーブルはListObjectオブジェクトになります。テーブルを操作するにはListObjectsプロパティを使って、ListObjectを取得します。

●ListObjectsプロパティ

Worksheetオブジェクト.ListObjects(Index)

引数	Index：テーブル名を指定
説明	指定した名前のテーブルを参照するListObjectオブジェクトを取得する

●ListObjectオブジェクトのテーブルの各部を参照するプロパティ

プロパティ	内容
Range	テーブル全体のセル範囲を取得
HeaderRowRange	テーブルの見出し行の範囲を取得
DataBodyRange	テーブルのデータ範囲を取得
ListColumns	テーブルの列を取得
LisRows	テーブルの行を取得

💡 使いこなしのヒント
テーブル機能を活用する

表をテーブルに変換すると、見出し行に表示される▼をクリックして並べ替えや抽出が素早くできます。また、[テーブルデザイン] タブでいろいろな機能が使えます。

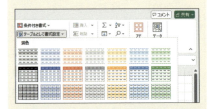

ワークシート上では [ホーム] の [テーブルとして書式設定] から設定できる

💡 使いこなしのヒント
テーブルの名前を確認するには

テーブルの名前を確認するには、テーブル内でクリックし、[テーブルデザイン] タブの [プロパティ] グループにある [テーブル名] で確認・変更ができます。

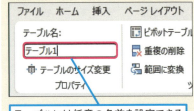

テーブルには任意の名前を設定できる

1 テーブルで抽出と並べ替えをする

●入力例

```
1  Sub テーブルの抽出と並べ替え()
2    With ActiveSheet.ListObjects("リスト").Range
3      .AutoFilter Field:=5, Criteria1:="東京都"
4      .Sort Key1:=Range("C2"), Header:=xlYes
5    End With
6  End Sub
```

1	マクロ［テーブルの抽出と並べ替え］を開始する
2	アクティブシートの［リスト］テーブルのセル範囲について以下の処理を行う（Withステートメントの開始）
3	テーブルの5列目で抽出条件を「東京都」としてオートフィルターを実行する
4	テーブルの1行目を見出し行として、セルC2の列で昇順に並べ替える
5	Withステートメントを終了する
6	マクロを終了する

使いこなしのヒント
テーブルのセル範囲を取得して操作できる

手順1では、テーブルを使って、抽出や並べ替えをしています。ListObjectオブジェクトのRangeプロパティを使ってテーブル全体のセル範囲を参照し、そのセル範囲に対して、AutoFilterメソッドやSortメソッドを使って操作できます。ワークシート上のテーブルをマウスで操作する内容と同じです。

Before　「リスト」という名前のテーブルで並び替えと抽出を行いたい

（表：No, 氏名, 年齢, 性別, 都道府県）
1 松崎 健介 32 男 千葉県
2 田中 聡美 26 女 神奈川県
3 木村 順平 48 男 東京都
4 鈴木 紀子 30 女 千葉県
5 佐藤 奈津美 52 女 東京都
6 飯田 真矢 22 男 神奈川県
7 稲村 信之 46 男 東京都

After　「都道府県」が「東京都」のデータだけが抽出され、「年齢」の昇順に並び替えられた

7 稲村 信之 46 男 東京都
3 木村 順平 48 男 東京都
5 佐藤 奈津美 52 女 東京都

使いこなしのヒント
コードの記述順に実行される

マクロは上の行から順番に実行されます。手順1では、先にオートフィルターで東京都を抽出し、次に年齢順に並べ替える処理が実行されます。

まとめ
テーブルを参照すれば並べ替えや抽出ができる

テーブルを操作するには、ListObjectオブジェクトを参照します。ListObjectオブジェクトのRangeプロパティを使うと、テーブル内のセル範囲が取得できるので、テーブルの全範囲を対象に並べ替えることや抽出といった操作ができます。指定方法は、これまでに紹介した方法と変わりはありません。データをテーブルで管理している場合は、利用すると便利でしょう。

レッスン 88 実践 支店別のデータを別シートにコピーするには

条件分岐の応用　　練習用ファイル　L88_抽出データコピー.xlsm

このレッスンでは、売上シートに全店のデータがまとめられている表を、支店ごとに抽出して、各支店のシートにコピーします。今まで解説してきた内容のみで作成されています。復習しながらじっくり取り組んでみましょう。

キーワード

オートフィルター	P.341
条件分岐	P.342
ステートメント	P.342

1 指定した支店のデータだけ別シートにコピーする

●入力例

1	Sub 支店別抽出()
2	[Tab] Dim ws As Worksheet
3	[Tab] Worksheets("売上").Select
4	[Tab] For Each ws In Worksheets
5	[Tab][Tab] If Not ws.Name = "売上" Then
6	[Tab][Tab][Tab] ws.Cells.Clear
7	[Tab][Tab][Tab] Range("A1").AutoFilter _ [Tab][Tab][Tab][Tab] Field:=2, Criteria1:=ws.Name
8	[Tab][Tab][Tab] Range("A1").CurrentRegion.Copy _ [Tab][Tab][Tab][Tab] Destination:=ws.Range("A1")
9	[Tab][Tab][Tab] Range("A1").AutoFilter
10	[Tab][Tab] End If
11	[Tab] Next
12	End Sub

1	マクロ［支店別抽出］を開始する
2	Worksheet型の変数wsを宣言する
3	［売上］シートを選択する
4	ブック内のすべてのワークシートを変数wsに代入しながら以下の処理を行う（For Eachステートメントの開始）
5	変数wsのシート名が「売上」でない場合、以下の処理を行う（Ifステートメントの開始）
6	変数wsシートの全セルの内容を消去する
7	セルA1を含むアクティブセル領域に対し、2列目（［支店名］列）の抽出条件を変数wsのシート名としてオートフィルターを実行する

使いこなしのヒント

シートの内容を判断して処理を行う

手順1では、最初に［売上］シートを選択してアクティブにしています。違うシートがアクティブの状態で実行することを防ぐために、最初に使用するワークシートを選択するコードを入れておくことで誤作動を防いでいます。コピー先となるのは、各支店［新宿］と［渋谷］です。それぞれの支店名のシートが用意されています。［売上］シートで支店別に抽出して、各支店のシートにコピーするので、繰り返しの中で［売上］シートを省く必要があります。それが5行目で、［売上］シートでない場合のみ、次の処理に進みます。

8	セルA1を含むアクティブセル領域を変数wsのシート名のセルA1にコピーする
9	セルA1を含むアクティブセル領域のオートフィルターを解除する
10	Ifステートメントを終了する
11	4行目に戻る
12	マクロを終了する

Before

[売上]シートのデータをそれぞれ支店別にそれぞれの支店のシートにコピーしたい

↓

それぞれの支店のデータのみ、それぞれの支店のシートにコピーされた

After

使いこなしのヒント
オートフィルターの機能を使って効率的にコピーする

8行目では、オートフィルターにより抽出されている表をCopyメソッドでコピーしていますが、可視セル（表示されているセル）のみコピーされることを利用しています。また、Copyメソッドの引数Destinationで貼り付け先として「ws.Range("A1")」と直接貼り付け先のシートのセルを指定しています。Excelで操作するときは、貼り付け先のシートを選択して、セルをクリックしてから、貼り付けるという操作を行いますが、マクロでは、その必要はないということも確認してください。

使いこなしのヒント
操作の対象となっているシートを意識する

手順1では、[売上]シートがアクティブになっています。各支店のシートは変数wsに代入されます。繰り返し処理の4〜11行目の中でワークシートが省略され、Rangeから始まっているコードはアクティブシート（[売上]シート）のセルであり、「ws」が付いているものは各支店のシートのセルとなっています。複数のシートを使う場合は、このように対象となるシートを意識して指定してください。

まとめ
シートを切り替えることなく処理できる

このレッスンでは、オートフィルターを使って支店別に抽出し、抽出したデータを各支店のシートにコピーしています。Excelの操作では、データをコピーするのに毎回コピー先のシートに切り替えてコピーしますが、マクロの場合は、このようにシートを切り替えることなく処理を進めることができます。今まで解説したいろいろな要素が含まれていますので、復習しながら理解を深めてください。

この章のまとめ

検索の繰り返し処理を身につけよう

この章では、データを活用するのに不可欠な並べ替え機能、抽出機能、検索と置換機能、そしてテーブル機能を紹介しました。並べ替えはSortメソッド、抽出はAutoFilterメソッドを使いました。この中で一番難しいのは、検索機能だと思います。FindメソッドとFindNextメソッドを使った検索の繰り返しは、なかなかハードルが高いかもしれません。あせらずゆっくり理解しましょう。また、Replaceメソッドやテーブルもデータの活用に便利に使えます。こちらも使いながら覚えていきましょう。

FindNextメソッドの使い方を把握しておこう

繰り返し処理を使った抽出、使いこなせる自信がないです……。

FindとFindNextメソッドはかなり難しい内容でしたからね。繰り返し処理としては典型的なパターンなので、頑張ってマスターしましょう。

引数と定数がたくさん登場して、ちょっと大変でした。

そうですね、こちらは覚えようとするよりは、メソッドを使うときにこの章を開いて参照するといいと思います。よく使うものから、少しずつ覚えていきましょう。

活用編

第12章

ユーザーと対話する処理をしよう

この章では、オリジナルのメッセージボックスやユーザーがデータを入力したり、セル範囲を指定したりできる画面の表示方法を紹介します。また、［ファイルを開く］画面や［名前を付けて保存］画面の表示方法を解説します。

89	画面でユーザーとやり取りしよう	268
90	メッセージを表示して処理を選択させるには	270
91	ユーザーに入力させる画面を開くには	272
92	ユーザーにブックを選択して開かせるには	274
93	処理を確認してからデータをまとめるには	276

レッスン 89

Introduction この章で学ぶこと

画面でユーザーとやり取りしよう

処理を実行する前に、メッセージを表示して確認したり、処理したいファイルを選択させる画面を開いたり、この先に進む処理や対象となるファイルをユーザーが決められる画面を表示するとより実用的になります。この章では、対話する画面を表示する方法を紹介します。

ユーザーと対話する画面を表示する

この章はユーザーと対話……？
VBAがしゃべるんですか？

ははは、残念だけど違います！ Excelの画面で表示できる、メッセージボックスや保存の画面などを、VBAで操作する方法を紹介しますよ。

さまざまな画面が表示できる

Excelにはメッセージボックスや［ファイルを開く］など、ユーザーの操作を補助するさまざまな画面が用意されています。シートとは別に、ポップアップで表示される画面です。

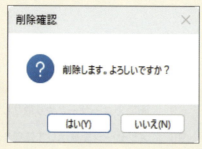

ユーザーの操作を補助するための画面が多数用意されている

データを入力してセルに反映できる

［はい］や［いいえ］などをクリックする他にも、データを入力する画面も操作することができます。画面上で入力したデータは、そのままセルに反映できますよ。

これ、入力フォームとか作りたいときに便利ですね！作り方を知りたいです。

入力内容をセルに反映できる

ファイルの操作もできる

そしておすすめがこれ。ファイルを開いたり、別名で保存したりする画面も操作できます。マクロを実行したあと、ファイルを別名保存したい場合などに便利ですよ♪

ボタン1つで別名保存の画面まで表示できた！これ作ってみたいです！

実行後に別名保存の画面を開くマクロが作れる

レッスン 90 メッセージを表示して処理を選択させるには

メッセージボックス　　**練習用ファイル** L90_メッセージ表示.xlsm

メッセージを表示するには、MsgBox関数を使います。MsgBox関数は［OK］ボタンだけではなく、［はい］や［いいえ］などのボタンも表示でき、クリックされたボタンによって、戻り値が返ります。この戻り値を利用して処理を分けられます。

キーワード

条件分岐	P.342
ステートメント	P.342
メッセージボックス	P.345

メッセージ画面を表示する

MsgBox関数は、メッセージ文、タイトル、アイコン、ボタンなどを配置したメッセージ画面を表示し、クリックしたボタンによって戻り値が返ります。

●MsgBox関数

MsgBox([Prompt], [Buttons], [Title])

引数	Prompt：メッセージ文を指定する／Buttons：表示するボタンの種類やアイコンの種類などを定数で指定する（下表参照）。省略時は0／Title：タイトルバーに表示する文字列を指定する
説明	引数Titleをタイトル、引数Promptをメッセージ文、引数Buttonsで指定したボタンとアイコンを表示したメッセージを表示し、クリックされたボタンによって戻り値（次ページ表参照）を返す（ここでは一部の引数を省略）

●引数Buttonsの主な定数

定数の種類	定数	値	内容
ボタンの種類を指定する定数	vbOKOnly	0	［OK］ボタンを表示する
	vbOKCancel	1	［OK］、［キャンセル］ボタンを表示する
	vbAbortRetryIgnore	2	［中止］、［再試行］、［無視］ボタンを表示する
	vbYesNoCancel	3	［はい］、［いいえ］、［キャンセル］ボタンを表示する
	vbYesNo	4	［はい］、［いいえ］ボタンを表示する
	vbRetryCancel	5	［再試行］、［キャンセル］ボタンを表示する
アイコンの種類を指定する定数	vbCritical	16	警告メッセージアイコンを表示する

使いこなしのヒント
引数Promptで指定できるものは

引数Promptでは、文字列の他、変数の値、プロパティの値、計算の戻り値などが指定できます。

使いこなしのヒント
戻り値を使うときは（　）で囲む

MsgBox関数の戻り値を使用する場合は、引数を（　）で囲み、変数に結果を代入します。

使いこなしのヒント
戻り値を使わないときは（　）で囲まない

メッセージだけを表示するときは、引数を（　）で囲みません。

MsgBox "おはよう"

Msgbox "いよいよだね", _ vbInformation

●引数Buttonsの主な定数（続き）

定数の種類	定数	値	内容	
アイコンの種類を指定する定数	vbQuestion	32	問い合わせメッセージアイコンを表示する	?
	vbExclamation	48	注意メッセージアイコンを表示する	⚠
	vbInformation	64	情報メッセージアイコンを表示する	i

●ボタンの戻り値

定数	値	ボタン
vbOK	1	［OK］ボタン
vbCancel	2	［キャンセル］ボタン
vbAbort	3	［中止］ボタン
vbRetry	4	［再試行］ボタン
vbIgnore	5	［無視］ボタン
vbYes	6	［はい］ボタン
vbNo	7	［いいえ］ボタン

1 ［はい］［いいえ］ボタンを表示して処理を分ける

●入力例

1	Sub メッセージ表示()
2	[Tab] Dim ans As Integer
3	[Tab] ans = MsgBox("削除します。よろしいですか？", _ [Tab][Tab] vbYesNo + vbQuestion, "削除確認")
4	[Tab] If ans = vbYes Then
5	[Tab][Tab] Range("B1").ClearContents
6	[Tab] End If
7	End Sub

1	マクロ［メッセージ表示］を開始する
2	整数型の変数ansを宣言する
3	タイトルが「削除確認」、メッセージが「削除します。よろしいですか？」で、［はい］、［いいえ］ボタン、疑問符のアイコンを表示する状態でメッセージを表示し、クリックされたボタンの戻り値を変数ansに代入する
4	変数ansの値が「vbYes」の場合（Ifステートメントの開始）
5	セルB1の値を消去する
6	Ifステートメントを終了する
7	マクロを終了する

使いこなしのヒント
引数Buttonsにボタンとアイコンを組み合わせるには

表示するボタンの種類とアイコンの両方を組み合わせたい場合は、定数を+でつなげるか、定数の値の合計を指定します。例えば、［はい］［いいえ］ボタンと警告アイコンを表示するには、vbYesNo+vbCriticalまたは20と指定できます。

使いこなしのヒント
［はい］ボタンがクリックされたときだけ削除する

手順1は、メッセージの戻り値を変数ansに代入し、If関数で変数ansの値がvbYesだったら、削除するという処理です。

使いこなしのヒント
手順1の実行後の表を確認しよう

手順1を実行すると、以下のようにセルB1の削除を確認するメッセージが表示されます。

［はい］をクリックするとセルB1の内容が削除される

まとめ
クリックされたボタンによって処理を分ける

MsgBox関数は、単にユーザーにメッセージを表示するだけでなく、クリックされたボタンの戻り値を使って処理を振り分けられます。これから行う処理をユーザーの意思を確認して実行できるところが便利です。また、メッセージを表示するだけの場合は、引数は( )で囲まず、戻り値を使用する場合は引数を( )で囲むことも覚えておきましょう。

レッスン 91 ユーザーに入力させる画面を開くには

インプットボックス　　**練習用ファイル** 手順見出しを参照

入力欄のあるメッセージ画面を表示して、ユーザーに文字列などのデータの入力をしてもらうには、InputBox関数または、InputBoxメソッドを使います。このレッスンでは、2種類のInputBoxの使い方を紹介します。

キーワード
データ型	P.343
引数	P.344
メッセージボックス	P.345

入力のできるメッセージ画面を表示する

InputBox関数は入力欄のある画面を表示し、入力された文字列を返します。また、InputBoxメソッドは同じく入力欄のある画面を表示しますが、文字列、数値、セル範囲など入力できるデータの種類を指定することができます。

● InputBox関数
InputBox(Prompt, [Title], [Default])

引数	Prompt：メッセージ文を指定する／Title：タイトルバーに表示する文字列を指定する／Default：テキストボックスに始めから表示しておく文字列を指定する
説明	入力欄のある画面を表示し、[OK]ボタンをクリックすると、入力された値が文字列で返る※一部の引数を省略

● InputBoxメソッド
Application.InputBox(Prompt, [Title], [Default], [Type])

引数	Prompt：メッセージ文を指定する／Title：タイトルバーに表示する文字列を指定する／Default：テキストボックスに始めから表示しておく文字列を指定する／Type：戻り値のデータ型を、データ型を表す値で指定する（次ページヒント参照）。省略した場合は、文字列を返す。複数の型を指定する場合は値の合計を指定する

💡 使いこなしのヒント
InputBox関数で［キャンセル］をクリックした場合は

InputBox関数で［キャンセル］ボタンをクリックした場合は、「""」（長さ0の文字列）が返ります。

💡 使いこなしのヒント
引数Typeを指定する場合は名前付き引数にする

InputBoxメソッドの書式では、引数Typeの前にいくつかの引数を省略しているため、InputBoxメソッドで引数Typeを指定する場合は、必ず名前付き引数にしてください。

💡 使いこなしのヒント
InputBoxメソッドで［キャンセル］をクリックした場合は

InputBoxメソッドで［キャンセル］ボタンをクリックした場合は、Falseが返ります。

1 文字入力の画面を表示する
L91_インプットボックス1.xlsm

● 入力例

1	Sub インプットボックス表示1()
2	[Tab] Range("A2").Value = InputBox("氏名を入力", "氏名")
3	End Sub

⚠ ここに注意
InputBoxメソッドは、Applicationの記述を省略できません。省略した場合は、InputBox関数として認識されます。

1	マクロ［インプットボックス表示1］を開始する
2	メッセージ文が「氏名を入力」、タイトルが「氏名」の入力画面を表示し、入力された文字列をセルA2に入力する
3	マクロを終了する

After

文字を入力する画面が表示された

文字を入力して［OK］をクリックすると、「氏名」として表示される

使いこなしのヒント
InputBox関数の入力画面を表示する

手順1ではInputBox関数を使って、入力された値をセルA2に入力しています。

使いこなしのヒント
InputBoxメソッドの入力画面を表示する

手順2ではInputメソッドを使って、数値のみ入力できる入力画面を表示し、入力された数値をセルB2に入力しています。数値以外の値を入力するとメッセージが表示されることも確認しましょう。

2 データ入力の画面を表示する

L91_インプットボックス2.xlsm

●入力例

1	Sub_インプットボックス表示2()⏎
2	[Tab] Range("B2").Value_=_Application.InputBox(__⏎ [Tab][Tab] Prompt:="年齢を入力",__⏎ [Tab][Tab] Title:="年齢",_Type:=1)⏎
3	End_Sub

1	マクロ［インプットボックス表示2］を開始する
2	メッセージ文が「年齢を入力」、タイトルが「年齢」でデータの種類を数値に設定した入力画面を表示し、入力された数値をセルB2に入力する
3	マクロを終了する

After

数字を入力する画面が表示された

数字を入力して［OK］をクリックすると、セルB2に表示される

使いこなしのヒント
引数Typeの設定値

InputBoxメソッドの引数Typeの設定値は以下になります。

●引数Typeの設定値

値	データの型
0	数式
1	数値
2	文字列（テキスト）
4	論理値（True または False）
8	セル参照（Range オブジェクト）
16	「#N/A」などのエラー値
64	数値配列

まとめ
画面に入力されたデータを使って処理を行う

InputBox関数、InputBoxメソッドはともに入力欄を1つもち、ユーザーが入力した値を戻り値として返します。手順1や手順2のように直接セルに表示することもできますが、変数に格納して、処理の中で使うこともできます。InputBoxメソッドはデータの種類を限定できるため、処理の中で使う場合はInputBox関数より便利です。

レッスン 92 ユーザーにブックを選択して開かせるには

データを開く・保存する　　練習用ファイル　手順見出しを参照

ブックを開いたり、保存したりするときに、[ファイルを開く]や[名前を付けて保存]といった画面を表示するには、Dialogsプロパティを使うと便利です。シンプルなコードでいつも使っている画面と同じ画面を利用できます。

キーワード

アクティブブック	P.340
ダイアログボックス	P.343
定数	P.343

ブックを選択させる画面を開く

Applicationオブジェクトの Dialogsプロパティを使うと、[ファイルを開く]画面や[名前を付けて保存]画面を表示し、ファイルを開いたり、保存したりする操作を簡単に行うことができます。

●Dialogsプロパティ

Applicationオブジェクト.Dialogs(定数)

定数	開きたい画面(ダイアログボックス)の定数を指定する(下表参照)
説明	定数で指定した画面を表すDialogオブジェクトを取得する。Showメソッドを使って、画面を開くことができる

●Dialogsプロパティの主な定数

定数	画面
xlDialogOpen	ファイルを開く
xlDialogSaveAs	名前を付けて保存
xlDialogPageSetup	ページ設定（ページ）
xlDialogPrint	印刷

1 選択したブックを開く

L92_ファイルを開くダイアログ.xlsm

●入力例

1	Sub 指定したブックを開く()
2	[Tab] Application.Dialogs(xlDialogOpen).Show
3	End Sub

1	マクロ［指定したブックを開く］を開始する
2	［ファイルを開く］ダイアログボックスを開く
3	マクロを終了する

使いこなしのヒント
Showメソッドで指定した組み込みダイアログボックスを表示する

Showメソッドは、表示された画面で［OK］をクリックすると、ファイルを開くなどの処理を実行すると同時に戻り値にTrueを返します。［キャンセル］ボタンをクリックするとFalseを返します。

使いこなしのヒント
［ファイルを開く］画面を表示する

手順1のようにDialogsプロパティの引数に、xlDialogOpenを指定すると、［ファイルを開く］画面を表示します。開きたいブックを選択し、［開く］ボタンをクリックすると、指定したブックが開きます。

使いこなしのヒント
開いたブックを操作するには

［ファイルを開く］画面でブックを開くとブックが最前面に表示されます。ActiveWorkbookで開いたブックを参照できるため、オブジェクト変数にActiveWorkbookを代入しておけば、常に開いたブックを参照できます。

活用編　第12章　ユーザーと対話する処理をしよう

After

[ファイルを開く]画面が表示された

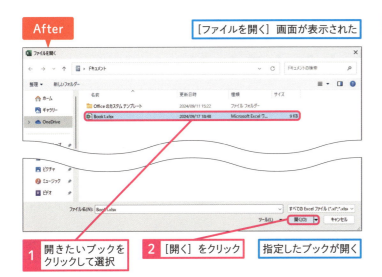

1 開きたいブックをクリックして選択
2 [開く]をクリック
指定したブックが開く

2 場所と名前を指定して保存する

L92_ファイルを保存するダイアログ.xlsm

●入力例

1	Sub_ダイアログボックスで名前を付けて保存()
2	[Tab] Workbooks.Add
3	[Tab] Application.Dialogs(xlDialogSaveAs).Show
4	End_Sub

1	マクロ［ダイアログボックスで名前を付けて保存］を開始する
2	新規ブックを追加する
3	［名前を付けて保存］ダイアログボックスを開く
4	マクロを終了する

After

[名前を付けて保存]画面が表示された

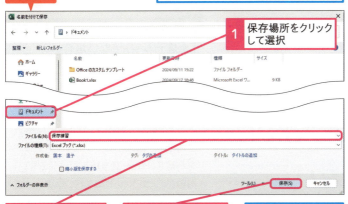

1 保存場所をクリックして選択
2 ファイル名を入力
3 [保存]をクリック
指定した場所と名前で保存される

使いこなしのヒント
[名前を付けて保存する]画面を表示する

Dialogsプロパティの引数に、xlDialogSaveAsを指定すると、[名前を付けて保存]画面を表示します。保存先とブック名を指定し、[保存]ボタンをクリックすると、現在のアクティブブックが指定した場所と名前で保存されます。

使いこなしのヒント
アクティブブックが保存される

[名前を付けて保存]画面で[保存]ボタンをクリックすると、現在のアクティブブックが保存されます。ダイアログボックスを表示する前に保存するブックをアクティブにしておいてください。

まとめ Excelの組み込みダイアログボックスを利用する

ApplicationオブジェクトのDialogプロパティを使用すると、Excelの組み込みダイアログボックスを表すDialogオブジェクトを取得できます。引数をxlDialogOpenにすると[ファイルを開く]画面、引数をxlDialogSaveAsにすると[名前を付けて保存]画面が開きます。それぞれの画面で場所やブックを指定し、[開く]または[保存]ボタンをクリックするだけで開く、保存する処理が実行されます。

レッスン 93 実践 処理を確認してからデータをまとめるには

シート内データまとめ　　**練習用ファイル** L93_支店データまとめ.xlsm

ここでは、確認メッセージを表示し、[OK] ボタンがクリックされたときだけ処理を実行します。実行する内容は、各支店のシートにある表のデータを [全店] シートに追加することです。今までのレッスンを復習しながら作成してみてください。

キーワード

条件分岐	P.342
ステートメント	P.342
変数	P.344

1 各支店のデータを1つにまとめる

●入力例

1	Sub_支店まとめ()
2	[Tab] Dim_ans_As_Integer,_ws_As_Worksheet
3	[Tab] Dim_rng_As_Range
4	[Tab] ans_=_MsgBox("各支店データをまとめます",_ _ [Tab][Tab] vbOKCancel,_"確認")
5	[Tab] If_ans_=_vbCancel_Then_Exit_Sub
6	[Tab] For_Each_ws_In_Worksheets
7	[Tab][Tab] If_Not_ws.Name_=_"全店"_Then
8	[Tab][Tab][Tab] Set_rng_=_ws.Range("A1").CurrentRegion
9	[Tab][Tab][Tab] rng.Offset(1).Resize(rng.Rows.Count_-_1)._ _ [Tab][Tab][Tab] .Copy_Destination:=Worksheets("全店")._ _ [Tab][Tab][Tab] Cells(Rows.Count,_1).End(xlUp).Offset(1)
10	[Tab][Tab] End_If
11	[Tab] Next
12	End_Sub

1	マクロ [支店まとめ] を開始する
2	整数型の変数ans、Worksheet型の変数wsを宣言する
3	Range型の変数rngを宣言する
4	メッセージが「各支店データをまとめます」、タイトルが「確認」で [OK] [Cancel] ボタンを表示する設定でメッセージを表示し、クリックされたボタンの戻り値を変数ansに代入する
5	変数ansの値がvbCancelの場合は処理を終了する
6	ブック内のすべてのワークシートを変数wsに代入しながら以下の処理を繰り返す (For Eachステートメントの開始)

使いこなしのヒント

[キャンセル] をクリックしたら処理を終了する

手順1では、MsgBox関数の戻り値を変数ansに受け取り、変数ansにvbCancelが代入されていたら処理を終了しています。それ以外は [OK] がクリックされているので、処理を先に進めています。For Eachステートメントで、ブック内のすべてのワークシートを順番に確認し、[全店] シートでない場合だけ (各支店シートのみが対象)、そのシートのデータ部分を、[全店] シートの新規入力行にコピーしています。これは、同じ形式で作成された支店シートがいくつあっても対応できる内容になっています。

使いこなしのヒント

[全店] シートでない場合のみ処理をする

各支店シートのデータを [全店] シートにまとめます。そのため、7行目でIfステートメントを使って条件式「Not ws.Name="全店"」で [全店] シートでないかどうかを判定し、True ([全店] シートでない) の場合に、コピーの処理を行います。なお、この条件式は「ws.Name<>"全店"」と記述することもできます。

7	変数wsシートの名前が「全店」でない場合（Ifステートメントの開始）
8	変数wsシートのセルA1を含むアクティブセル領域を変数rngに代入する
9	変数rngのデータ部分をコピーし、[全店]シートの新規入力行に貼り付ける
10	Ifステートメントを終了する
11	6行目に戻る
12	マクロを終了する

使いこなしのヒント
支店のデータ部分の取得

9行目で支店のデータ部分をコピー範囲にします。データ部分の取得方法は、第6章で紹介した、CurrentRegionプロパティ、Offsetプロパティ、Resizeプロパティを使います。詳細は、レッスン36のスキルアップを参照してください。

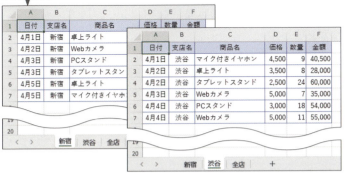

[新宿]シートのデータ内容と[渋谷]シートのデータ内容を1つにまとめたい

使いこなしのヒント
[全店]シートの新規入力行のセル取得

9行目でコピー先となるのは、[全体]シートの新規入力行です。新規入力行の取得方法は、第6章で紹介した、Endプロパティ、Offsetプロパティを使います。レッスン35で紹介していますが、ここでは、「Worksheets("全 店").Cells(Rows.Count, 1).End(xlUp).Offset(1)」として、シートの最下行から上方向に終端のセルを取得し、1つ下のセルを指定しています。この方法により、データが1件も追加されていない場合にも対応しています。

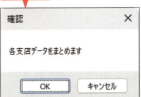

処理内容を確認するメッセージが表示され、[OK]をクリックすると2シートのデータが[全店]シートにまとめられた

まとめ
実用的な処理のコードをマスターしよう

このレッスンではメッセージボックスの戻り値を使用する以外に、これまで紹介した機能を駆使しています。例えば、支店のデータ部分を、CurrentRegionプロパティやOffsetプロパティ、Resizeプロパティを使って取得し、[全店]シートの新規入力行をEndプロパティとOffsetプロパティで取得しています。汎用性のある処理ですので、しっかり学習しましょう。

この章のまとめ

ニーズにあった柔軟な処理ができる

この章では、ユーザーと対話するさまざまな機能を紹介しました。MsgBox関数は、メッセージ表示だけでなく、クリックされたボタンによって処理を分ける本格的なメッセージ画面を表示できます。また、入力欄を持つ画面は、InputBox関数とInputBoxメソッドの2つがあります。それぞれ違いを確認しておきましょう。最後にExcelの組み込みダイアログを表示して、ファイルを開いたり保存したりする方法を紹介しました。ユーザーと対話するテクニックを使えば、より柔軟な処理ができるようになります。

1	Sub␣インプットボックス表示2()⏎
2	⇥ Range("B2").Value␣=␣Application.InputBox(␣_⏎ ⇥ ⇥ Prompt:="年齢を入力",␣_⏎ ⇥ ⇥ Title:="年齢",␣Type:=1)⏎
3	End␣Sub

1	マクロ［インプットボックス表示2］を開始する
2	メッセージ文が「年齢を入力」、タイトルが「年齢」でデータの種類を数値に設定した入力画面を表示し、入力された数値をセルB2に入力する
3	マクロを終了する

InputBox関数とInputBoxメソッドを使い分けよう

この章はいろいろと動かせて楽しかったです！

楽しむのは上達の近道です！ いろいろな画面を表示して、動きを確認してみてください。それと、InputBoxの関数とメソッドもおさらいしてみてくださいね。

レッスン93の戻り値を変数として使うのがなるほど！ でした。

素晴らしい！ 戻り値を変数にするのは、ユーザーが画面で操作した内容をマクロに反映させる、よく使う方法の1つです。ぜひマスターして、いろいろなマクロに応用しましょう。

活用編

第13章

その他の実用的な機能を覚えよう

この章では、自動実行するマクロの作成方法、マクロを作成する上で覚えておきたいエラー処理やマクロをテストする方法、ファイルやフォルダーの操作とワークシートの印刷など、今まで説明してこなかった実用的な機能を紹介します。

94	仕事に役立つ処理を覚えよう	280
95	ブックの開閉時に処理を自動実行するには	282
96	エラー発生時に自動的に処理を終了させるには	286
97	処理をテストするには	288
98	フォルダーやファイルを操作するには	292
99	ワークシートを印刷するには	296
100	保存先とファイル名を確認してから保存するには	298

レッスン 94

Introduction この章で学ぶこと

仕事に役立つ処理を覚えよう

マクロの自動実行、エラー処理、マクロのテスト、ファイルやフォルダーの操作、ブックやシートの印刷など、覚えておきたい実用的な機能を紹介します。それぞれ基本事項が中心となりますが、どれも覚えておくとマクロ作成に役立ちます。

実用的なマクロをまとめて学ぼう

活用編も終盤ですね。
この章は何がテーマですか？

はい、この章は実用的な処理をまとめて紹介します。1つ1つは地味ですが、他のマクロと組み合わせて使うと作業効率がぐっと上がりますよ。

変数やプロパティの値を確認できる

まずはVBEのイミディエイトウインドウから。これを使うと、実行中のマクロの変数やプロパティの値、計算結果などを表示できます。エラーを見つけるのに役立つんですよ。

```
イミディエイト
? 100*2
 200
? range("A2").Value
 100
|
```

変数やプロパティの値を参照して動作確認できる

指定したファイルを検索できる

お次はこちら。指定したファイルやフォルダーがパソコンにあるか、検索する方法を紹介します。ファイルが見つかったら開いて、処理を進めることができますよ。

見つかったファイル名を変数にすれば、そのまま別のマクロが実行できますね！ 便利に使えそうです。

	A	B	C	D
1	対象フォルダー		ファイル一覧	
2	C:¥ExcelVBA¥Data		1月.xlsx	
3			2月.xlsx	
4			3月.xlsx	
5				

フォルダーやファイルを検索できる

印刷もできる

さらに！ VBAから印刷を実行することもできます。プレビューで確認する必要はありますが、大量のファイルを一度に印刷したいときに便利ですよ。

印刷もできちゃうんですね！ 配布用の紙の資料を用意する時に、助かりそうです！

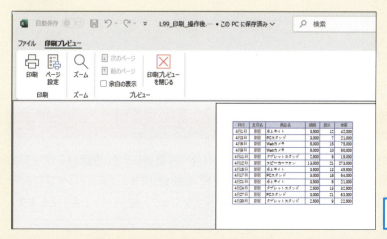

印刷プレビューの表示や印刷が実行できる

レッスン 95 ブックの開閉時に処理を自動実行するには

イベントプロシージャ　練習用ファイル　手順見出しを参照

このレッスンでは、ブックを開いたときに、今日の作業予定にセルを自動で移動しておきたいとか、ブックを閉じるときに決まったセルに今日の日付を自動で入力するとか、自動で実行できるマクロについて紹介します。

キーワード
イベント	P.341
イベントプロシージャ	P.341
モジュール	P.345

イベント・イベントプロシージャとは

ある操作をきっかけとして自動的に実行されるプロシージャのことを「イベントプロシージャ」といい、そのきっかけとなる操作のことを「イベント」といいます。イベントは、ブックを開いたときや、閉じるときといったタイミングで発生します。イベントはワークシートやブック、ユーザーフォームなどのオブジェクトに対して発生します。イベントを利用して特定の処理を実行したい場合は、イベントプロシージャを作成します。

●イベントのイメージ

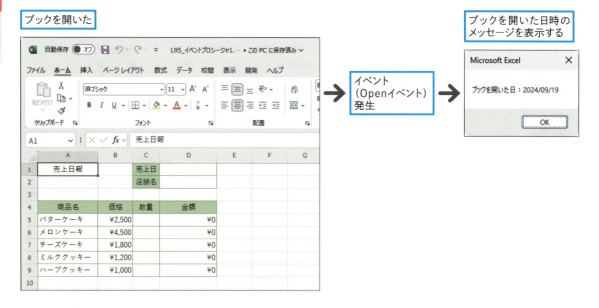

イベントプロシージャを作成する

イベントプロシージャは、イベントの対象となるオブジェクトのコードウィンドウに記述します。例えば、ブックに対するイベントプロシージャはThisWorkbookモジュールのコードウィンドウに記述します。またイベントプロシージャの名前は、対象となるオブジェクト名とイベント名を組み合わせて「オブジェクト名_イベント名」とします。自由に変更することはできません。

●イベントプロシージャの構成

イベントプロシージャは次のような構成になっています。ここでは、コードウィンドウ上でのイベントプロシージャの構成を確認します。

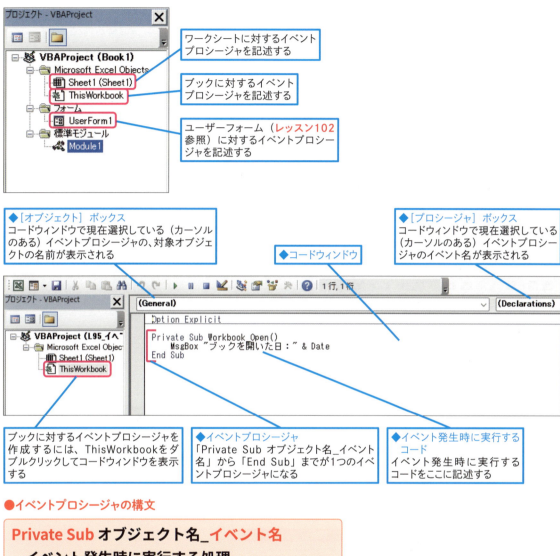

●イベントプロシージャの構文

Private Sub オブジェクト名_イベント名
　イベント発生時に実行する処理
End Sub

用語解説

モジュール

モジュールとは、プロシージャを記述するためのシートです。ブックやワークシートのイベントプロシージャは、[Microsoft ExcelObjects]の中のそれぞれのオブジェクトに対応したモジュールに作成し、ユーザーフォームのイベントプロシージャは、[フォーム]の中のモジュールに作成します。なお、マクロ記録で作成されるプロシージャは、[標準モジュール]の中のモジュールに作成されます。標準モジュール内にはイベントプロシージャは作成できません。

1 イベントプロシージャを記述する

L95_イベントプロシージャ1.xlsm

「L95_イベントプロシージャ1.xlsm」をExcelで開いておく

[Alt]+[F11]キー でVBEを起動しておく

1 イベントプロシージャを記述するオブジェクトをダブルクリック

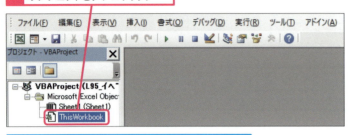

ここでは、ブックに対するイベントプロシージャを作成するので［ThisWorkbook］をダブルクリックする

ThisWorkbookのコードウィンドウが表示される

2 ここをクリック

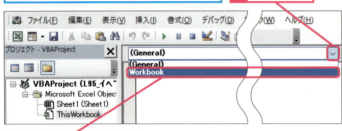

3 ［Workbook］をクリック

4 ここをクリック

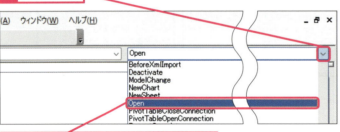

5 イベントをクリックして選択（ここではOpen）

「Workbook_Open」イベントプロシージャの枠組みが自動で作成された

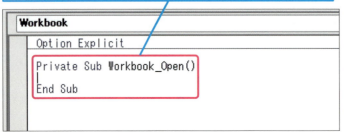

使いこなしのヒント
「Workbook_Open」は自動で作成される

Workbookの既定のイベントがOpenイベントであるため自動で作成されます。ここでは、一般的な作成方法を紹介するために操作5でイベントを選択しています。

用語解説
Private

イベントプロシージャの「Sub」の前は「Private」キーワードが付加されます。このキーワードが付いたプロシージャは、そのプロシージャが保存されているモジュールのみで有効で、他のモジュールから呼び出すことはできません。

使いこなしのヒント
自動で作成された「Workbooks_Open」プロシージャはどうする？

「Workbooks_Open」が自動で作成されますが、不要であれば削除してください。残しておいても問題はありません。

ここに注意

イベントプロシージャは、実行したいオブジェクトのコードウィンドウに記述します。例えば、ブックならプロジェクトエクスプローラーで［ThisWorkbook］をダブルクリックして表示されるコードウィンドウに記述してください。

● 処理を記述する

ここでは、ブックを開いた日付をメッセージ表示する処理を記述する

6 開くときに実行したい処理を記述する

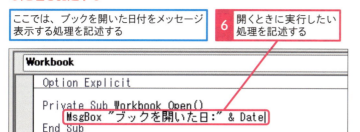

7 [×] をクリック

Excelに切り替え、上書き保存をして、いったん閉じ、再度開く

[Workbook_Open] イベントプロシージャが実行され、メッセージが表示される

2 ブックを閉じるときに日付を入力させる
L95_イベントプロシージャ2.xlsm

● 入力例

1	Private_Sub_Workbook_BeforeClose(Cancel_As_Boolean)⏎
2	[Tab] Worksheets("日報").Range("D1").Value_=_Date⏎
3	[Tab] Me.Save⏎
4	End_Sub

1	イベントプロシージャ[Workbook_BeforeClose]を開始する
2	[日報]シートのセル[D1]に、今日の日付を入力する
3	ブックを上書き保存する
4	マクロを終了する

After

ブックを閉じる時点で「売上日」に今日の日付が記入されるようになった

使いこなしのヒント
自動で日付を入力する

手順2では、ブックを閉じるときにセルD1に今日の日付を自動でセル入力するイベントプロシージャを作成します。手順1の手順に従って作成してください。なお、実際に入力するのは、2〜3行目です。

用語解説
Me

Meとは、マクロを実行しているオブジェクト自体を意味します。ここでは、ブックを指しています。

使いこなしのヒント
Date関数で今日の日付を入力する

手順2では、ブックを閉じるときに自動で[日報]シートのセル[D1]にDate関数を使って今日の日付を入力し、その内容を上書き保存してからブックを閉じます。コードが入力できたら、上書き保存をし、ブックを閉じて、再度ブックを開くと、今日の日付が入力されていることが確認できます。

使いこなしのヒント
ブックを開くときの自動実行マクロを実行しないで開くには

[ファイルを開く]画面でブックを選択し、[Shift]キーをしながら[開く]ボタンをクリックします。

まとめ
イベントプロシージャでマクロを自動実行する

このレッスンでは、マクロを自動実行する機能であるイベントプロシージャを紹介しました。イベントプロシージャを作成するには、プロジェクトエクスプローラーで、対象となるオブジェクトをダブルクリックしてコードウィンドウを表示し、オブジェクトとイベントを選択して、イベントプロシージャの枠組みを用意します。その中に実行したい処理を入力してください。

レッスン 96 エラー発生時に自動的に処理を終了させるには

エラー処理　　練習用ファイル：手順見出しを参照

実行時エラーが発生すると、処理が途中で中断され、実行時エラーメッセージが表示されます。ここでは、実行時エラーが発生した場合に、自動的に処理を終了させるエラー処理コードの記述方法を紹介します。

キーワード
実行時エラー	P.342
ステートメント	P.342

使いこなしのヒント
On Error GoToステートメントの記述方法

On Error GoToステートメントは、エラーが発生する可能性のあるコードよりも前に記述し、エラーが発生した場合に移動する場所を行ラベルで指定しておきます。行ラベル以降にはエラーが発生した場合のコードを記述しておきます。

エラー発生時の処理を記述する

実行時エラーが発生したときに、処理を中断することなく終わらせるための処理として、On Error GoToステートメントとOn Error Resume Nextステートメントを紹介します。

●基本構文（On Error GoToステートメント）

```
Sub プロシージャ名()
    On Error GoTo 行ラベル
    通常実行する処理
    Exit Sub
行ラベル:
    エラーが発生した場合の処理
End Sub
```

- On Error GoTo 行ラベル → エラーが発生した場合、行ラベルに処理を分岐
- 通常実行する処理 → エラーが発生しなかった場合の処理
- Exit Sub → エラーが発生しなかった場合、ここで処理を終了
- 行ラベル: → 行ラベルの後に「:」を入力
- エラーが発生した場合の処理 → エラーが発生した場合の処理

説明：実行時エラー発生時に行ラベルに処理を移動し、エラーが発生した場合の処理を実行する

ここに注意
必ず「行ラベル：」の上に「Exit Sub」の記述を入れてください。そうしないと、処理が正常に進んでも、そのまま行ラベル以降の処理も実行してしまいます。

用語解説
行ラベル

プログラムの中で特定の行を認識させるための文字列で、プログラムの処理を移行するための位置を示す場合に使用します。実際に移行先となる行の行頭に「行ラベル:」と記述します。行ラベルの後ろの「:（コロン）」で認識されます。

●基本構文（On Error Resume Nextステートメント）

```
On Error Resume Next
```

説明：実行時エラーを無視して、処理を続行する。実行時エラーのあと、すぐにマクロが終わるような短いマクロでよく使われる

ここに注意
実行時エラーが発生するまでマクロが正常に動作していた部分の処理は取り消すことはできません。また、より実務的には、エラーとなる原因を解消する処理を行い、処理が中断している行に戻る処理を記述する必要があります。

1 自動で処理を終了する

L96_エラー処理1.xlsm

●入力例

1	Sub エラー処理1()
2	[Tab] On Error GoTo errHandler
3	[Tab] Worksheets.Add.Name = "集計"
4	[Tab] Exit Sub
5	errHandler:
6	[Tab] MsgBox Err.Number & ":" & Err.Description
7	End Sub

1	マクロ［エラー処理1］を開始する
2	実行時エラーが発生したら、ラベル［errHandler］に移動する
3	ワークシートを追加し、追加したワークシートの名前を「集計」に設定する
4	処理を終了する
5	ラベルerrHandler
6	エラー番号、文字列「：」、エラー内容を連結してメッセージ表示する
7	マクロを終了する

After

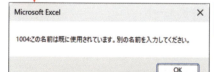

エラー内容が表示され、処理が終了した

2 エラーを無視して処理を続行する

L96_エラー処理2.xlsm

●入力例

1	Sub エラー処理2()
2	[Tab] On Error Resume Next
3	[Tab] Worksheets("売上").Select
4	End Sub

1	マクロ［エラー処理2］を開始する
2	実行時エラーが発生した場合エラーを無視して処理を続行する
3	［売上］シートを選択する
4	マクロを終了する

使いこなしのヒント
エラー番号とエラー内容をメッセージ表示する

手順1では、ワークシートを追加し、追加したワークシートの名前に「集計」と付けています。「集計」シートがなければ、問題なく処理は終了しますが、すでにある場合は、実行時エラーになります。ここでは、実行時エラーが発生した場合に、エラー番号（Err.Number）とエラー内容（Err.Description）をメッセージ表示します。

使いこなしのヒント
エラー番号とエラー内容が割り当てられている

実行時エラーには、エラー番号とエラー内容が割り当てられています。「Err.Number」でエラー番号を取得し、「Err.Description」でエラー内容を取得できます。これを利用してメッセージボックスで表示できます。

使いこなしのヒント
手順2の実行後は画面変化がない

手順2では、存在しない［売上］シートを選択しているため、本来なら実行時エラーになるところ、On Error Resume Nextステートメントによりエラーが無視され、処理が続行されて、マクロが終了します。

まとめ
エラー処理コードで実行時エラーに対応する

実行時エラーが発生した場合に、処理を中断することなくマクロを終わらせる方法を紹介しました。On Error GoToステートメントとOn Error Resume Nextステートメントの違いを押さえておいてください。なお、実行時エラーが発生しないと気付かないエラーもありますので、あえてエラー処理コードを記述しないでおくことも考えましょう。

レッスン 97 処理をテストするには

デバッグ　　　　　　　練習用ファイル　手順見出しを参照

プログラムの中のエラーのことをバグ（害虫）といい、そのバグを取り除くことをデバッグといいます。このレッスンでは、デバッグの機能として「ステップイン」と「イミディエイトウィンドウ」を紹介します。

ステップインで処理を1行ずつ確認する

「ステップイン」は、中断モードにして処理を1行ずつ実行する機能です。1行ずつ実行することで、処理の流れを確認でき、間違いに気づくことができます。ステップインを使うときは、ExcelのウィンドウとVBEのウィンドウを並べて表示し、1行ずつの動作が確認できるようにしておきましょう。ステップインを実行するには、実行するマクロ内でクリックしてカーソルを移動してから F8 キーを押します。

●ステップイン使用時のパソコンの画面

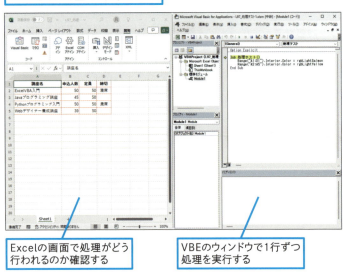

ExcelとVBEを並べて表示しておく

Excelの画面で処理がどう行われるのか確認する

VBEのウィンドウで1行ずつ処理を実行する

キーワード
イミディエイトウィンドウ	P.341
中断モード	P.343
デバッグ	P.343

使いこなしのヒント
実行時エラーの中断モード

実行時エラーメッセージが表示されたときに、[デバッグ] ボタンをクリックすると、中断モードでVBE画面が表示され、エラーの原因となる行が黄色く反転して表示されます（レッスン15参照）。

用語解説
中断モード

マクロの実行途中で処理が一時中断している状態をいいます。中断モード中にコードを修正できます。

使いこなしのヒント
エラーの種類を整理しよう

エラーには、文法の間違いによる「コンパイルエラー」、マクロ実行中に処理が継続できなくなって発生する「実行時エラー」、実行時エラーなく処理が終了するが、目的の処理とは異なる処理が実行されている「論理エラー」があります。ステップインは、実行時エラーと論理エラーの解決に利用できます。

1 1行ずつ実行して確認する

L97_処理テスト1.xlsm

「L97_処理テスト1.xlsm」を Excelで開いておく

[Alt]+[F11]キーでVBEを起動しておく

1 マクロ内でクリック　**2** [F8]キーを押す

```
(General)
    Option Explicit
⇒   Sub 処理テスト()
        Range("A1:D1").Interior.Color = rgbLightSalmon
        Range("A2:A5").Interior.Color = rgbLightYellow
    End Sub
```

これから実行するコードが黄色のマーカーで表示される

ここではマクロが開始されるだけなので表示に変化はない

3 [F8]キーを押す　次の行に黄色のマーカーが移動する

```
(General)
    Option Explicit
    Sub 処理テスト()
⇒       Range("A1:D1").Interior.Color = rgbLightSalmon
        Range("A2:A5").Interior.Color = rgbLightYellow
    End Sub
```

4 [F8]キーを押す　2行目の処理が行われ、セルA1〜D1のセルの色が薄いサーモン色に設定された

	A	B	C	D	E	F
1	講座名	申込人数	定員	締切		
2	ExcelVBA入門	50	50	満席		
3	Javaプログラミング講座	45	50			
4	Pythonプログラミング入門	50	50	満席		
5	Webデザイナー養成講座	39	50			

5 [F8]キーを押す　次の行に黄色いマーカーが移動する

```
(General)
    Option Explicit
    Sub 処理テスト()
        Range("A1:D1").Interior.Color = rgbLightSalmon
⇒       Range("A2:A5").Interior.Color = rgbLightYellow
    End Sub
```

セルA2〜A5のセルの色がクリーム色に設定された

[F8]キーを押すと最終行に黄色のマーカーが移動し、マクロが終了する

	A	B	C	D	E	F
1	講座名	申込人数	定員	締切		
2	ExcelVBA入門	50	50	満席		
3	Javaプログラミング講座	45	50			
4	Pythonプログラミング入門	50	50	満席		
5	Webデザイナー養成講座	39	50			

使いこなしのヒント

ステップインでマクロを実行する

実行したいマクロ内でクリックして対象となるマクロにカーソルを移動してから、[F8]キーを押しながら1行ずつ動作確認します。なお、1行目と最後の行は、マクロの開始と終了なので、画面上での変化はありません。

ショートカットキー

ステップインでマクロを実行する　[F8]

使いこなしのヒント

中断モードを途中で終了するには

中断モードを途中で終了するには、[標準] ツールバーの [リセット] ボタンをクリックします。

[リセット] ボタン

使いこなしのヒント

ボタンでステップインを実行するには

ボタンでステップインを実行したいときは、[表示] メニューの [ツールバー] の [デバッグ] をクリックして [デバッグ] ツールバーを表示し、[ステップイン] ボタンをクリックしても実行できます。

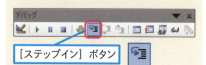

[ステップイン] ボタン

イミディエイトウィンドウを利用する

イミディエイトウィンドウは、マクロ実行中に変数やプロパティの値を書き出したり、ステートメントを直接実行したり、計算結果を表示させたりできます。エラー箇所の調査やエラーの検証に役立ちます。イミディエイトウィンドウは、[表示] メニューの [イミディエイトウィンドウ] をクリックして表示します。また、以下の構文で、変数の値や計算結果などをコード実行中にイミディエイトウィンドウに書き出すことができます。

● イミディエイトウィンドウの位置

◆イミディエイトウィンドウ

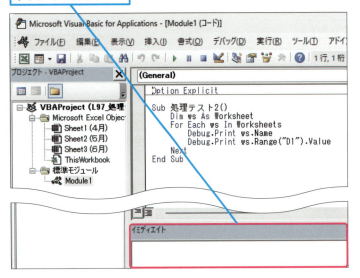

● 基本構文

Debug.Print 出力値

| 説明 | 変変数の値や計算結果などをイミディエイトウィンドウに出力する。 |

2 イミディエイトウィンドウに出力する
L97_処理テスト2.xlsm

● 入力例

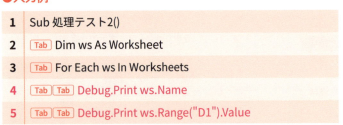

> ⚠ **ここに注意**
> 手順2は、イミディエイトウィンドウを表示したのちマクロを実行してください。この処理は、ワークシートには表示されません。

> 💡 **使いこなしのヒント**
> **変数やプロパティの値を書き出す**
> 手順2では、For Eachステートメントの繰り返し処理の中で変数wsに代入されているワークシートのシート名と、それぞれのシートのセルD1の値を書き出しています。イミディエイトウィンドウに書き出すことで、目的のオブジェクトが正しく参照されているか、プロパティにどんな値が設定されているかといったことを確認できます。F8キーを押してステップインで1行ずつ実行しながら確認してもいいでしょう。

> 💡 **使いこなしのヒント**
> **イミディエイトウィンドウに表示された文字をすべて削除するには**
> イミディエイトウィンドウ内でCtrl+Aキーで文字列全部を選択し、Deleteキーを押します。DeleteキーやBack spaceキーで1文字ずつ削除することもできます。

使いこなしのヒント

ステートメントを実行するには

イミディエイトウィンドウに実行したい処理を記述して Enter キーを押すと、その1行だけ単独で実行できます。動作確認に利用できます。

```
イミディエイト
Range("A1").Value=100
```

実行したい処理を記述して Enter キーを押すと、その処理が単独で実行される

ここでは、セルA1に100と入力される

使いこなしのヒント

式の結果やプロパティの値を調べるには

「?」のあとに半角スペースを空けて、式やプロパティを記述し Enter キーを押すと、結果が表示されます。

```
イミディエイト
? 100*2
 200
? range("A2").Value
 100
```

結果を確認したい式やプロパティを記述し、Enter キーを押すと結果が次の行に表示される

| 6 | Tab Next |
| 7 | End Sub |

1	マクロ［処理テスト2］を開始する
2	Worksheet型の変数wsを宣言する
3	ブック内のすべてのワークシートを変数wsに順番に代入しながら以下の処理を繰り返す（For Eachステートメントの開始）
4	変数wsの名前をイミディエイトウィンドウに書き出す
5	変数wsのセルD1の値をイミディエイトウィンドウに書き出す
6	3行目に戻る
7	マクロを終了する

After

イミディエイトウィンドウに処理が表示された

```
イミディエイト
 4月
 2024/04/30
 5月
 2024/05/31
 6月
 2024/06/30
```

使いこなしのヒント

イミディエイトウィンドウが非表示でも書き出される

マクロ実行時にイミディエイトウィンドウが非表示であっても書き出されています。マクロ実行後、[表示]メニューの[イミディエイトウィンドウ]をクリックして確認してください。

まとめ　イミディエイトウィンドウをどんどん活用しよう

マクロ内で「Debug.Print 出力値」と記述すると、出力値に指定した変数の値などをイミディエイトウィンドウに書き出せます。また、ヒントにあるように、イミディエイトウィンドウに直接ステートメントを記述すると、その1行だけを単独で実行できます。さらに、「?」に続けてプロパティや計算式を記述すると結果が表示されます。イミディエイトウィンドウは、マクロの完成や勉強に大変役立ちます。

レッスン 98 フォルダーやファイルを操作するには

フォルダー・ファイル操作 | **練習用ファイル** 手順見出しを参照

このレッスンでは、カレントフォルダーの場所を調べたり、変更したりする方法と、指定したファイルやフォルダーがあるかどうかを調べる方法を紹介します。それぞれ、ブックを保存したり開いたりする場合に利用できます。

キーワード
関数	P.341
条件分岐	P.342
ステートメント	P.342

用語解説
カレントドライブ

現在作業対象となっているドライブのことを指します。ドライブはパソコンの保存領域のことで、通常は「C」となります。

カレントフォルダーの取得と変更

カレントフォルダーとは、現在作業対象になっているフォルダーです。現在のカレントフォルダーを取得するにはCurDir関数を使います。また、カレントフォルダーを変更するにはChDirステートメントを使います。

●CurDir関数
CurDir([Drive])

引数	Drive：カレントフォルダーを調べたいドライブ名を指定する。省略時は、カレントドライブが対象となる
説明	指定したドライブのカレントフォルダーを取得する

●ChDirステートメント
ChDir Path

引数	Path：変更後のカレントフォルダーを指定する
説明	引数Pathで指定したフォルダーをカレントフォルダーに変更する。ドライブやパスを含めて指定する。フォルダー名だけを指定した場合は、カレントフォルダー内のフォルダーがカレントフォルダーに設定され、ドライブ名を省略すると、カレントドライブ内のカレントフォルダーに設定される

使いこなしのヒント
カレントドライブを変更するには

カレントドライブを変更するにはChDriveステートメントを使います。以下の使用例は、カレントドライブを「D」に変更後、カレントドライブのカレントフォルダーをメッセージ表示し、その後、カレントドライブを「C」に戻し、再度カレントドライブのカレントフォルダーをメッセージ表示しています。引数はDriveで、変更後のドライブ名を指定します。

ChDrive Drive

1. Sub カレントドライブ変更()
2. [Tab] ChDrive "D"
3. [Tab] MsgBox CurDir()
4. [Tab] ChDrive "C"
5. [Tab] MsgBox CurDir()
6. End Sub

1 カレントフォルダーを変更する
L98_フォルダー操作.xlsm

●入力例

1. Sub カレントフォルダーの取得と変更()
2. [Tab] Range("A2").Value = CurDir("C")
3. [Tab] ChDir "C:¥ExcelVBA"
4. [Tab] Range("A5").Value = CurDir("C")

5	End_Sub
1	マクロ［カレントフォルダーの取得と変更］を開始する
2	CドライブのカレントフォルダーをセルA2に入力する
3	カレントフォルダーをCドライブの［ExcelVBA］に変更する
4	CドライブのカレントフォルダーをセルA5に入力する
5	マクロを終了する

After

Cドライブに［Excel VBA］フォルダーがある状態でマクロを実行する

	A	B	C	D
1	現在のカレントフォルダー			
2	C:¥Users¥dekir¥ドキュメント			
3	↓			
4	変更後のカレントフォルダー			
5	C:¥ExcelVBA			
6				

カレントフォルダーの場所がCドライブの［ExcelVBA］に変更された

ファイルやフォルダーを検索する

Dir関数を使うと、指定したファイルまたはフォルダーと一致するファイルまたはフォルダーを検索できます。ブックを保存するときに同名ファイルがあるかどうかをチェックしたいときなどに使えます。

●Dir関数

Dir([PathName], [Attributes])

引数	PathName：検索したいファイル名・フォルダー名を指定する／Attributes：検索条件を定数で指定する（下表参照）。省略時は通常ファイルを検索する
説明	引数PathNameで指定したファイル名と同じ名前のファイルを検索し、見つかったらファイル名、見つからなかったら「""(長さ0の文字列)」を返す。パスも含めてファイル名を指定したら、そのパスが示す場所を検索する。パスを省略した場合はカレントフォルダー内を検索する。2回目以降の検索で引数を省略して「Dir()」とすると1回目と同じ条件でファイルを検索する

●引数Attributesの主な設定値

定数	値	設定値
vbNormal	0	通常ファイル
vbReadOnly	1	読み取り専用ファイル
vbHidden	2	隠しファイル
vbDirectory	16	フォルダー

⚠ ここに注意

手順1は、Cドライブに［ExcelVBA］フォルダーがある状態でマクロを実行します。

💡 使いこなしのヒント
カレントフォルダーの変更

手順1では、カレントフォルダーをCドライブのExelVBAフォルダーに変更しています。作業の対象となるフォルダーを変更すれば、ブックを開いたり、保存したりするときにブック名だけを指定すればいいというメリットがあります。例えば、最初にカレントフォルダーを変数に代入しておき、作業するフォルダーをカレントフォルダーに変更して、一通り処理をしたら、変数に代入していたフォルダーをカレントフォルダーに戻すという使い方があります。

💡 使いこなしのヒント
新規フォルダーを作成するには

MkDirステートメントを使うと、指定した場所にフォルダーを作成できます。例えば、保存場所として指定したフォルダーが存在しない場合にフォルダーを作成して保存するという使い方があります。

MkDir Path

引数	Path：新しく作成するフォルダーの名前を指定する

●入力例

MkDir "C:¥Data¥集計"

説明	Cドライブの［Data］フォルダーに［集計］フォルダーを作成する

2 ファイルを検索して結果を表示する

L98_ファイル検索1.xlsm

●入力例

1	Sub␣ファイル検索()⏎
2	[Tab] Dim␣fName␣As␣String⏎
3	[Tab] fName␣=␣Dir(Range("A2").Value)⏎
4	[Tab] If␣fName␣<>␣""␣Then⏎
5	[Tab][Tab] Range("B2").Value␣=␣fName⏎
6	[Tab] Else⏎
7	[Tab][Tab] Range("B2").Value␣=␣"無"⏎
8	[Tab] End␣If⏎
9	End␣Sub

1	マクロ［ファイル検索］を開始する
2	文字列型の変数fNameを宣言する
3	セルA2の値（ファイル名）を検索し、検索結果を変数fNameに代入する
4	変数fNameが「""」でない場合（ファイルが見つかり変数fNameにファイル名が代入された場合）（Ifステートメントの開始）
5	セルB2に変数fNameの値（検索されたファイル名）を入力する
6	そうでない場合
7	セルB2に「無」と入力する
8	Ifステートメントを終了する
9	マクロを終了する

Before

「集計.xlsx」が［ExcelVBA］フォルダーにあるかどうか調べたい

	A	B	C	D
1	検索ファイル	結果		
2	C:¥ExcelVBA¥集計.xlsx			
3				

After

［ExcelVBA］フォルダー内にあったのでファイル名「集計.xlsx」と表示された

	A	B	C	D
1	検索ファイル	結果		
2	C:¥ExcelVBA¥集計.xlsx	集計.xlsx		
3				

使いこなしのヒント
Dir関数で見つかったらファイル名だけを返す

Dir関数の引数PathNameでパスを含んだファイル名を指定した場合、ファイルが見つかるとファイル名だけを返します。例えば、「Dir("C:¥Data¥1月.xlsx")」とした場合、「"1月.xlsx"」だけが返ります。

使いこなしのヒント
ワイルドカードを使用して検索できる

引数PathNameでは、ファイル名に「＊（アスタリスク）」のようなワイルドカード文字を指定できます。例えば、「Dir("C:¥Data¥*.xlsx")」とすると「C:¥Data」の中のすべてのブックを繰り返し処理と組み合わせて検索できます。

⚠ ここに注意

手順2はCドライブのExcelVBAフォルダーに集計.xlsxがある状態でマクロを実行します。

使いこなしのヒント
指定したファイルの存在を調べる

手順2ではセルA2に入力されたファイルを検索し、見つかったらセルB2に見つかったファイル名を表示します。セルA2にパスを含めてファイル名を指定しますが、見つかった場合は、パスは含まずファイル名のみが返ることを確認してください。

3 フォルダー内のExcelファイルを検索する

L98_ファイル検索2.xlsm

●入力例

```
1  Sub ファイル一覧()
2    Dim fName As String, i As Integer
3    fName = Dir(Range("A2").Value & "*.xlsx")
4    i = 2
5    Do Until fName = ""
6      Cells(i, "C").Value = fName
7      fName = Dir()
8      i = i + 1
9    Loop
10 End Sub
```

1	マクロ［ファイル一覧］を開始する
2	文字列型の変数fNameと整数型の変数iを宣言する
3	セルA2に入力されているフォルダー内にあるすべてのExcelファイル（*.xlsx）を検索し、見つかったファイルを変数fNameに代入する
4	変数iに2を代入する
5	変数fNameが「""」になるまで以下の処理を繰り返す（Do Untilステートメントの開始）
6	変数i行、C列のセルに変数fNameの値（見つかったファイル名）を入力する
7	同じ条件でファイルを検索し、見つかったファイルを変数fNameに代入する
8	変数iに1を加算する
9	5行目に戻る
10	マクロを終了する

After

対象フォルダー内にあるファイルの名前が表示された

	A	B	C	D	E
1	対象フォルダー		ファイル一覧		
2	C:¥ExcelVBA¥Data		1月.xlsx		
3			2月.xlsx		
4			3月.xlsx		
5					
6					
7					

使いこなしのヒント

フォルダー内の同種のファイルを検索する

Dir関数は、1回目の検索のあと、2回目以降に「Dir()」と引数を省略して指定すると、1回目と同じ条件で検索し、見つかったらファイル名、見つからなかったら「""」を返します。また、フォルダー内のすべてのExcelファイルは、ワイルドカード文字の「*（アスタリスク）」を使って「*.xlsx」で指定できます。これは、「.xlsx」で終わるすべてのファイルという意味です。手順3では、1回目の検索条件で「Dir(Range("A2").Value & "¥*.xlsx")」と指定し、繰り返しの処理の中で2回目以降は「Dir()」を使って同じ条件で検索を繰り返し、見つかったExcelファイル名をセルに書き出して、見つからなくなったところで処理が終了しています。

まとめ

ファイルやフォルダーの操作方法は覚えておこう

ここでは、カレントフォルダーを取得するCurDir関数と変更をするChDirステートメントを紹介しました。この2つを使ってカレントフォルダーを操作できます。また、Dir関数で同名ファイルや同名フォルダーの有無を調べることができます。ブックの保存時や開くときなど、ブックを扱うときにこれらの関数やステートメントが役立つことを覚えておきましょう。

レッスン 99 ワークシートを印刷するには

| 印刷 | 練習用ファイル | L99_印刷.xlsm |

マクロからワークシートやセル範囲などを印刷する方法を紹介します。基本的には印刷プレビューで確認し、必要な印刷設定をしてから印刷をするようにしてください。印刷プレビューにはPrintPreviewメソッド、印刷はPrintOutメソッドを使います。

キーワード

アクティブシート	P.340
引数	P.344
ワークシート	P.345

ワークシートを印刷する

ワークシートを印刷するには、PrintPreviewメソッドかPrintOutメソッドを使います。用紙サイズなどのページ設定は、現在の設定が適用されますので、あらかじめ必要な設定をしておきます。

●PrintPreviewメソッド

オブジェクト.PrintPreview([EnableChanges])

オブジェクト	Workbookオブジェクト、Worksheetオブジェクト、Rangeオブジェクト、Chartオブジェクトなど印刷の対象となるオブジェクト
引数	EnableChanges：Trueまたは省略時は、印刷プレビュー表示でページ設定を変更できる。Falseの場合はページ設定が制限される
説明	指定したオブジェクトの印刷プレビュー画面が表示される

●PrintOutメソッド

オブジェクト.PrintOut([From], [To], [Copies], [Preview])

オブジェクト	PrintPreviewメソッドと同じ
引数	From：開始のページ番号を指定する。省略時は最初のページから印刷する／To：終了のページ番号を指定する。省略時は最後のページまで印刷する／Copies：印刷部数を指定する。省略時は1部のみ印刷する／Preview：Trueの場合は印刷プレビューを表示、Falseまたは省略の場合はすぐに印刷実行する
説明	指定したオブジェクトを引数で指定した設定で印刷を実行する。用紙サイズなどのページ設定は現在の設定が適用される。なお、ここでは一部の引数を省略している

使いこなしのヒント

オブジェクトにWorkbookを指定した場合は

オブジェクトにWorkbookを指定した場合、ブック内のすべてのシートが印刷されます。例えば「ActiveWorkbook.PrintOut」とすると、アクティブブック内のすべてのシートが印刷されます。

使いこなしのヒント

複数のワークシートを印刷するには

1つ目と3つ目のシートを印刷したい場合は、Array関数を使って「Worksheets(Array(1,3)).PrintOut」と指定します。

使いこなしのヒント

セル範囲を指定する場合は

「Range("A1:F5").PrintOut」のように指定し、複数のセル範囲を指定する場合は、「Range("A1:F5, A7:F13").PrintOut」のように指定します。

1 印刷プレビューを表示する

●入力例

1　Sub␣印刷プレビューを表示()⏎
2　[Tab] ActiveSheet.PrintPreview⏎
3　End␣Sub

1　マクロ［印刷プレビューを表示］を開始する
2　アクティブシートの印刷プレビューを表示する
3　マクロを終了する

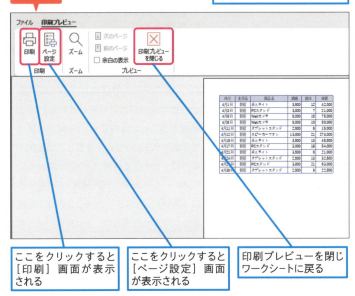

After　印刷プレビューが表示された

ここをクリックすると［印刷］画面が表示される
ここをクリックすると［ページ設定］画面が表示される
印刷プレビューを閉じワークシートに戻る

2 ワークシートを印刷する

●入力例

1　Sub␣ワークシートを印刷()⏎
2　[Tab] Worksheets("新宿").PrintOut␣Copies:=2⏎
3　End␣Sub

1　マクロ［ワークシートを印刷］を開始する
2　［新宿］シートを2部印刷する
3　マクロを終了する

印刷が実行される

使いこなしのヒント
アクティブシートの印刷プレビューを表示する

手順1では、アクティブシートの印刷プレビューを表示しています。引数EnableChangesにTrueを設定するか省略すると、印刷プレビュー用の画面にある［印刷プレビュー］タブのボタンでさまざまな指定を行えます。

使いこなしのヒント
引数EnableChangesにFalseを設定した場合は

引数EnableChangesにFalseを設定すると、印刷プレビュー画面の［ページ設定］と、［プレビュー］グループの［次のページ］、［前のページ］、［余白の表示］が選択できない状態で表示されます。

使いこなしのヒント
指定したワークシートを印刷する

手順2では、引数Copiesで2を指定して、2部印刷しています。いきなり印刷が実行されるので、印刷設定する必要がなければいいのですが、できれば引数PreviewをTrueにして印刷プレビューを表示して確認することをお勧めします。

まとめ　印刷設定も確認しておく

ここでは、PrintPreviewメソッドとPrintOutメソッドを紹介しています。それぞれ、ブック単位、ワークシート、セル単位などを対象にすることができます。PrintOutメソッドでは、開始ページや終了ページ、部数などの指定はできますが、用紙サイズのようなページ設定は、現在のパソコンの設定のままになりますので、あらかじめ設定を確認しておきましょう。

レッスン 100 実践 保存先とファイル名を確認してから保存するには

フォルダーとファイルの検索　　**練習用ファイル** L100_確認後保存.xlsm

このレッスンでは、保存場所に指定したフォルダーが存在しない場合にフォルダーを作成する処理と、保存場所に同名ブックがすでに保存されているかどうかを先に確認し、同名ブックがあったら保存しない処理を紹介します。

キーワード

関数	P.341
条件分岐	P.342
ステートメント	P.342

使いこなしのヒント

フォルダーとブックを検索して保存する

手順1では、新規ブックを「C:¥集計¥集計240622.xlsx」のようにCドライブの[集計]フォルダーに[集計240622.xlsx](数字の部分は今日の日付)と名前を付けて保存することが目的です。Dir関数を使ってフォルダーとブックを検索しています。まずは、3行目で保存先を変数dNameに代入し、4～6行目でDir関数でCドライブに[集計]フォルダーがあるかどうかを確認し、なかった場合は、MkDirステートメントで作成し、保存場所を用意します。
次に、7行目で、ファイル名を変数fNameに代入します。「集計240622.xlsx」とするためには、数値の部分はFormat関数を使って表示形式を設定します。今日の日付を指定したいので、Date関数を使って「Format(Date, "yymmdd")」とします。フォルダーとブック名と拡張子をつなぎ合わせたものを変数fNameに代入して以降のコードで利用します。
8行目で、保存場所に同名ファイルがあるかどうか検索し、「""」の場合は同名ファイルが見つからなかったということなので、新規ブックを追加し、指定した場所と名前で保存し、閉じます。見つかった場合は、すでに同名ファイルが保存されているので、メッセージを表示します。

1 フォルダーとファイルを確認してから保存する

●入力例

1	Sub フォルダーとファイルを確認してから保存()
2	[Tab] Dim dName As String, fName As String
3	[Tab] dName = "C:¥集計"
4	[Tab] If Dir(dName, vbDirectory) = "" Then
5	[Tab][Tab] MkDir dName
6	[Tab] End If
7	[Tab] fName = dName & "¥集計" & Format(Date, [Tab] "yymmdd") & ".xlsx"
8	[Tab] If Dir(fName) = "" Then
9	[Tab] Workbooks.Add
10	[Tab][Tab] ActiveWorkbook.SaveAs fName
11	[Tab][Tab] ActiveWorkbook.Close
12	[Tab] Else
13	[Tab][Tab] MsgBox "同名ファイルがあります。"
14	[Tab] End If
15	End Sub

1	マクロ[フォルダーとファイルを確認してから保存]を開始する
2	文字列型の変数dNameと変数fNameを宣言する
3	変数dNameに、文字列「C:¥集計」を代入する(保存先フォルダーの指定)
4	変数dNameのフォルダーが見つからなかった場合(Ifステートメントの開始)
5	変数dNameのフォルダーを作成する

6	Ifステートメントを終了する
7	変数fNameに、変数dNameと「¥集計」と今日の日付（2024/06/22の場合）を「yymmdd」（240622）の形式にしたものと「.xlsx」を連結した文字列を代入する（保存ブック名の指定）
8	変数fNameのファイルが見つからなかった場合（Ifステートメントの開始）
9	新規ブックを追加する
10	アクティブブックを変数fNameで保存する
11	アクティブブックを閉じる
12	そうでない場合
13	「同名ファイルがあります。」とメッセージを表示する
14	Ifステートメントを終了する
15	マクロを終了する

After

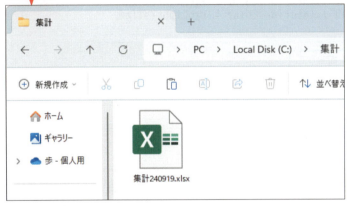

Cドライブに［集計］フォルダーが作成され、マクロを実行した日付の名前が付いたブックが保存された

保存先フォルダーに同名のファイルがある場合はメッセージが表示される

使いこなしのヒント

フォルダーを検索するには

フォルダーを検索する場合は、Dir関数で引数AttributesにvbDirectoryを指定します。以下の例は、Cドライブに「ExcelVBA」フォルダーがあるかどうか調べ、見つかったらフォルダー名をメッセージ表示し、見つからなかったら「存在しません」とメッセージ表示しています。

Dir(フォルダー名, vbDirectory)

1	Sub フォルダー検索()
2	[Tab] Dim myDir As String
3	[Tab] myDir = Dir("C:¥ExcelVBA", vbDirectory)
4	[Tab] If myDir <> "" Then
5	[Tab][Tab] MsgBox myDir
6	[Tab] Else
7	[Tab][Tab] MsgBox "存在しません"
8	[Tab] End If
9	End Sub

⚠ ここに注意

MkDirステートメントで「C:¥集計¥Data」とした場合は、Cドライブの［集計］フォルダーに［Data］フォルダーを作成します。そのため、Cドライブに［集計］フォルダーが存在しない場合はエラーになります。

まとめ　不具合に対応したブックの保存処理

ここでは、ブックを保存するときに起こりがちな不具合に対応する処理を行っています。保存先のフォルダーがない場合は、フォルダーを作成して保存場所を用意します。次に、同名ファイルがすでに保存されているかをチェックして、なければ保存して閉じ、あればメッセージを表示します。保存の仕方についてはいろいろな方法がありますので、部分的に利用できそうな箇所を使って活用してください。

この章のまとめ

実用的な機能を仕事に活用しよう

この章では、ブックの開閉時に自動実行できるマクロや、フォルダーやファイルを操作する機能など、ここまでで紹介してこなかった実用的な機能を紹介しています。中でもDir関数はファイルやフォルダーの検索でよく使われますので、ぜひ覚えてください。また、マクロの実行時エラーに対応した処理の方法やマクロの動作を検証する方法も紹介しています。この章でより一層知識を深め、さらにスキルアップしましょう。

```
(General)
    Option Explicit

⇨   Sub 処理テスト()
        Range("A1:D1").Interior.Color = rgbLightSalmon
        Range("A2:A5").Interior.Color = rgbLightYellow
    End Sub
```

マクロを実行した際の様子を観察して、エラーの原因を確認しよう

イベントプロシージャが面白かったです！

ブックを開いたときに自動で実行されるので、ワークシート関数などと連動させると便利ですよ。間違えて開いてしまった場合は、上書き保存しないように注意しましょう。

イミディエイトウインドウが便利でした！

使い方はちょっと難しいのですが、マクロの中身が見える便利な機能です。ぜひ使いこなしてください。

活用編

第14章

ユーザーフォームを作ってみよう

VBAでは、ユーザーに入力させたり、選択させたりすることができるユーザーフォームという画面を作ることができます。画面の上にいろいろな部品を配置して、自由なレイアウトで作りたい画面を作成できます。この章では、ユーザーフォームの作り方を紹介します。

101	ユーザーフォームって何？	302
102	ユーザーフォームってどうやって作るの？	304
103	フォームを追加するには	306
104	コントロールを配置するには	308
105	ボタンクリック時の動作を記述するには	310
106	ユーザーフォームを表示するボタンを用意するには	312
107	並べ替えを実行するには	314
108	いろいろなコントロールを使いこなすには	316

レッスン 101

Introduction この章で学ぶこと

ユーザーフォームって何?

ユーザーフォームとは、入力欄や選択肢、ボタンなどの部品を配置した、オリジナルの設定画面です。ユーザーに操作してもらいたいことをまとめた画面を作れば、誤操作を防ぎ、効率的な処理につながります。ユーザーフォームの作り方を紹介します。

ここまで学んだことの、総まとめです!

なんとかついてこれました。
いよいよ総まとめの章ですね。

この章はまた、がらっと違うテーマみたいで
ワクワクしています♪

お二人とも、ここまでよく頑張りました……! この章では今までの総まとめとして、マクロを駆使したユーザーフォームを作ります。

簡単に操作できるフォームを作る

ユーザーフォームはその名の通り、ユーザーが操作するためのフォームです。Accessで作ることもありますが、この章ではVBAで作り、Excelで実行できるようにします。

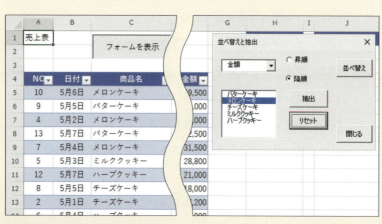

ボタンなどを操作した結果がワークシートに反映される

パーツを組み合わせて自由に作れる

ユーザーフォームの特長は、デザインの自由度が高いこと。好きなところに部品を配置して、使いやすい形に仕上げることができます。

Excelでよく見る画面と同じですね。いろいろなパーツが使えて楽しいです！

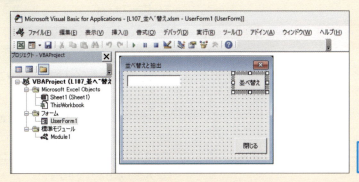

パーツを配置して自由に作成できる

VBAで処理を行う

ここからが大事なところ。それぞれのパーツを操作したときに、ワークシートに結果が反映されるようにプログラミングします。今までのおさらいを兼ねて、挑戦しましょう。

フォームが動くと達成感がありますね！間違えないようにプログラミングします。

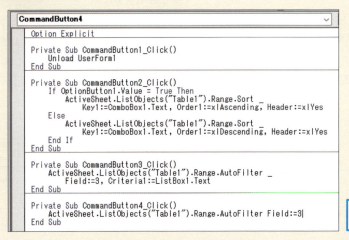

入力例を見ながら正確にプログラミングしよう

レッスン 102 ユーザーフォームってどうやって作るの？

ユーザーフォームの概要 | 練習用ファイル なし

このレッスンでは、フォームを作成する基本的な手順と、フォームを作成する画面や配置する部品について紹介します。ユーザーフォームを作成する前にきちんと確認しましょう。

フォームを作成する流れを確認しよう

フォームは、基本的に以下のような順番で作成します。作成の流れを頭に入れておけば、やるべきことが整理できて、作業をスムーズに進めることができます。

Step1 フォームの追加と初期設定

Step2 コントロールの配置と初期設定

Step3 イベントプロシージャを作成して実行する処理を記述

Step4 フォームを表示するマクロとボタンを作成

フォームの作成場所

フォームを作成するときは2つの画面を使います。1つは「フォームウィンドウ」で、部品を配置してデザインし、プロパティウィンドウでフォームやコントロールの初期設定をします。もう1つは、フォームの「コードウィンドウ」です。この画面では、ボタンをクリックしたときの処理などのイベントプロシージャを作成します。

キーワード

コードウィンドウ	P.342
プロパティウィンドウ	P.344
ユーザーフォーム	P.345

使いこなしのヒント
作成手順は大きく分けて4ステップ

フォームの作成手順は、大きく4ステップの順に進みます。これは基本的な流れなので、必要に応じて先にフォームに表示するボタンを配置したり、あとでコントロールを追加したりできます。

用語解説
コントロール

フォームに配置する部品のこと。文字を入力するためのテキストボックスやクリックして処理を実行するためのコマンドボタンなどがあります。コントロールは［ツールボックス］から追加します。

使いこなしのヒント
フォームウィンドウとコードウィンドウを表示するには

プロジェクトエクスプローラーで、作成中のユーザーフォーム名（UserForm1）を右クリックして表示を選択できます。なお、ユーザーフォーム名をダブルクリックしてもフォームウィンドウが表示できます。

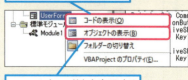

●フォームウィンドウ…フォームのデザインを作成

◆コントロール

◆ツールボックス
フォーム上に配置できるコントロールが用意されている。フォームをクリックすると表示される

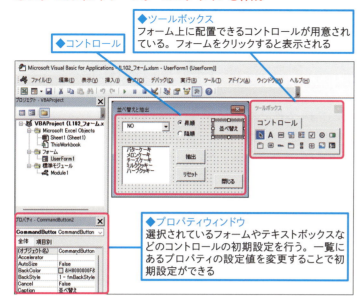

◆プロパティウィンドウ
選択されているフォームやテキストボックスなどのコントロールの初期設定を行う。一覧にあるプロパティの設定値を変更することで初期設定ができる

●コードウィンドウ…フォームで動くイベントプロシージャを作成

◆コードウィンドウ
フォームで動くイベントプロシージャを記述する

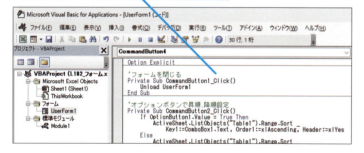

●主なコントロール

	コントロール名	機能
A	ラベル	任意の場所に文字列を表示する
abl	テキストボックス	文字列の入力と表示をする
	コンボボックス	文字列の入力と選択肢を表示する
	リストボックス	選択肢を一覧で表示する
✓	チェックボックス	クリックしてオンとオフを指定する
⊙	オプションボタン	複数の選択肢から1つを選択する
ab	コマンドボタン	クリックして処理を実行する

使いこなしのヒント
ツールボックスを表示するには

フォームをクリックしてもツールボックスが表示されない場合は、[表示]メニューの[ツールボックス]をクリックして表示します。

使いこなしのヒント
プロパティウィンドウのタブの並び順を確認しよう

プロパティウィンドウの[全体]タブはアルファベット順、[項目別]タブは機能順に並んでいます。

使いこなしのヒント
プロパティウィンドウを表示するには

プロパティウィンドウが表示されていない場合は、[表示]メニューの[プロパティウィンドウ]をクリックして表示します。

まとめ
ユーザーフォームの作成手順と2つの画面

このレッスンでは、フォームを作成する流れと、フォームを作成するための2つの画面を確認しました。フォームを作成するには、フォームウィンドウでテキストボックスやコマンドボタンのようなコントロールと呼ばれる部品を配置し、画面設計をします。設計ができたら、コードウィンドウに切り替えて、ボタンをクリックしたときに実行するイベントプロシージャを作成します。

レッスン 103 フォームを追加するには

ユーザーフォームの追加 | **練習用ファイル** L103_フォームの追加.xlsm

このレッスンではフォームを作っていきましょう。フォーム作成の最初の一歩は、ユーザーフォームを追加することです。ここでは、ユーザーフォームの追加手順と初期設定としてタイトルバーに表示する文字列とサイズを指定してみます。

キーワード
プロジェクトエクスプローラー	P.344
プロパティウィンドウ	P.344
ユーザーフォーム	P.345

ユーザーフォームを追加して初期設定を行う

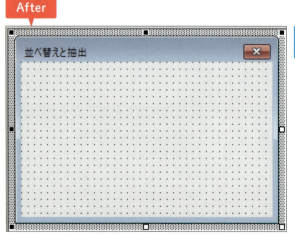

After
［並べ替えと抽出］フォームが作成できた

1 ユーザーフォームを追加する

「L103_フォームの追加.xlsm」をExcelで開いておく
レッスン11を参考にVBEを起動しておく

1 ［挿入］をクリック
2 ［ユーザーフォーム］をクリック

使いこなしのヒント
フォームやコントロールの名前を確認するには

［プロパティウィンドウ］の［(オブジェクト名)］で作成されたフォームやコントロールの名前を確認できます（ここでは[UserForm1]）。マクロ（イベントプロシージャ）では、この名前を使ってフォームやコントロールを指定します。名前の変更もできるので、区別しやすくするためにわかりやすい名前を設定してもいいでしょう。

2 フォームの初期設定をする

ユーザーフォームが追加された

[プロジェクトエクスプローラー]の[フォーム]に追加されたユーザーフォームが表示された

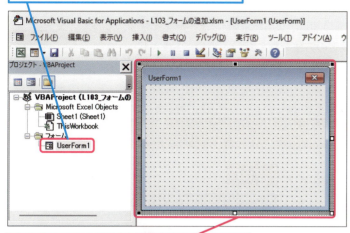

フォームのタイトル文字と高さを変更する

1 追加したフォームをクリックして選択

2 [プロパティウィンドウ]の[Caption]に「並べ替えと抽出」と入力

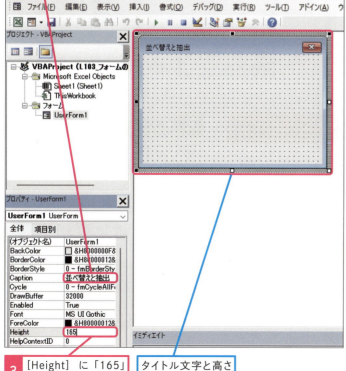

3 [Height]に「165」と入力

タイトル文字と高さが変更された

使いこなしのヒント
タイトル文字を設定するには

フォームのタイトルバーに表示する文字は[Caption]プロパティで設定できます。

使いこなしのヒント
フォームのサイズを設定するには

フォームの高さは[Height]プロパティ、幅は[Width]プロパティで設定できます。数値で指定すると正確に設定できます。

使いこなしのヒント
ドラッグでサイズ調整ができる

フォームが選択されているときに右辺と下辺に表示される白いハンドルをドラッグすると、自由なサイズに変更できます。

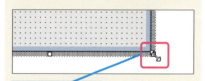

ここをドラッグしてサイズ調整できる

使いこなしのヒント
追加したフォームを削除するには

プロジェクトエクスプローラーでフォーム名を右クリックし、[(フォーム名)の解放]をクリックします。エクスポートの確認画面が表示されたら、[いいえ]ボタンをクリックします。

まとめ ユーザーフォームの追加方法を覚えよう

このレッスンでは、ユーザーフォームを新規に追加し、初期設定としてタイトル文字とサイズを変更しました。初期設定はプロパティウィンドウで行います。タイトルバーの文字は[Caption]プロパティ、幅と高さは[Width]、[Height]プロパティで設定します。またフォームの右下角のハンドルをドラッグしても変更できることも覚えておきましょう。

レッスン 104 コントロールを配置するには

コントロールの配置 | 練習用ファイル L104_コントロールの追加.xlsm

このレッスンでは、フォーム上にコントロールを追加し、初期設定を行います。コントロールの配置方法と初期設定の方法を覚えましょう。ここでは、コマンドボタンの配置を例に手順を確認してください。

キーワード
コントロール	P.342
プロパティウィンドウ	P.344
ユーザーフォーム	P.345

コントロールを配置して初期設定を行う

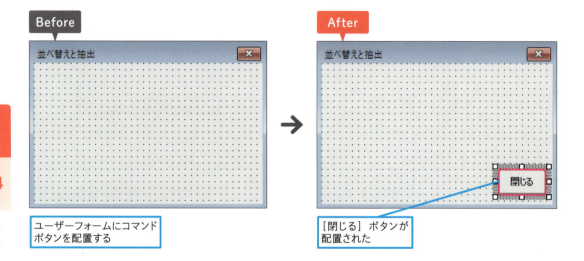

Before: ユーザーフォームにコマンドボタンを配置する
After: [閉じる]ボタンが配置された

1 コマンドボタンを配置する

ここでは処理を実行するコマンドボタンを配置する

1 [ツールボックス]で[コマンドボタン]をクリック

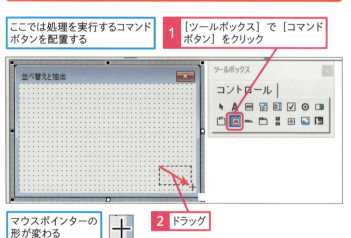

マウスポインターの形が変わる

2 ドラッグ

使いこなしのヒント
コントロールのサイズと位置を変更するには

コントロールをクリックしてハンドルが表示されたら、ハンドル上にマウスポインターを合わせてドラッグするとサイズ変更できます。コントロール上にマウスポインターを合わせドラッグすると移動できます。また、[プロパティウィンドウ]の[Height]で高さ、[Width]で幅、[Top]でフォームの上端からの距離、[Left]でフォームの左端からの距離を数値で指定できます。

●コマンドボタンが追加される

コマンドボタンが追加された

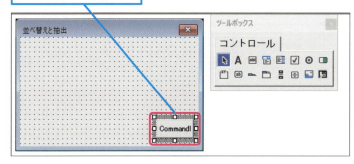

2 コマンドボタンの初期設定をする

コマンドボタン上に表示される文字列を設定する

1 追加したコマンドボタンをクリック

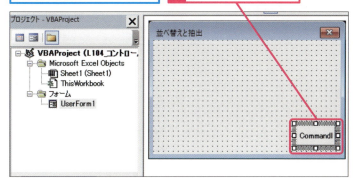

2 [プロパティウィンドウ]の[Caption]に「閉じる」と入力

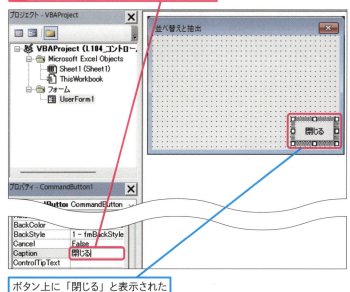

ボタン上に「閉じる」と表示された

使いこなしのヒント
Captionプロパティで文字列を設定する

ボタン上に表示する文字列は、[Caption]プロパティで設定します。

使いこなしのヒント
ボタン上で直接文字を変更できる

ボタン上の文字をクリックして選択し、もう一度クリックしてカーソルを表示し、[Delete]または[Back space]キーで文字を消去してから表示したい文字列を入力しても変更できます。

使いこなしのヒント
コマンドボタンの主な設定値を確認しよう

コマンドボタンの主な設定値は以下になります。

●設定値

プロパティ名	内容
オブジェクト名	ボタンの名前
Caption	ボタン上に表示する文字列
Default	Trueにすると、[Enter]キーを押したときにクリックしたとみなされる
Cancel	Trueにすると、[Esc]キーを押したときにクリックしたとみなされる

まとめ
コントロールの追加と初期設定を学ぼう

フォームに配置するコントロールは、[ツールボックス]から追加します。追加したいコントロールをクリックし選択したら、フォーム上で配置したい位置をドラッグします。また、初期設定でボタンに表示する文字は[Caption]プロパティで設定することも覚えておきましょう。

レッスン 105 ボタンクリック時の動作を記述するには

イベントプロシージャ　　練習用ファイル　L105_イベントプロシージャ.xlsm

コマンドボタンをクリックしたときに実行するイベントプロシージャを作成します。コマンドボタンをダブルクリックすると、コントロールの既定のイベントで自動的にイベントプロシージャの枠組みが作成されます。コマンドボタンは「Click」が既定のイベントであるため、これを利用して作成します。

キーワード

イベントプロシージャ	P.341
コードウィンドウ	P.342
マクロ	P.344

コマンドボタンに機能を搭載する

Before

フォーム上のコマンドボタンに動作を記述したい

→

After

フォームを閉じる動作がボタンに割り当てられクリックするとフォームが閉じるようになった

1 イベントプロシージャを作成する

ここではコマンドボタンにイベントプロシージャを作成する

1 コマンドボタンをダブルクリック

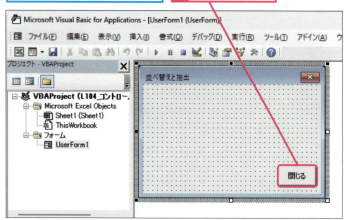

使いこなしのヒント
クリック時以外のイベントプロシージャを作成するには

クリック時以外のイベントプロシージャを作成したい場合は、レッスン95を参考にコードウィンドウの［オブジェクトボックス］でオブジェクトを選択し、［プロシージャボックス］でイベントを選択してイベントプロシージャを作成します。

使いこなしのヒント
イベントプロシージャ名の指定

イベントプロシージャ名は、「オブジェクト名_イベント名」の形式で指定します。

2 実行する処理を記述する

コードウィンドウに切り替わった

ボタンクリック時のイベントプロシージャ「CommandButton1_Click」の枠組みが作成される

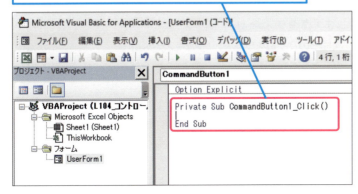

枠組みの中に実行する処理を記述する

1 マクロを記述する（ヒント参照）

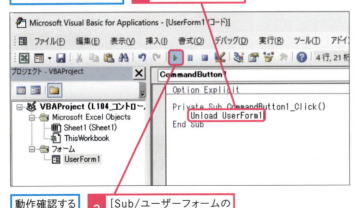

動作確認する

2 ［Sub/ユーザーフォームの実行］をクリック

ワークシート上にフォームが表示された

3 ［閉じる］をクリック

フォームが閉じることを確認できた

用語解説
Private

イベントプロシージャ名の前についている「Private」は、マクロの適用範囲を示しています。Privateは、このモジュール内（UserForm1）でのみ有効で、他のモジュールから呼び出して実行することはできないことを意味しています。

使いこなしのヒント
ここで記述するマクロ

ここでは以下のマクロを記述します。「Unload UserForm1」は「フォームを閉じる」という意味です。

1. Private_Sub_CommandButton1_Click() ↵
2. [Tab] Unload_UserForm1 ↵
3. End_Sub

用語解説
Unloadステートメント

指定したユーザーフォームを閉じます。ユーザーフォーム名を指定する代わりに、実行しているユーザーフォームを意味するMeキーワードを使って「Unload Me」と記述することもできます。

Unload ユーザーフォーム名

まとめ
コマンドボタンの動作を記述する

コマンドボタンは、クリックしたら何らかの処理を実行する役目のコントロールです。そのため、コマンドボタンのクリック時のイベントプロシージャを作成し、処理を記述します。デザイン画面でコマンドボタンをダブルクリックすると、既定のイベント（Click）でイベントプロシージャの枠組みが作成されるので、そこに実行する処理を記述します。

レッスン 106 ユーザーフォームを表示するボタンを用意するには

フォームを表示 　　**練習用ファイル** L106_フォーム表示用マクロ作成.xlsm

フォームをワークシートから表示するためには、まず標準モジュールでフォームを開く処理をするマクロを作成し、次にそのマクロをワークシート上に配置したボタンに割り当てます。ワークシート上のボタンは、**レッスン14**の手順で追加できます。

キーワード	
アクティブシート	P.340
モジュール	P.345
ユーザーフォーム	P.345

ワークシートからフォームを表示させる

After

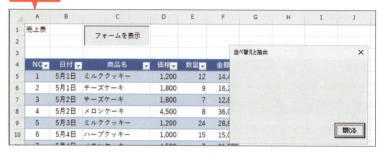

ワークシート上の[フォームを表示]ボタンをクリックすると、[並べ替えと抽出]フォームが表示される

1 フォームを開くマクロを作成する

標準モジュールでフォームを開く処理をするマクロを作成する

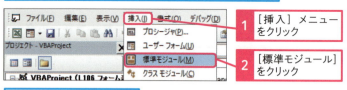

1 [挿入]メニューをクリック
2 [標準モジュール]をクリック

標準モジュールが追加された

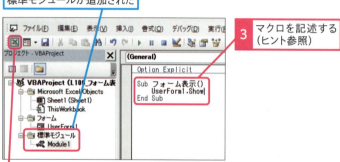

3 マクロを記述する（ヒント参照）

4 [表示 Microsoft Excel]ボタンをクリック

使いこなしのヒント
操作3で記述するマクロ

操作3では以下のマクロを記述します。「UserForm1.Show」は「フォーム[UserForm1]を表示する」という意味です。

1 `Sub フォーム表示()`
2 　`UserForm1.Show`
3 `End Sub`

使いこなしのヒント
Showメソッド

指定したユーザーフォームを表示する。

ユーザーフォーム名.Show

2 ワークシート上にボタンを配置する

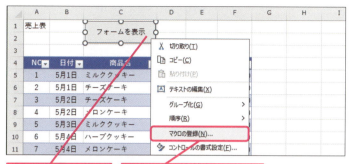

Excelの画面が表示された

ここでは、あらかじめ配置されているボタンにマクロを登録する

1 ボタンを右クリック
2 ［マクロの登録］をクリック

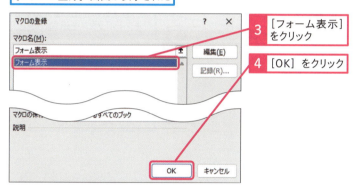

［マクロの登録］画面が表示された

3 ［フォーム表示］をクリック
4 ［OK］をクリック

ボタンの動作を確認する

5 ボタン以外の任意の場所をクリックして選択を解除する
6 ［フォームを表示］ボタンをクリック

ワークシートからフォームが開く

［閉じる］ボタンをクリックしてフォームを閉じておく

💡 使いこなしのヒント
フォーム上にボタンを追加するには

練習用ファイルには、すでにボタンを配置しています。新規で作成する場合はレッスン14の手順を参照してください。

💡 使いこなしのヒント
テーブルのデータを並べ替える

テーブルの参照方法や並べ替え、抽出の方法はレッスン87を参照してください。このフォームでは、アクティブシートの［Table1］テーブルのセル範囲を以下の記述で取得し、並べ替えと抽出をします。

●アクティブシートの［Table1］テーブルのセル範囲を取得

**ActiveSheet.
ListObjects("Table1").Range**

💡 使いこなしのヒント
［閉じる］ボタンがない場合

フォーム上に［閉じる］ボタンを配置していない場合は、タイトルバー右端にある［×］ボタンをクリックして閉じます。

ここをクリックしても閉じることができる

👆 まとめ
フォームを表示するマクロは標準モジュールに作成する

ワークシートに配置したボタンをクリックして、ユーザーフォームをワークシート上で開く方法を紹介しました。ワークシートに配置したボタンには、標準モジュールで作成されたマクロを登録します。そのため、ここでは標準モジュールを追加し、そこにフォームを表示するマクロを作成して、ボタンに登録しています。

レッスン 107 並べ替えを実行するには

フォームの利用 | **練習用ファイル** L107_並べ替え.xlsm

このレッスンでは、レッスン106のフォームにテキストボックスとコマンドボタンを追加し、ボタンをクリックするとテキストボックスの値を使って並べ替えを実行するイベントプロシージャを作成します。

キーワード
イベントプロシージャ	P.341
コードウィンドウ	P.342
コントロール	P.342

テキストボックスとコマンドボタンを追加する

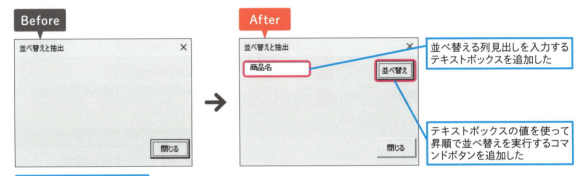

Before / After
- 並べ替える列見出しを入力するテキストボックスを追加した
- テキストボックスの値を使って昇順で並べ替えを実行するコマンドボタンを追加した
- フォームに機能を追加したい

1 コントロールを配置する

レッスン104を参考にテキストボックスとコマンドボタンを配置する

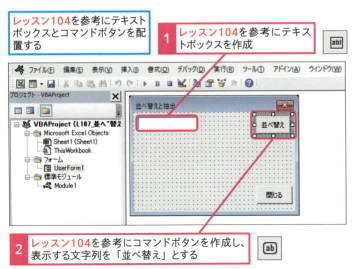

1 レッスン104を参考にテキストボックスを作成

2 レッスン104を参考にコマンドボタンを作成し、表示する文字列を「並べ替え」とする

3 ［並べ替え］ボタンをダブルクリック

使いこなしのヒント
テキストボックスの初期設定

テキストボックスの初期設定は以下になります。

プロパティ	設定
（オブジェクト名）	TextBox1

使いこなしのヒント
コマンドボタンの初期設定

コマンドボタンの初期設定は以下になります。

プロパティ	設定
（オブジェクト名）	CommandButton2
Caption	並べ替え

2 並べ替えを実行する処理を記述する

コードウィンドウに切り替わる	ボタンクリック時のイベントプロシージャ「CommandButton2_Click」の枠組みが作成される

枠組みの中に実行する処理を記述する

1 ヒントを参考にイベントプロシージャを作成

```
CommandButton2
    Option Explicit

    Private Sub CommandButton1_Click()
        Unload UserForm1
    End Sub

    Private Sub CommandButton2_Click()
        On Error Resume Next
        ActiveSheet.ListObjects("Table1").Range.Sort _
            Key1:=TextBox1.Text, Order1:=xlAscending, Header:=xlYes
    End Sub
```

動作確認する

2 [Sub/ユーザーフォームの実行] ボタンをクリック

Excelの画面に切り替わり、フォームが表示された

3 [商品名]と入力

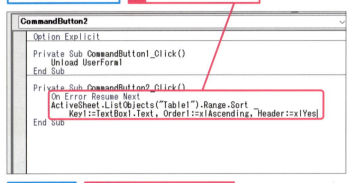

4 [並べ替え] ボタンをクリック

「商品名」の昇順で並び替えられた

使いこなしのヒント
手順2で記述するマクロを確認しよう

手順2では以下のマクロを記述します。「On Error Resume Next」は「実行時エラーが発生した場合、そのまま処理を続ける」、続いて「アクティブシートにあるテーブル[Table1]でテキストボックスに入力された列名、昇順並べ替え、1行目を見出しの設定で並べ替えを実行する」という処理内容になります。ポイントは、テキストボックスの値を引数Key1で指定することです。

1	Private_Sub_CommandButton2_Click()⏎
2	[Tab] On_Error_Resume_Next ⏎
3	[Tab] ActiveSheet.ListObjects("Table1").Range.Sort _ ⏎
4	[Tab][Tab] Key1:=TextBox1.Text,_Order1:=xlAscending,_Header:=xlYes ⏎
5	End_Sub ⏎

用語解説
Textプロパティ

テキストボックスなどのコントロールに入力（表示）された文字列を取得するプロパティです。

コントロール.Text

まとめ テキストボックスの値を使って並べ替える

このレッスンではテキストボックスの値をTextプロパティで取得し、Sortメソッドの引数Key1に指定することで、テキストボックスの値を並べ替えの列に指定しています。コントロールの値を利用するには、ボタンクリック時のイベントプロシージャ内で、コントロールの値を使って処理を記述することを覚えておきましょう。

レッスン 108 いろいろなコントロールを使いこなすには

フォームの利用　　**練習用ファイル** L108_いろいろなコントロール.xlsm

レッスン107のユーザーフォームに改良を加えてもっと使いやすくしてみましょう。ここでは、テキストボックスをコンボボックスに変更し、オプションボタンで昇順、降順の指定ができるようにします。そして、リストボックスで選択した商品名で抽出させてみましょう。

キーワード

イベントプロシージャ	P.341
コードウィンドウ	P.342
コントロール	P.342

いろいろなコントロールを配置する

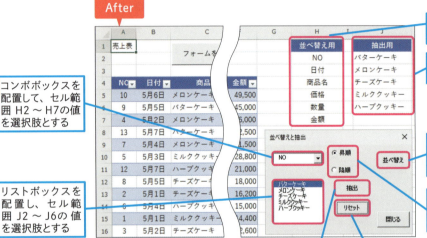

1 コントロールを配置して初期設定を行う

各コントロールを配置する

1 レッスン104を参考に、コンボボックスを配置

プロパティで初期設定を行う（ヒント参照）

使いこなしのヒント

コンボボックスの初期設定

コンボボックスに表示しておく値を指定するには、RowSourceプロパティでセル範囲 H2:H7を選択肢として設定し、Valueプロパティを「NO」にして初期値とします。また、MatchRequiredプロパティをTrueにして選択肢以外のデータが入力できないように設定します。

プロパティ	設定
（オブジェクト名）	ComboBox1
RowSource	H2:H7
Value	NO
MatchRequired	True

● 続けてコントロールを配置する

他のコントロールも配置する

2 オプションボタンを2つ配置

プロパティで初期設定を行う（ヒント参照）

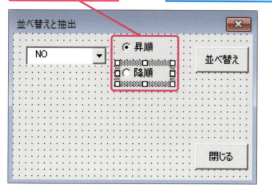

3 リストボックスを配置

プロパティで初期設定を行う（ヒント参照）

4 コマンドボタンを2つ配置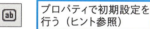

プロパティで初期設定を行う（ヒント参照）

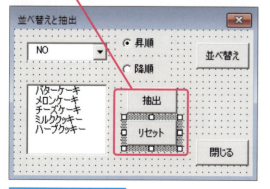

すべてのコントロールが配置された

使いこなしのヒント
オプションボタンの初期設定

[昇順]ボタンはCaptionプロパティで「昇順」と表示し、ValueプロパティにTrueを指定してあらかじめ選択されている状態に設定します。[降順]ボタンはCaptionプロパティで「降順」と表示し、ValueプロパティはFalseのままにします。

プロパティ	設定
（オブジェクト名）	OptionButton1
Caption	昇順
Value	True

プロパティ	設定
（オブジェクト名）	OptionButton2
Caption	降順
Value	False

使いこなしのヒント
オプションボタンの機能を活かそう

オプションボタンは、フォームに配置されている複数のオプションボタンのうち、1つだけオンに設定できます。1つをクリックしてオン（Value：True）にすると、他のオプションボタンは自動的にオフ（Value：False）に設定されます。

使いこなしのヒント
リストボックスの初期設定

RowSourceプロパティでセル範囲J2:J6を選択肢として設定します。RowSourceプロパティでは、コンボボックス、リストボックスの一覧に表示させる選択肢を、縦に並んだセル範囲で指定できます。

プロパティ	設定
（オブジェクト名）	ListBox1
RowSource	J2:J6

使いこなしのヒント
コマンドボタンの初期設定

Captionをそれぞれ「抽出」「リセット」としておきます。

次のページに続く➡

② 実行する処理を記述する

ボタンのクリック時のイベントプロシージャを記述する

1 ［並べ替え］ボタンをダブルクリック

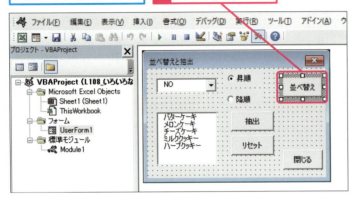

コードウィンドウに切り替わる

ボタンクリック時のイベントプロシージャ「CommandButton2_Click」の枠組みが作成される

2 枠組みの中に実行する処理を記述する（321ページのヒント参照）

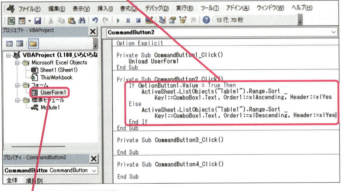

3 ここをダブルクリック

フォームウィンドウに切り替わる

4 ［抽出］ボタンをダブルクリック

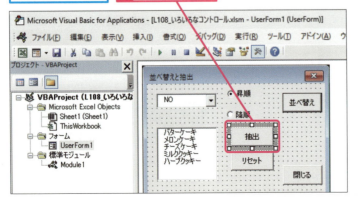

使いこなしのヒント
イベントプロシージャを作成するボタンは3つ

手順2では［並べ替え］ボタン（CommandButton2）、［抽出］ボタン（CommandButton3）、［リセット］ボタン（CommandButton4）、それぞれのクリック時のイベントプロシージャを記述します。

使いこなしのヒント
［並べ替え］ボタンクリック時の動作を確認しよう

［並べ替え］ボタンでは、コンボボックス（ComboBox1）の値（Text）を並べ替える列とし、オプションボタン（OptionButton1）の値（Value）がTrueの場合は昇順並べ替え、Falseの場合は降順並べ替えとなるように、Sortメソッドの引数を指定しています。詳しくは321ページのヒントを参照してください。

使いこなしのヒント
［抽出］ボタンクリック時の動作を確認しよう

［抽出］ボタンでは、リストボックス（ListBox1）の値（Text）を抽出する商品名となるように、AutoFilterメソッドの引数を指定しています。詳しくは321ページのヒントを参照してください。

● コードを完成させる

| コードウィンドウに切り替わる | ボタンクリック時のイベントプロシージャ「CommandButton3_Click」の枠組みが作成される |

5 枠組みの中に実行する処理を記述する（321ページのヒント参照）

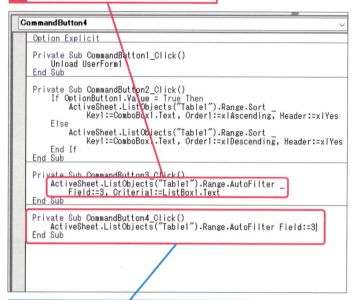

同様に［リセット］ボタンのイベントプロシージャも作成する（321ページのヒント参照）

3 処理を確認する

| フォームに配置した各コントロールボタンが正しく機能するか確認する | 1 ［表示 Microsoft Excel］ボタンをクリック |

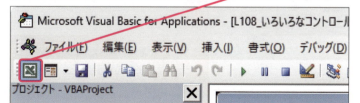

| Excelの画面に切り替わる | 2 ［フォームを表示］ボタンをクリック |

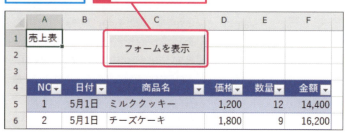

使いこなしのヒント
コンボボックスとリストボックスの値を取得する

コンボボックスの選択後の値やリストボックスで選択された値は、操作5のTextプロパティで取得できます。

使いこなしのヒント
［リセット］ボタンクリック時の動作を確認しよう

［リセット］ボタンで、商品列で抽出している状態を解除します。AutoFilterメソッドで、3列目（商品列）の抽出を、条件を省略して記述することで抽出が解除されます。詳しくは321ページのヒントを参照してください。

ショートカットキー
Excelの画面に切り替える　Alt + F11

●ボタンをクリックして処理を確認する

フォームが表示された

3 [金額] を選択　　4 [降順] をクリック

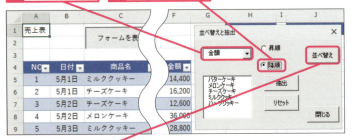

5 [並べ替え] ボタンをクリック

「金額」が降順で並べ変わった

6 「メロンケーキ」を選択　　7 [抽出] ボタンをクリック

「商品名」が「メロンケーキ」のデータが抽出された

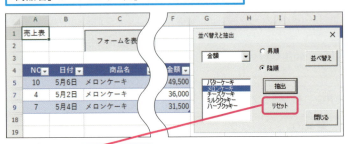

8 [リセット] ボタンをクリック

すべてのデータが表示された

9 [閉じる] ボタンをクリックして終了する

使いこなしのヒント
並べ替えを確認する

コンボボックスの▼ボタンをクリックして一覧を表示し、選択肢の中から項目を選択して、オプションボタンで [昇順] または [降順] をクリックして [並べ替え] ボタンをクリックします。最初の並びに戻すには、[NO] を選択し、[昇順] を選択して並べ替えます。

使いこなしのヒント
抽出を確認する

リストボックスの選択肢で抽出したい商品名をクリックして選択し、[抽出] ボタンをクリックします。

まとめ
いろいろなコントロールで使い勝手がよくなる

このレッスンではいろいろなコントロールを使って、並べ替えと抽出を実行するユーザーフォームを作成しました。コンボボックスやリストボックスは選択肢を用意できるので、選択するだけで指定できます。また、オプションボタンは1つしか選択できないことを利用しています。コントロールの特徴を理解して使用すれば、使い勝手のいいユーザーフォームを作成できるようになります。

使いこなしのヒント
記述するイベントプロシージャの内容

手順2、手順3で記述するイベントプロシージャの内容は以下になります。それぞれの意味をきちんと確認しながら記述しましょう。

●[並べ替え]ボタン（CommandButton2）のイベントプロシージャ

1	Private_Sub_CommandButton2_Click() ↵
2	[Tab] If_OptionButton1.Value_=_True_Then ↵
3	[Tab][Tab] ActiveSheet.ListObjects("Table1").Range.Sort_ _ ↵ [Tab][Tab][Tab] Key1:=ComboBox1.Text,_Order1:=xlAscending,_Header:=xlYes ↵
4	[Tab] Else ↵
5	[Tab][Tab] ActiveSheet.ListObjects("Table1").Range.Sort_ _ ↵ [Tab][Tab][Tab] Key1:=ComboBox1.Text,_Order1:=xlDescending,_Header:=xlYes ↵
6	[Tab] End_If ↵
7	End_Sub

1	マクロ［CommandButton2_Click］を開始する
2	OptionButton1の値がTrueの場合（Ifステートメントの開始）
3	アクティブシートのテーブル［Table1］についてコンボボックスで指定した列、昇順、1行目を見出しにする設定で並べ替えを実行する
4	そうでない場合
5	アクティブシートのテーブル［Table1］についてコンボボックスで指定した列、降順、1行目を見出しにする設定で並べ替えを実行する
6	Ifステートメントを終了する
7	マクロを終了する

●[抽出]ボタン（CommandButton3）のイベントプロシージャ

1	Private_Sub_CommandButton3_Click() ↵
2	[Tab] ActiveSheet.ListObjects("Table1").Range.AutoFilter_ _ ↵ [Tab][Tab] Field:=3,_Criteria1:=ListBox1.Text ↵
3	End_Sub

1	マクロ［CommandButton3_Click］を開始する
2	アクティブシートのテーブル［Table1］の3列目で、ListBox1の値を条件として抽出を実行する
3	マクロを終了する

●[リセット]ボタン（CommandButton4）のイベントプロシージャ

1	Private_Sub_CommandButton4_Click() ↵
2	[Tab] ActiveSheet.ListObjects("Table1").Range.AutoFilter_Field:=3 ↵
3	End_Sub

1	マクロ［CommandButton4_Click］を開始する
2	アクティブシートのテーブル［Table1］の3列目の抽出を解除する
3	マクロを終了する

この章のまとめ

学んだ内容をスキルアップにつなげよう

VBAを使っていろいろなマクロを作成できるようになると、次にどのようにマクロを実行させるかということを考えます。マクロの実行方法は、レッスン14でクイックアクセスツールバーにボタンを登録する、ショートカットキーに登録する、ワークシート上にボタンを追加して登録するの3つの方法を紹介しました。さらに、ユーザーフォームを作成すれば、1つの画面で複数のマクロを実行することができるようになります。本書では、基本的な作成方法にとどめていますが、さらに学習を深めてスキルアップしてください。

```
CommandButton4
    Option Explicit

    Private Sub CommandButton1_Click()
        Unload UserForm1
    End Sub

    Private Sub CommandButton2_Click()
        If OptionButton1.Value = True Then
            ActiveSheet.ListObjects("Table1").Range.Sort _
                Key1:=ComboBox1.Text, Order1:=xlAscending, Header:=xlYes
        Else
            ActiveSheet.ListObjects("Table1").Range.Sort _
                Key1:=ComboBox1.Text, Order1:=xlDescending, Header:=xlYes
        End If
    End Sub

    Private Sub CommandButton3_Click()
        ActiveSheet.ListObjects("Table1").Range.AutoFilter _
            Field:=3, Criteria1:=ListBox1.Text
    End Sub

    Private Sub CommandButton4_Click()
        ActiveSheet.ListObjects("Table1").Range.AutoFilter Field:=3
    End Sub
```

ユーザーフォームを使うと1つの画面で複数のマクロも実行できる

やった、動きました！ 頑張ったかいがあった♪

やりましたね！ このユーザーフォームがきちんと動作すれば、VBAの基本を一通りマスターできています。同じフォームで、違う操作もできるように練習してみてください。

今まで登場したマクロを組み合わせると、もっといろいろ実行できそうです。

ええ、ぜひ挑戦してください。分からないところがあったらおさらいしながらスキルアップしていきましょう。次の章では生成AI「Copilot」を便利に使う方法を紹介します！

活用編

第15章

Copilotをマクロに利用しよう

15章では、Windows11に搭載されているAIアシスタント「Microsoft Copilot」をマクロで利用する方法を紹介します。

109	Microsoft Copilotを活用しよう	324
110	わからない用語を調べる	326
111	マクロの意味を解説してもらう	328
112	マクロを作成してもらう	330
113	マクロを修正してもらう	332
114	エラーの原因を調べる	334

レッスン 109

Introduction この章で学ぶこと

Microsoft Copilotを活用しよう

「Microsoft Copilot」とは、Windows11に組み込まれているAIアシスタントで、無料で使用することができます。Copilotを使用すると、マクロの用語を調べる他、マクロの解説、作成、修正、エラーの原因を調べるなど、いろいろ活用できます。

いよいよ生成AIの登場です！

この章はCopilotを使うんですよね。

生成AIでどんなことができるか、とても楽しみです！

お二人とも興味津々ですね！ Copilotは便利な反面、使い方にはちょっとしたコツが必要です。この章では基本から丁寧に紹介します。

Copilotとは

Microsoft CopilotはMicrosoftが提供しているAIサービスで、無償で使えるもの、有償のもの、Microsoft 365と連動できるものなどさまざまな種類があります。この章では無償版を中心に紹介します。

Windows 11ではタスクバーから起動できる

コードを生成してみよう!

Copilotは指示するだけでVBAの簡単なコードを生成できます。ただし、内容が正しいかどうかは人間がきちんと確認する必要があります。

これ、すごく楽しいです! ちゃんと動かないこともありますけど、最初から自分で書くよりもずっと楽です♪

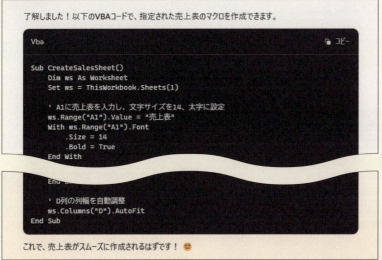

コードを丸ごと生成できる

エラー修正にも使える!

人間が書いたコードをCopilotに修正させることもできます。この場合も人間による確認が必要ですが、エラー修正の見通しがつきやすくなりますよ。

エラー番号の内容を教えてもらうこともできるんですね! VBAの使いこなしが広がりそうです。

エラー番号9は「インデックスが有効範囲にありません」というエラーで、指定された要素が存在しないことを示します。コードの `Worksheets (1)` の部分で問題が発生している可能性が高いです。

この原因として考えられることは以下の通りです:

- ワークシートが存在しない
- ワークシートのインデックスが範囲外である
- ワークシートが非表示または削除されている

まずは、ワークシート「元表」が正しく存在しているか確認し、次にインデックスが1のワークシートが存在するか確認してみてください。

エラー解消のヒントを得られる

レッスン 110 わからない用語を調べる

Copilotへの質問 | **練習用ファイル** なし

Copilotに質問すると、Bingを使ってインターネット上にあるWebページを検索し、回答されます。Excel VBAの用語や文法について質問し、回答を得ることができます。ここでは、Copilotを使った基本的な質問の手順を確認しましょう。

1 Copilotを起動する

1 [Copilot]をクリック

Copilotが起動して、画面の中央に表示された

2 ここをクリック

3 「Excel VBAの配列について解説してください。」と入力

4 [送信]をクリック

5 検索が開始されるので、しばらく待つ

キーワード

Copilot	P.340
プロンプト	P.344
マクロ	P.344

使いこなしのヒント
Enterキーでも送信できる

[送信]ボタンをクリックする代わりに、Enterキーを押しても質問が送信されます。

使いこなしのヒント
Microsoft Edgeで使用するには

Microsoft Edgeのアドレスバーの右端にあるCopilotのアイコンをクリックすると、ウィンドウの右側にCopilotの画面が表示され、アプリと同じ操作で質問することができます。

1 [Copilot]をクリック

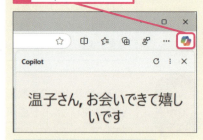

アプリと同じ画面が表示される

使いこなしのヒント
Copilotに対する質問を「プロンプト」という

質問ボックスに入力する、Copilotに対する質問のことを「プロンプト」といいます。

回答が表示された

6 下方向にスクロールして、回答の続きを表示

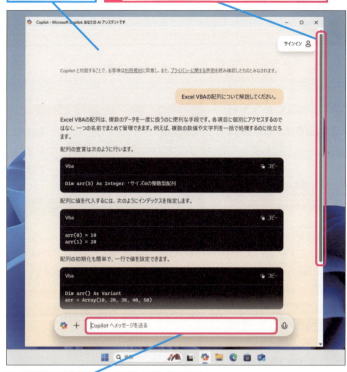

関連する内容を続けて質問したい場合は、質問ボックスに質問を入力する

👍 スキルアップ
Copilotにサインインするには

Copilotにサインインすると、会話の内容の履歴が残り、あとで参照できます。また、画像を使って質問することもでき、活用の幅が広がります。サインインするには、Copilotのウィンドウの右上にある[サインイン]をクリックして、Microsoftアカウントのメールアドレスなどを入力します。

1 [サインイン]をクリック

Microsoftアカウントにサインインする画面が表示された

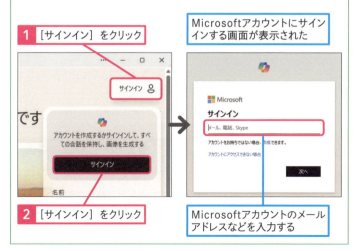

2 [サインイン]をクリック

Microsoftアカウントのメールアドレスなどを入力する

💡 使いこなしのヒント
会話をリセットする

Copilotは、前の質問を踏まえて回答します。そのため、新しい質問をする際は、会話をリセットするといいでしょう。会話をリセットするには質問ボックスの左にある[ホームへ] をクリックし、ホーム画面が表示されたら、[履歴を表示] をクリックします。[私たちの会話]画面が表示されたら、[新しいチャットを開始] をクリックすると、履歴が削除され、新しい画面で質問を開始することができます。なお、Microsoftアカウントでサインインしていると、Copilotとの会話の履歴が[私たちの会話]画面に一覧で表示されます。

💡 使いこなしのヒント
回答は一定ではない

Copilotは生成AIであるため、その回答はその時々の状況や前の内容によって変わります。同じ質問をした場合、本書と同じ回答が表示されないことがありうることを覚えておいてください。

まとめ
Copilotと会話しながらVBAの理解を深める

Copilotは、Bingを使ってインターネット上のWebページの情報をもとに回答が作成されます。前の質問を踏まえて、追加して質問ができます。会話形式でやり取りができるため、わかりやすく、便利です。Copilotを上手に使うことで、Excel VBAの理解を深めるのに役立てられます。

レッスン 111 マクロの意味を解説してもらう

Copilotでマクロを解説　　**練習用ファイル** L111_マクロの解説.xlsm

自分以外の人が作成したマクロの意味を理解するのはなかなか骨の折れる作業です。そんなときは、Copilotを使ってマクロを解説してもらえば、処理内容を素早く把握できます。

キーワード
Copilot	P.340
プロンプト	P.344
マクロ	P.344

1 ブックに保存されているマクロの意味を調べる

Excelでブックを開き、VBEを起動して、意味を調べたいマクロを表示しておく

1 マクロ全体を選択

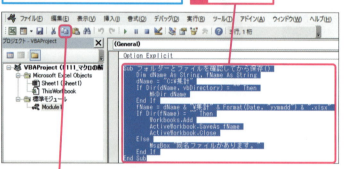

2 ［コピー］をクリック

レッスン110を参考にCopilotを起動しておく

3 「Excel VBAの以下のマクロを解説してください。」と入力

4 [Shift]＋[Enter]キーを押して改行　　5 [Ctrl]＋[V]キーを押す

マクロが貼り付けられた　　6 ［送信］をクリック

使いこなしのヒント
「¥」は「\」に変換される

マクロをCopilotに貼り付けると「¥」は「\」（バックスラッシュ）に変換されます。これは「¥」と同じものとみなされるため、ここでは修正する必要はありません。

使いこなしのヒント
質問の途中で改行するには

質問の入力中に[Enter]キーを押すと質問が送信され、回答の処理が開始されます。質問を複数行で記入したい場合は、[Shift]キーを押しながら[Enter]キーを押すと、質問ボックス内で改行することができます。

使いこなしのヒント
思い通りの回答でなかったときは

Copilotの回答が思い通りのものでなかった場合、質問の内容をより詳細にして再度質問してみてください。

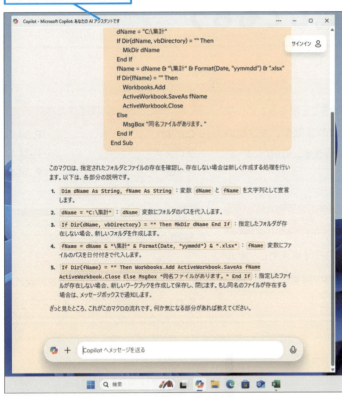

マクロの解説が表示された

使いこなしのヒント
1行ずつ意味を知りたい

Copilotの回答を見ると、Ifステートメントなどの処理の単位で解説されています。1行ずつ解説してほしい場合は、「Excel VBAの以下のマクロを1行ずつ解説してください。」のように「1行ずつ」を明記して質問してください。

まとめ
既存のマクロをすばやく理解するのに役立てる

Copilotでマクロの意味を調べたい場合は、マクロをコピーし、Copilotの質問ボックスに貼り付けて、解説をお願いします。最初の回答がわかりづらい場合は、「もっとわかりやすく解説してください」のように続けて質問すると、よりわかりやすい表現に直した回答が得られます。なお、マクロの中に機密情報や個人情報を含めないよう注意することも大切です。

111 Copilotでマクロを解説

使いこなしのヒント
機密情報や個人情報は質問に入れない

セキュリティ上、マクロ内に社内の機密情報や個人情報がある場合、質問内に含めないようにしてください。該当する箇所は、別の言葉に置き換えるなどの工夫をしてデータの漏洩を防ぎましょう。

スキルアップ
Microsoft 365で使用できるCopilotとは

Microsoft 365では、有償で使えるCopilotが提供されています。Microsoft 365の種類によって料金や使用できる機能が異なりますが、基本的な機能は共通して使えます。

Excel上では、操作や機能の質問に対する回答だけでなく、開いているブックの内容に対し、プロンプトを入力して、数式入力、セルの書式設定、集計・分析、グラフ、マクロ作成といった処理を行わせることができます。このように、Microsoft 365上で使用するCopilotでは、さまざまな処理をユーザーに代わって行うことができ、仕事の能率と質を向上させるのに有益です。

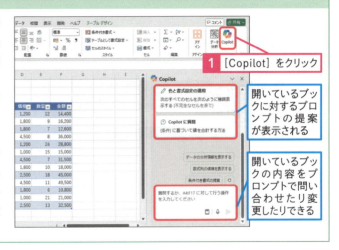

1 [Copilot]をクリック

開いているブックに対するプロンプトの提案が表示される

開いているブックの内容をプロンプトで問い合わせたり変更したりできる

レッスン 112 マクロを作成してもらう

Copilotでマクロの作成 **練習用ファイル** なし

Copilotを使ってExcel VBAのマクロを作成することができます。マクロを作成してもらうには、処理対象のデータの状態や、マクロの動作など、内容を具体的に指定する必要があります。Copilotへの質問は、箇条書きで簡潔にまとめてください。

キーワード	
Copilot	P.340
プロンプト	P.344
マクロ	P.344

1 集計表を作成するマクロを作成してもらう

ここでは、セルA1に「売上」、セルD1に今日の日付を入力し、セル範囲A3～D7に集計表を作成するマクロをCopilotを使って作成します。

1 Copilotにプロンプトを入力

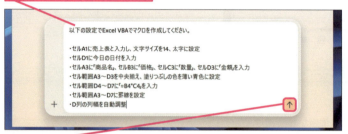

2 [送信]をクリック

3 マクロの内容を確認

4 [コピー]をクリック

使いこなしのヒント
質問の下書きを用意しておく

マクロ作成の指示は長文になるので、先にメモ帳などに質問の下書きを作成し、それをCopilotの質問ボックスにコピーするといいでしょう。

使いこなしのヒント
作成されたマクロを簡単にコピーする

左の操作4で紹介している[コピー]をクリックすると作成されたマクロを簡単にコピーできます。わざわざ範囲選択する必要はありません。

使いこなしのヒント
処理単位でマクロを作成してもらう

作成したいマクロが、いくつかの処理を組み合わせたものになる場合、いきなり長いマクロを作成してもらうと、理解しづらく、間違いに気づきにくくなります。そのため、まずは処理単位でマクロを作成してもらい、次に連続実行するマクロを作成してもらうというように、段階的に作成していくことをお勧めします。

● VBEにマクロを貼り付ける

レッスン11を参考にVBEを起動して標準モジュールを挿入しておく

5 追加した標準モジュール内をクリック　6 ［貼り付け］をクリック

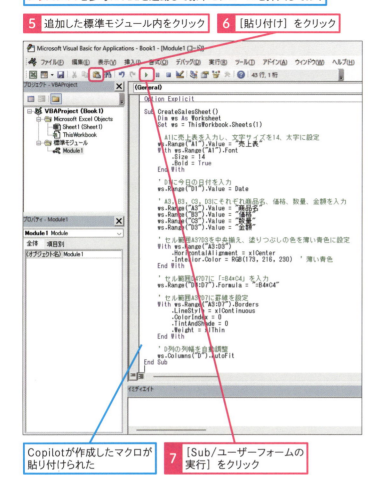

Copilotが作成したマクロが貼り付けられた

7 ［Sub/ユーザーフォームの実行］をクリック

レッスン07を参考にExcel画面を表示する

	A	B	C	D	E	F
1	売上表			2024/10/9		
2						
3	商品名	価格	数量	金額		
4				0		
5				0		
6				0		
7				0		
8						
9						

マクロで集計表が作成された

使いこなしのヒント
必ずしも思い通りのマクロが作成されるとは限らない

複雑な処理のマクロを作成する場合、思い通りのマクロが作成されるとは限りません。操作1の様に、処理をする順番に箇条書きにして具体的な指示をするといいでしょう。例えば、セルA1に対する処理をWithステートメントでまとめたい場合、Copilotに対して、「セルA1に対してWithステートメントを使ってください」と指示をするとその部分だけ書き直してくれます。

使いこなしのヒント
作成されたマクロの内容を鵜呑みにしない

Copilotが作成したマクロが必ずしも正しく動作するとは限りません。特に、複雑な処理を行うマクロの場合は、ユーザーが質問で提供する情報によって異なるマクロが作成されます。また、ときには文法が間違っている場合も見受けられます。作成されたマクロの間違いに気づけるように、ある程度のExcel VBAの知識は必要です。

まとめ
マクロ作成の指示はできるだけ具体的に行う

Copilotは、マクロを作成することもできます。マクロを作成する場合のポイントは、処理したい内容をできるだけ具体的に指定することです。処理したい順番を箇条書きで指示するようにしましょう。また、1度で思い通りのマクロが作成されるとは限らないので、「ここはこうしてください。」といった具体的な指示を続けるなど、何度かやり取りが必要になることがあります。

レッスン 113 マクロを修正してもらう

Copilotでマクロの修正　　**練習用ファイル** L113_マクロの修正.xlsm

Copilotでは、既存のマクロを指定した内容に修正することができます。Copilotの質問で、修正内容と修正するマクロの項目を用意し、修正内容とマクロが明確に区別できるように指定してください。

修正するマクロと修正したい内容を確認する

ここでは［元表］シートを新規ブックにコピーし、指定した場所にブックを「(今日の日付).xlsx」という名前で保存するマクロを使います。

●修正するマクロ

マクロ名「シートをコピーして保存」

1	Sub シートをコピーして保存()
2	[Tab] Dim wb As Workbook
3	[Tab] ThisWorkbook.Worksheets("元表").Copy
4	[Tab] Set wb = ActiveWorkbook
5	[Tab] wb.SaveAs "C:\ExcelVBA\売上\" & _
6	[Tab][Tab] Format(Date, "yyyymmdd") & ".xlsx"
7	[Tab] wb.Close
8	End Sub

1	マクロ［シートをコピーして保存］を開始する
2	Workbook型の変数wbを宣言する
3	マクロを実行しているブックの［元表］シートを新規ブックにコピーする
4	アクティブブックを変数wbに代入する
5・6	変数wbに格納されているブックをCドライブのExcelVBAフォルダの中の売上フォルダに、「(今日の日付).xlsx」（例：20240626.xlsx）という名前を付けて保存する
7	変数wbに格納されているブックを閉じる
8	マクロを終了する

●修正したい内容

［シートをコピーして保存］マクロの5行目で、ブックを保存する際に同名ブックが存在すると、同名ファイルの存在を確認するメッセージが表示されます（レッスン61ヒント参照）。ここでは、同名ファイルが存在した場合、自動的にブック名の末尾に「_1」のように連番をつけて保存されるように修正を加えたいと考えています。

キーワード

Copilot	P.340
プロンプト	P.344
マクロ	P.344

使いこなしのヒント
元のマクロはコメント化して残しておく

マクロをコピーすると、同名のマクロが存在することになります。マクロ名を変更するか、元のマクロはコメント化しておきましょう。複数行からなるマクロをコメント化するには、ボタンを使うと便利です。マクロ全体をドラッグして選択し、［編集］ツールバーの［コメントブロック］ をクリックします。なお、コメントを解除する場合は、マクロ全体を選択し、［非コメントブロック］ をクリックします。修正が完了した段階で元のマクロを削除してください。なお、［編集］ツールバーは［表示］メニュー→［ツールバー］→［編集］をクリックして表示できます。

使いこなしのヒント
Excelの表やスクリーンショットを貼り付けることもできる

Copilotに、提供する情報が多いほどより正確な回答を得ることができます。例えば、Excelの表やワークシートのスクリーンショットを情報として貼り付けることもできます。ただし、機密情報や個人情報が含まれないように注意してください。

1 マクロを修正する

前頁の修正内容を、Copilotを使って修正してもらいます。**レッスン111**を参考にVBEからマクロをコピーし、以下の様に質問を入力します。

1 Copilotを起動し、質問ボックスに修正内容と修正するマクロを入力する

2 [送信]をクリック

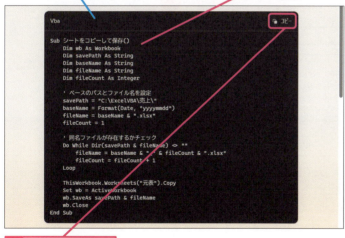

修正されたマクロが表示された

3 コードの修正箇所を確認する

4 [コピー]をクリック

5 標準モジュールの下方の空いている箇所をクリックして[貼り付け]をクリック

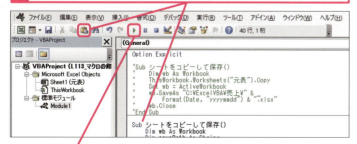

6 [Sub/ユーザーフォームの実行]をクリック

保存場所を開き、実行結果を確認する

使いこなしのヒント
マクロをさらに修正するには

最初の会話でマクロが思い通りの結果にならなかった場合や別の内容に変更したい場合は、Copilotに追加して具体的に修正点を送信します。例えば、「保存先をマクロを実行しているブックと同じ場所に変更してください」のように指定できます。何回かやり取りを繰り返すことで調整してみてください。あるいは、いったんリセットし、質問をより具体的にして、送信しなおしてもいいでしょう。

使いこなしのヒント
修正されたマクロの内容を理解するには

Copilotに「マクロの意味を1行ずつ解説してください。」と入力して送信すると、以下のようにマクロの意味を1行ずつ解説された結果が表示され、修正内容を確認することができます。

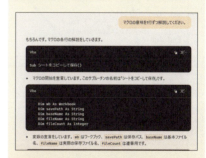

まとめ
修正内容を明確に伝える工夫が必要

既存のマクロを修正したい場合は、修正内容と修正するマクロの両方が必要になります。わかりやすいようにそれぞれの項目を分け、修正内容は箇条書きで具体的に指定してください。修正結果を確認し、動作確認して、必要な場合は何度かやりとりをして修正を追加します。また、修正前のマクロはコメント化するなどして残し、修正が完了した段階で削除するようにしてください。

レッスン 114 エラーの原因を調べる

Copilotでエラーの原因調査 | **練習用ファイル** L114_エラーの質問.xlsm

マクロ実行時にエラーが発生した場合、Copilotにエラーの原因を調べてもらうことができます。エラーメッセージにあるエラー番号とエラー内容、マクロの内容を使ってCopilotに質問すると、考えられるエラー原因を分析し、回答が返ります。

キーワード

Copilot	P.340
プロンプト	P.344
マクロ	P.344

使いこなしのヒント

[シートのコピー] マクロの意味

[シートのコピー] の意味は以下のようになります。

1	Sub_シートのコピー() ↵
2	[tab] Worksheets("元表").Copy _ ↵
	[tab] Before:=Worksheets(1) ↵
3	End_Sub ↵

1	マクロ［シートのコピー］を開始する
2	［元表］シートを1つ目のシートの前にコピーする
3	マクロを終了する

1 エラーを確認し、Copilotへの質問を準備する

ここでは、[シートのコピー] マクロを実行し、発生する実行時エラーを例に、エラーの原因を調べる手順を紹介します。

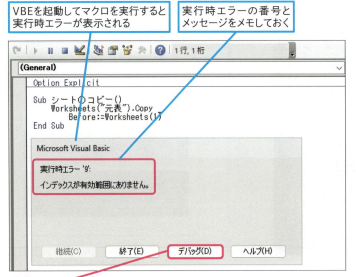

VBEを起動してマクロを実行すると実行時エラーが表示される

実行時エラーの番号とメッセージをメモしておく

1 ［デバッグ］をクリック

2 黄色く反転しているエラーが発生したコードを確認

3 ［リセット］をクリック

2 エラーの原因を調べてもらう

1 Copilotの質問ボックスに質問と修正するコードを入力

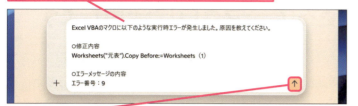

2 ［送信］をクリック

Copilotの回答が表示された

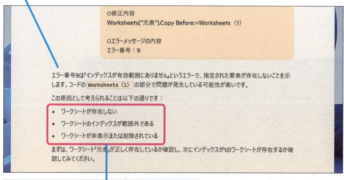

ワークシートの指定に問題があることが分かった

3 Excelに切り替えてシート名を確認

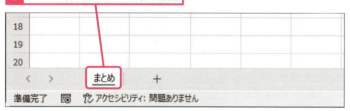

4 VBEに切り替えて、マクロのシート名を修正

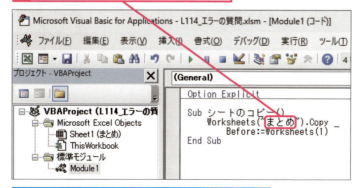

マクロを実行してエラーが解消されたかどうかを確認する

使いこなしのヒント
エラーの内容をメモ帳などにコピーしておく

エラーメッセージとエラーが発生したコードはCopilotに質問する際に必要です。メモ帳などにエラー番号とエラーメッセージをメモし、エラーが発生したコードをコピーしておきます。

使いこなしのヒント
エラーメッセージだけでも原因がわかる

エラーが発生したら、すべてCopilotに質問する必要はありません。実行時エラー発生時に表示されるエラーメッセージに表示されるエラー内容で容易に原因がわかるものがあります。例えば、以下の場合は、同名シートが存在していることを示しています。

まとめ
エラーの原因を調べてマクロの修正に役立てる

マクロを実行したときにエラーが発生した場合、そのエラー原因がわからないときは、Copilotに問い合わせてみてください。その際に必要なのは、エラー番号とエラー内容とエラーが発生したコードです。また、Excelの表やワークシートのスクリーンショットを貼り付けることも可能です。

この章のまとめ

Copilotを上手に使って、マクロに活用しよう

Microsoft Copilotは、Excel VBAのヘルプ、解説、作成、エラーの解決など幅広く活用できます。Copilotを有効に使うには、質問の仕方がポイントです。できるだけ簡潔かつ具体的に質問してください。期待通りの回答が返ってこなかった場合やわかりづらかった場合は、追加して質問したり、わかりやすく解説するよう要求したりできます。Copilotはとても便利に使えますが、全面的に依存するのではなく、Excel VBAについてある程度の知識を踏まえた上で、補助的に利用することをお勧めします。

今まで覚えたことが役に立って良かったです！

Copilotは優秀ですが、回答は安定しないところがありますからね。人間がしっかりと内容を確認して、正しいかどうかを見極めてから使うのがポイントです。

エラーチェックとか、うまく使えば時間を短縮できそうです。

コードの間違いやエラーチェックは、Copilotはかなり素早く見つけ出してくれます。ただ、代わりのコードを回答させると、元とは全然違う内容になることも。アイデア出しには良いのですが、あくまで補助として使っていきましょう。

セキュリティリスクのメッセージを表示させないようにするには

マクロ付きのファイルを開いたときに、[セキュリティリスク]や[セキュリティの警告]のメッセージが表示されることがあります。メッセージが表示されないようにするには、下記の手順で[信頼できる場所]を設定します。設定したフォルダーにはセキュリティ的に安全なファイルのみを入れましょう。

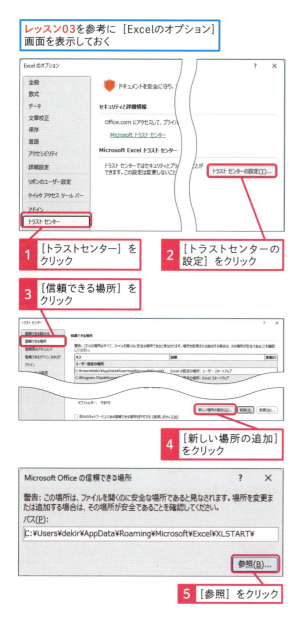

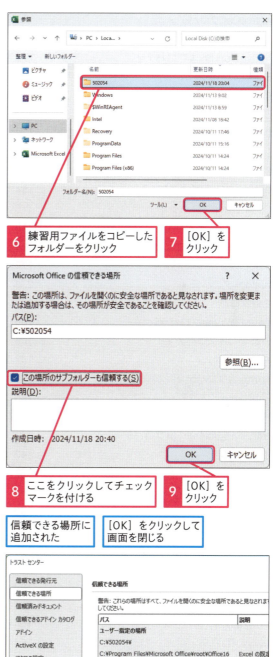

VBA要素索引

本書に登場する、VBAのおもな要素を一覧にしました。プロパティやメソッドの名前からページを調べたいときに参照してください。

プロパティ

ActiveCellプロパティ	103
ActiveSheetプロパティ	164
ActiveWorkbookプロパティ	176
Boldプロパティ	142
Bordersプロパティ	152
Cellsプロパティ	102
ColorIndexプロパティ	149
Colorプロパティ	148
Columnsプロパティ	104
ColumnWidthプロパティ	154
CountLargeプロパティ	116
Countプロパティ	115
CurrentRegionプロパティ	114
DisplayAlertsプロパティ	174
Dialogsプロパティ	274
Endプロパティ	81, 120
EntireColumnプロパティ	106
EntireRowプロパティ	106
Fontプロパティ	142
Formulaプロパティ	131
FullNameプロパティ	180
Hiddenプロパティ	107
HorizontalAlignmentプロパティ	144
Italicプロパティ	142
LineStyleプロパティ	152
ListObjectsプロパティ	262
Nameプロパティ	142, 173, 180
NumberFormatLocalプロパティ	146
Offsetプロパティ	81, 118
Pathプロパティ	180
Rangeプロパティ	100
Resizeプロパティ	122
RowHeightプロパティ	154
Rowsプロパティ	104
ScreenUpdatingプロパティ	194
Selectionプロパティ	103
Sizeプロパティ	142
Textプロパティ	315
ThemeColorプロパティ	150
ThisWorkbookプロパティ	176
TintAndShadeプロパティ	150
Underlineプロパティ	142
Valueプロパティ	130
VerticalAlignmentプロパティ	144
Workbooksプロパティ	176
Worksheetsプロパティ	164

メソッド

Activateメソッド	103, 177
Addメソッド	170, 186
AutoFilterメソッド	252
AutoFitメソッド	155
Averageメソッド	238
Clearメソッド	102, 134
ClearContentsメソッド	134
ClearFormatsメソッド	134
Closeメソッド	184
Copyメソッド	136, 168
Deleteメソッド	141
ExportAsFixedFormatメソッド	192
Findメソッド	256
FindNextメソッド	258
InputBoxメソッド	272
Insertメソッド	140
Moveメソッド	168
Openメソッド	182
Pasteメソッド	136
PasteSpecialメソッド	138
PrintOutメソッド	296
PrintPreviewメソッド	296

Replaceメソッド	260
Saveメソッド	188
SaveAsメソッド	188
SaveCopyAsメソッド	188
Selectメソッド	103, 164
SetPhoneticメソッド	159
Sortメソッド	250
SpecialCellsメソッド	156
Sumメソッド	238

ステートメント

Constステートメント	94
ChDirステートメント	292
Dimステートメント	88
Do Until…Loop ステートメント	215
Do While…Loop ステートメント	214
Do…Loop Untilステートメント	217
Do…Loop Whileステートメント	216
Exitステートメント	215
Forステートメント	109
For Each …Nextステートメント	220
For Nextステートメント	218
Ifステートメント	206
MkDirステートメント	293
On Error GoToステートメント	286
On Error Resume Nextステートメント	286
Select Caseステートメント	212
Setステートメント	92
Unloadステートメント	311
Withステートメント	82

VBA関数

Array関数	125
Cdate関数	237
Chr関数	232
CLng関数	228, 237
CurDir関数	292
Date関数	230
DateSerial関数	230
Dir関数	293
Format関数	234
InputBox関数	272
IsDate関数	205, 236
IsNumeric関数	236
Left関数	232
Mid関数	232
MsgBox関数	76, 228, 270
Now関数	230
RGB関数	148
Right関数	232
Time関数	230
TypeName関数	237

その他の要素

Applicationオブジェクト	274
Case句	212
Columns.Count	104
Debug.Print	235, 290
Destination	80
ElseIf句	209
Else句	207
Functionプロシージャ	240
Is演算子	204
Like演算子	203
ListObjectオブジェクト	262
Me	285
Private	311
Privateキーワード	284
Rangeオブジェクト	100
rgbLightBlue	101
RowIndex	102
Rows.Count	104
Subプロシージャ	55
Workbook_Openプロシージャ	284
WorksheetFunctionオブジェクト	238

用語集

［開発］タブ
マクロの記録やマクロの実行、VBEの起動など、マクロ作成に関連するボタンが配置されたタブ。既定では表示されていないので、［Excelのオプション］画面の［リボンのユーザー設定］で追加して使用する。
→Excelのオプション、VBE、マクロ

Copilot
Excelの機能を詳細設定する画面。表示するリボンMicrosoft社が提供する生成AIサービスで、会話するようにやり取りしながら、文章や画像を作成する。日常の質問に答えるだけでなく、Excel VBAでマクロの作成や解説するなど、ユーザーのニーズに合わせた情報を提供できる。
→VBA、マクロ

Excelのオプション
Excelの機能を詳細設定する画面。表示するリボンを選択したり、クイックアクセスツールバーに追加するボタンを選択したりする画面が用意されている。
→クイックアクセスツールバー

Functionプロシージャ
処理をした結果、戻り値を返すプロシージャ。Excelのユーザー定義関数を作成するときに利用される。
→プロシージャ

Option Explicit（オプション イクスプリシット）
変数の宣言を強制するときのステートメント。モジュールの先頭に記述する。「Option Explicit」が記述されているモジュールでは、宣言していない変数を記述するとエラーになる。
→ステートメント、宣言、変数、モジュール

Subプロシージャ
処理を行うプロシージャ。通常マクロを作成するときは、Subプロシージャを記述する。マクロの記録で作成されるのは、Subプロシージャである。
→プロシージャ、マクロの記録

VBA（ブイビーエー）
「Visual Basic for Applications」（ビジュアル ベーシック フォー アプリケーションズ）の略。Office製品用のプログラミング言語で、Excelでマクロを作成するときに利用する。
→プログラミング言語、マクロ

VBE（ブイビーイー）
「Visual Basic Editor」（ビジュアル ベーシック エディター）の略。VBAを使ってマクロを作成するためのツールで、Excelに付属している。
→VBA、マクロ

アクティブシート
ブックを開いているときに最前面に表示される、現在作業対象のワークシートのこと。Excelの画面下に並んでいるシート見出しをクリックして、アクティブシートを切り替える。
→ブック、ワークシート

アクティブセル
入力や編集などの作業対象となっているセル。アクティブセルはワークシートの中で1つのみで、太枠で表示される。アクティブセルの位置は、Excelの画面左上にある名前ボックスで確認できる。
→ワークシート

アクティブブック
最前面に表示されているブックで、現在作業対象となっているブックのこと。複数のブックを開いているとき、タスクバーのExcelのアイコンをポイントして表示されるブックの一覧から目的のブックをクリックしてアクティブブックを切り替えられる。

イベント
「ブックを開いた」とか「ワークシートを切り替えた」といった特定の操作や状態。この操作や状態をきっかけとして自動実行するイベントプロシージャというマクロを作成できる。
→イベントプロシージャ、マクロ

イベントプロシージャ
あるイベントをきっかけに自動で実行するマクロのこと。「ブックを開いたとき」とか「ユーザーフォームのボタンをクリックしたとき」といった場合に実行するプロシージャ。
→イベント、プロシージャ、マクロ、
ユーザーフォーム

イミディエイトウィンドウ
VBEでデバッグ時に情報を表示したり、プロパティの値や計算結果を表示したり、命令を直接実行したりできるウィンドウ。「Debug.Print」命令を使うと、マクロ実行中に変数などの情報を書き出すことができる。
→VBE、デバッグ、変数、マクロ

インデント
行頭に空白を入れて、行の開始位置を下げること。条件分岐や繰り返し処理など、ひとまとまりの処理の行にインデントを設定し、開始位置を揃えると、コードが見やすくなる。
→条件分岐、繰り返し処理、コード

演算子
数式や条件式の中で使う記号。数学の四則演算に使う算術演算子や、条件式に使う比較演算子、文字と文字をつないでひとまとめの文字とする連結演算子などがある。
→算術演算子、条件式、数式、比較演算子、
連結演算子

オートフィルター
Excelのデータ抽出機能。1行目のフィールド名に表示されたボタンをクリックし、項目を選択すると、その項目のレコードだけを表示できる。
→フィールド、レコード

オブジェクト
VBAで処理の対象となるもの。例えば、ブックやワークシート、セル、さらにセルのフォントや塗りつぶし、罫線もオブジェクトとして扱う。
→VBA、フォント

拡張子
Windowsがファイルの種類を識別するためのファイル名の後ろにある「.」以降の3〜4文字。Excelのブック形式の「.xlsx」や、マクロ有効ブックの「.xlsm」などを指す。
→マクロ有効ブック

関数
計算方法があらかじめ定義されている数式。計算に必要となるセル範囲や値などの情報を引数として計算に使い、その結果を戻り値として返す。VBAにもVBA関数が用意されている。
→VBA、数式、セル範囲、引数

キーワード
VBA内で、プログラミング言語の一部としてあらかじめ意味や用途が決められている単語や記号。例えば、ステートメントや関数名、演算子などがある。
→VBA、演算子、関数、ステートメント、
プログラミング言語

機械語
コンピューターが直接命令を理解し、実行できる言語のこと。0と1の2種類の数字で記述されている。プログラミング言語で記述したコードをコンパイルすることで機械語に変換できる。
→コード、コンパイル、プログラミング言語

繰り返し処理
条件式を満たしている間処理を繰り返したり、指定した回数だけ処理を繰り返したりするなど、一定回数繰り返す処理のこと。VBAでは、Do…LoopステートメントやFor Nextステートメントなどがある。
→VBA、条件式

コード
実行したい処理の内容を記述したテキストを意味するプログラミング用語。マクロの内容もVBAの文法で記述されたコードでできている。
→VBA、プログラミング言語、マクロ

コードウィンドウ
VBEで、マクロを作成するためウィンドウ。モジュールごとにコードウィンドウが用意されている。
→VBE、マクロ、モジュール

コメント
コードの中に記述する説明文。VBAでは「'」以降がコメントとして認識される。一時的に実行しない命令の前に「'」を付けたり、マクロの内容をわかりやすく説明したりするために使う。
→VBA、コード、マクロ

コントロール
ユーザーフォーム上に配置する部品。例えば、文字を入力するためのテキストボックスや、命令を実行するためのコマンドボタンといったものがある。
→ユーザーフォーム

コンパイル
人間が理解できるVBAのプログラム（コード）を機械語に変換して直接コンピューターが理解できるようにする手続きのこと。
→VBA、機械語、コード、プログラム

コンパイルエラー
VBAの文法が間違っている場合に発生する構文エラーのこと。自動構文チェック機能によってコード入力中やマクロ実行時にエラーメッセージが表示される。
→VBA、コード、自動構文チェック

実行時エラー
プログラム実行中に発生するエラー。変数に適切な値が代入されていないとか、指定された場所に接続できないなど、ステートメントが正常に実行できない場合に発生するエラー。
→ステートメント、変数

条件式
TrueまたはFalseを戻り値とする式。Ifステートメントのような条件分岐やDo～Loopステートメントのような繰り返し処理などで、処理を分けるときの判断基準として使う。
→条件分岐、繰り返し処理

条件分岐
条件式に合致する場合と、そうでない場合で、実行する処理の流れを分ける仕組みのこと。IfステートメントやSelect Caseステートメントがその例。
→VBA、条件式

初期値
変数を宣言した直後に、その変数のデータ型によって初めに設定されている値のこと。例えば、数値型は0、オブジェクト型はNothing、バリアント型はEmptyが初期値。
→宣言、データ型、変数型

書式
関数、プロパティ、メソッドなど、それぞれを使用する上で、用意されている引数の数や内容などの組み合せの公式のようなもの。
→関数、引数、プロパティ、メソッド

数式
計算をするためにセルやマクロの中で入力する計算式のこと。
→マクロ

ステータスバー
Excelの画面下端にある領域。Excelの状態や表示モードの切り替え、ズームスライダーがある。左端のアイコンをクリックしてマクロの記録を開始、終了できる。
→マクロの記録

ステートメント
1種類の処理や宣言、または定義を表す、構文的に完成された単位。通常は1行で1ステートメントとなり、命令の単位となる。
→宣言

セキュリティの警告
悪意のあるマクロからコンピューターを守るための機能で、マクロを含むブックを開くと、マクロを無効にした状態にして［セキュリティの警告］メッセージバーが表示される。問題なければ［コンテンツの有効化］ボタンをクリックしてマクロを有効にできる。
→ブック、マクロ

絶対参照
セルの参照方法の1つ。常に特定のセルを参照する方法。

セル参照
「A1」や「A1:B3」のようにセル番地を指定して、セル内にある計算式の引数などでデータを指定する方法。また、Rangeプロパティでセル参照をする場合は「Range(""A1"")」のように、「""」で囲んで指定する。
→引数、プロパティ

セル範囲
「セルA1～C3」や「セルA1、B2、C3～D4」のように、複数のセルを含む範囲のこと。マクロ内では、1つ以上のセルのまとまりを処理の対象にする。連続したセル範囲は始点と終点のセル参照を「:」（コロン）で区切り、複数のセルやセル範囲を「A1,B2,C3:D5」のように「,」（カンマ）で区切って表す。
→コード、セル参照、マクロ

宣言
マクロで使用する変数をコードの中で使用することをVBAに表明すること。変数を宣言すると、データ型の使い方の間違いや綴りの間違いをチェックできるので、ミスを防げる。
→VBA、コード、データ型、変数

相対参照
セルの参照方法の1つ。指定したセルを基点として、「1つ上で2つ右」のように相対的な位置のセルを参照する方法。セルの参照先を固定したいときは絶対参照を使用する。
→絶対参照

ダイアログボックス
Excelでセルの書式設定や印刷設定など、画面の中に複数の設定項目を配置し、まとめて設定変更や確認ができるようにした画面。

中断モード
マクロの実行中にプログラムのバグなどで実行が一時的に中断している状態。中断の原因となっている行が黄色く反転する。
→プログラム、マクロ

定数
宣言時に値を代入したら、マクロ実行中は値が変更されることのない決まった値の入れ物のこと。例えば、消費税率「10%」はマクロ実行中に変更しない値であるとして定数に代入して使用できる。
→マクロ

データ型
変数や定数などの値の種類。変数や定数に代入する値に応じて、宣言するときにデータ型を指定しておく。長整数型(Long)、日付型(Date)、文字列型(String)、ブール型(Boolean)などがある。
→宣言、定数、変数

データベース
1行目が列見出し、2行目以降にデータが入力されている形式の表。1行が1件となるように列見出しが用意されている必要がある。

デバッグ
マクロの中からエラーを探し出して修正すること。構文などの間違いによるコンパイルエラーは、入力時に検出されるため修正しやすいが、実行時エラーや論理エラーはバグの原因を見つけるのが難しい。
→コンパイルエラー、実行時エラー、論理エラー

比較演算子
2つの値を比較する演算子のこと。比較演算子には、より小さい（<）、以下（<=）、より大きい（>）、以上（>=）、等しくない（<>）、等しい（=）がある。
→演算子

引数
プロパティ、メソッド、関数などで処理や計算で必要となる値のこと。VBEでは、コードの入力中に自動クイックヒントを利用して引数の内容や順序を確認できる。
→VBE、関数、コード、自動クイックヒント、プロパティ、メソッド

フィールド
データベース内の列。列内には同じ種類のデータが入力されている。1行目にある見出しをフィールド名と呼ぶ。
→データベース、列

フォント
コンピューターで文字を表示・入力・印刷するための書体データのこと。VBAのFontオブジェクトは、フォント属性（フォント名、フォントサイズ、色など）の全体を表している。
→VBA

プログラミング
プログラミング言語を使って、プログラムを作る作業のこと。例えば、VBAというプログラミング言語を使ってExcelのマクロを作成することもプログラミングである。
→VBA、プログラミング言語、プログラム、マクロ

プログラミング言語
コンピューターを動作させるために考えられた言語で、その使用目的により、VBA、C#、C+、Pythonなどさまざまな言語がある。
→VBA

プログラム
コンピューターに処理を実行させるためにプログラミング言語を使って命令を記述したもの。Excelのマクロも VBAというプログラミング言語を使って命令を記述したプログラムである。
→VBA、プログラミング言語、マクロ

プロシージャ
ひとまとまりの処理の単位で、Excelでいうマクロのこと。VBAでは、主なプロシージャにSubプロシージャとFunctionプロシージャがある。
→Functionプロシージャ、Subプロシージャ、マクロ

プロジェクトエクスプローラー
VBEでは、ブックに含まれるすべてのモジュールやそれに関連する項目をプロジェクトとして管理している。プロジェクトエクスプローラーでは、プロジェクト内に含まれるモジュールなどの項目が階層構造で表示される。
→VBE、モジュール

プロパティウィンドウ
プロジェクトエクスプローラーで選択したブックやワークシート、モジュールまたは、ユーザーフォームやコントロールに関する名前やプロパティの値を表示するウィンドウ。選択されている対象のプロパティの設定を変更できる。
→コード、ブック、プロジェクトエクスプローラー、プロパティ、モジュール、ワークシート

プロンプト
システムを操作するときに入力や処理を指示する文字列。コマンド入力を促す「コマンドプロンプト」やCopilotのような生成AIに指示や質問するための「AIプロンプト」がある。
→Copilot

変数
プログラムの実行中に使用する値を、一時的に格納するための入れ物。格納した値は自由に出し入れできる。変数は、格納できるデータの種類や名前をあらかじめ宣言して使用する。
→プログラム

マクロ
コンピューターに処理を実行させるためのプログラム。VBAを使って作成することができる。Excelではマクロの記録という機能を使ってマクロを自動作成する機能がある。
→VBA、プログラム、マクロ、マクロの記録

マクロの記録
ユーザーが自動実行させたい処理をExcel上で実際に操作することで、その動作を記録させ、マクロを作成するExcelの機能。
→マクロ

マクロ有効ブック
Excelでマクロを含んでいるブックの保存形式で、拡張子は「.xlsm」。有害なマクロによる被害を防ぐために通常のブックとは別にマクロを含むブックとして管理されている。
→拡張子、マクロ

メソッド
オブジェクトに対して動作する命令のこと。指定したオブジェクトに対してコピー、移動、保存などの操作を行う。
→オブジェクト

メッセージボックス
マクロの実行中にVBAの関数によって表示されるメッセージ画面。メッセージだけでなく、［はい］ボタンや［いいえ］ボタンなどを表示して、実行する処理を変更できる。
→VBA、関数、マクロ

モジュール
複数のマクロ（プロシージャ）を1つにまとめた管理単位。一般的なマクロは標準モジュールで管理し、イベントプロシージャはそのイベントが発生するオブジェクトのモジュールで管理する。
→イベント、イベントプロシージャ、オブジェクト、プロシージャ、マクロ

ユーザーフォーム
VBAで作成できるオリジナルのダイアログボックス。画面上にいろいろなコントロールを配置してデータの入力画面やメニュー画面などを作成できる。
→コントロール、ダイアログボックス

ループ
一連の処理をある条件に基づいて繰り返す、繰り返し処理のこと。
→繰り返し処理

レコード
データベース形式の表の2行目以降に1行で1件分となるように入力されているデータ。
→データベース

列
ワークシートの縦方向のセルの並び。全部で16,384列あり、左から順番に「A」「B」と列番号を使って列の位置を示している。
→列番号、ワークシート

列番号
Excelのワークシート内のセルの横方向の位置を表す「A」から始まるアルファベット。「Z」の次は「AA」「AB」と増え、「XFD」列（16,384列）まである。
→ワークシート

連結演算子
複数の文字列を結合し、ひと続きの文字列にする記号。連結演算子には、「+」と「&」の2つがある。文字列と文字列をつなげるだけでなく、文字列とプロパティの値とか数式の結果をつなげることができる。

論理エラー
プログラムが意図した結果と異なる結果になるエラー。例えば、変数の指定の仕方や比較の仕方が正しくないとか、繰り返し処理が無限に終わらないとかいう問題などが原因となる場合がある。
→繰り返し処理、プログラム、変数

ワークシート
Excelの作業領域のこと。縦横にセルと呼ばれるマス目に区切られており、セルにデータや計算式などを入力して表などを作成する。
→セル

索引

記号・アルファベット

項目	ページ
[オブジェクト]ボックス	283
[開発]タブ	32, 340
[表示]タブ	32
[プロシージャ]ボックス	283
And	203
Cancel	309
Caption	307
Currency	234
Copilot	326, 340
DateValue(Date)	231
Day(Date)	230
Default	309
Excelのオプション	33, 340
FALSE	107
Functionプロシージャ	240, 340
General Number	234
Height	307
Hour(Time)	231
InStr(Start,String1,String2)	233
Len(String)	233
Long Date	234
Long Time	234
Minute(Time)	231
Month(Date)	230
Not	203
Not rng Is Nothing	257
Officeアプリケーション	50
Option Explicit	340
Or	203
PDF	192
PDF形式で保存する	192
Percent	234
Replace(Expression,Find,Replace)	233
RTrim(String)	233
Second(Time)	231
Short Date	234
Short Time	234
Standard	234
StrConv(String,Conversion)	233
Sub/ユーザーフォームの実行	57
Subプロシージャ	55, 340
TRUE	107
VBA	50, 340
VBA関数	228
VBE	42, 52, 340
Visual Basic	42
Width	307
XPS	192
Year(Date)	230

ア

項目	ページ
アクティブシート	62, 340
アクティブセル	54, 340
アクティブセル領域	114
アクティブブック	178, 340
アポストロフィ	50
アンダースコア	58
アンパサンド	56
イベント	282, 341
イベントプロシージャ	282, 341
イミディエイトウィンドウ	235, 290, 341
色の設定	148
印刷	296
インターネット	66
インデックス番号	164
インデント	82, 341
インプットボックス	272
埋め込みグラフ	72
エクスプローラー	180
エラー番号	287
エラーメッセージ	64
演算子	341
オートフィルター	252, 341
オブジェクト	72, 74, 341
オブジェクト型	89
オブジェクトコード	50
オブジェクトの階層構造	75
オブジェクト変数	92
オブジェクトを省略	82
オプションボタン	317
オプションボタンの初期設定	317
オンラインヘルプ	66

カ

用語	ページ
改行	58
階層構造	75
カウンター変数	214, 218
拡張子	39, 341
カレントドライブ	292
カレントフォルダー	182
関数	341
関数の挿入	243
関数の引数	243
カンマ	80
キーワード	51, 341
機械語	50, 341
強調表示	211
行の高さを変更する	154
行の表示・非表示	107
行や列の参照	104
行ラベル	286
記録終了	36
クイックアクセスツールバー	60
クイックアクセスツールバーのユーザー設定	60
組み込み定数	94
クリア	134
繰り返し処理	200, 341
形式を選択して貼り付け	138
罫線の太さ	152
罫線を引く	152
元号	244
検索と置換	256
格子罫線	153
降順	250
コード	33, 55, 342
コードウィンドウ	52, 283, 305, 342
コードの入力	54
コピーモード	138
コマンドボタン	308
コメント	51, 58, 342
コメントブロック	59
コレクション	74, 220
コンテンツの有効化	39
コントロール	33, 304, 342
コンパイル	50, 342
コンパイルエラー	64, 342

用語	ページ
コンボボックス	316
コンボボックスの初期設定	316

サ

用語	ページ
作業中のブック	35
削除	44
算術演算子	208
参照セル範囲	114
シートの移動	168
シートのコピー	168
シートの参照	164
シートの追加	170
時刻の関数	230
時刻の書式記号	147
実行時エラー	41, 65, 342
自動インデント	56
自動クイックヒント	56
自動構文チェック	67
自動データヒント	67
自動メンバー表示	56
シフト方向	141
終端のセル参照	120
条件式	342
条件分岐	200, 342
昇順	250
ショートカットキー	63
初期値	342
書式	342
数式	342
数値の書式記号	147
図形	72
ステータスバー	342
ステートメント	51, 342
ステップイン	288
スピル機能	132
すべてのドキュメントに適用	60
整数型	89
セキュリティに関する通知	39
セキュリティの警告	39, 343
絶対参照	343
セル	72
セル参照	343
セルに名前を付ける	115

セルに入力する	130
セルの値を配列に変換する	125
セルの削除	140
セルの参照	100
セルの書式設定	142
セルの書式を取得	142
セルの挿入	140
セルの内容を削除する	134
セルの列幅にあわせてセル内の文字を縮小	144
セルの列幅にあわせて文字列を折り返す	144
セル範囲	343
セル範囲を変更する	122
セル番地	57
セルを一括で操作する	156
セルを結合して中央揃え	145
セルをコピーする	136
宣言	343
選択範囲内で中央揃え	144
相対参照	37, 343
相対参照で記録	37
ソースコード	50

タ

ダイアログボックス	343
ダブルクォーテーション	54
単精度浮動小数点数型	89
チェックボックス	305
抽出	318
中断モード	65, 288, 343
長整数型	89
通貨型	89
ツール	67
ツールバー	59
ツールボックス	305
定義済み書式	234
定数	94, 343
データ型	89, 236, 343
データ部分だけを参照する	122
データベース	343
データベース形式	250
データを転記する	124
テーブル	72, 262
テーブルデザイン	262

テーブルとして書式設定	262
テーマ	150
テキストの編集	62
デバッグ	288, 343

ナ

名前付き引数	169
名前を付けて保存	38
並べ替え	318
二重線	153
入力支援機能	56
塗りつぶしの色	148

ハ

倍精度浮動小数点数型	94
ハイパーリンク	134
配列	88
配列変数	167
バグ	343
パス	180
離れた位置のセル参照	118
バリアント型	89
比較演算子	202, 343
引数	80, 344
非コメントブロック	59
日付型	89
日付の関数	230
日付の書式記号	147
日付を指定する	130
表示書式指定文字	234
標準モジュール	52
表全体を参照する	114
ファイル名拡張子	39
ファイルを開く	274
フィールド	344
ブール型	89
フォームウィンドウ	305
フォームコントロール	62
フォームのサイズ	307
フォント	344
ブック	72
ブック名を参照する	180
ブックを追加する	186
ブックを閉じる	184

項目	ページ
ブックを開く	182
ブックを保存する	188
フリガナ列を追加する	158
フローチャート	200
プログラミング	344
プログラミング言語	344
プログラム	344
プロシージャ	51, 344
プロジェクトエクスプローラー	52, 344
プロパティ	73, 76
プロパティウィンドウ	52, 305, 344
プロンプト	344
編集	42
ベン図	203
変数	88, 344
変数の宣言を強制する	67
変数の適用範囲	91
変数名	89
保存先を参照する	180
ボタンのイラスト	61
ボタンの変更	61
ボタンの編集	62
ポップヒント	56

マ

項目	ページ
マクロ	30, 344
マクロオプション	63
マクロの記録	34, 345
マクロの削除	44
マクロの保存先	40
マクロ有効ブック	38, 345
命名規則	34, 55
メソッド	73, 78, 341
メッセージ画面	270
メッセージボックス	345
メモ	134
メモリを解放する	93
メンバー	74, 94, 220
文字などの書式記号	147
モジュール	283, 345
文字列型	89
文字列関数	233
文字列を指定する	130

項目	ページ
戻り値	78
戻り値のあるメソッド	80

ヤ

項目	ページ
ユーザー定義関数	240
ユーザー定義定数	94
ユーザーフォーム	304, 345

ラ

項目	ページ
ラインフィード	232
ラベル	305
リストボックス	317
リストボックスの初期設定	317
リセット	318
リボンのユーザー設定	33
ループ	345
レコード	345
列	345
列挙型	94
列の幅を変更する	154
列幅もコピーする	139
列番号	345
連結演算子	345
論理エラー	345
論理演算子	203

ワ

項目	ページ
ワークシート	72, 345
ワークシート関数	229, 238
ワイルドカード	294

本書を読み終えた方へ
できるシリーズのご案内

Excel関連書籍

できるExcel 2024 Copilot対応
Office 2024 & Microsoft 365版
羽毛田睦土 &
できるシリーズ編集部
定価：1,298円
（本体1,180円＋税10%）

Excelの基本から、関数を使った作業効率アップ、データの集計方法まで仕事に役立つ使い方が満載。生成AIのCopilotの使いこなしもわかる。

できるWord 2024 Copilot対応
Office 2024 & Microsoft 365版
田中亘 &
できるシリーズ編集部
定価：1,298円
（本体1,180円＋税10%）

Wordの基本操作から仕事に役立つ便利な使い方、タイパを向上させる効率的なテクニックまで1冊で身につく。Copilotにも対応！

できるExcel関数 Copilot対応
Office 2024/2021/2019 & Microsoft 365版
尾崎裕子 &
できるシリーズ編集部
定価：1,738円
（本体1,580円＋税10%）

豊富なイメージイラストで関数の「機能」がひと目でわかる。実践的な使用例が満載なので、関数の利用シーンが具体的に学べる！

読者アンケートにご協力ください！

https://book.impress.co.jp/books/1124101070

ご意見・ご感想をお聞かせください！

「できるシリーズ」では皆さまのご意見、ご感想を今後の企画に生かしていきたいと考えています。お手数ですが以下の方法で読者アンケートにご協力ください。
ご協力いただいた方には抽選で毎月プレゼントをお送りします！

※プレゼントの内容については「CLUB Impress」のWebサイト（https://book.impress.co.jp/）をご確認ください。

1 URLを入力して Enter キーを押す

2 ［アンケートに答える］をクリック

◆会員登録がお済みの方
会員IDと会員パスワードを入力して、［ログインする］をクリックする

◆会員登録をされていない方
［こちら］をクリックして会員規約に同意してからメールアドレスや希望のパスワードを入力し、登録確認メールのURLをクリックする

※Webサイトのデザインやレイアウトは変更になる場合があります。

■著者
国本温子（くにもと　あつこ）
テクニカルライター、企業内でワープロ、パソコンなどのOA教育担当後、OfficeやVB、VBAなどのインストラクターや実務経験を経て、フリーのITライターとして書籍の執筆を中心に活動中。主な著書に『できる大事典 Excel VBA 2019/2016/2013 & Microsoft 365対応』『できる逆引きExcel VBAを極める勝ちワザ716 2021/2019/2016 & Microsoft 365対応』『できるAccess パーフェクトブック 困った！＆便利ワザ大全2019/2016/2013 & Microsoft 365対応』（共著：インプレス）『Excel マクロ&VBA [実践ビジネス入門講座] [完全版]第2版』（SBクリエイティブ）などがある。

STAFF

シリーズロゴデザイン	山岡デザイン事務所<yamaoka@mail.yama.co.jp>
カバー・本文デザイン	伊藤忠インタラクティブ株式会社
カバーイラスト	こつじゆい
本文イラスト	ケン・サイトー
DTP制作	田中麻衣子
校正	株式会社トップスタジオ
デザイン制作室	今津幸弘<imazu@impress.co.jp>
	鈴木　薫<suzu-kao@impress.co.jp>
制作担当デスク	柏倉真理子<kasiwa-m@impress.co.jp>
編集・制作	リブロワークス
デスク	荻上　徹<ogiue@impress.co.jp>
編集長	藤原泰之<fujiwara@impress.co.jp>
オリジナルコンセプト	山下憲治

■商品に関する問い合わせ先

このたびは弊社商品をご購入いただきありがとうございます。本書の内容などに関するお問い合わせは、下記のURLまたは二次元バーコードにある問い合わせフォームからお送りください。

https://book.impress.co.jp/info/

上記フォームがご利用いただけない場合のメールでの問い合わせ先
info@impress.co.jp

※お問い合わせの際は、書名、ISBN、お名前、お電話番号、メールアドレス に加えて、「該当するページ」と「具体的なご質問内容」「お使いの動作環境」を必ずご明記ください。なお、本書の範囲を超えるご質問にはお答えできないのでご了承ください。

● 電話やFAXでのご質問には対応しておりません。また、封書でのお問い合わせは回答までに日数をいただく場合があります。あらかじめご了承ください。
● インプレスブックスの本書情報ページ https://book.impress.co.jp/books/1124101070 では、本書のサポート情報や正誤表・訂正情報などを提供しています。あわせてご確認ください。
● 本書の奥付に記載されている初版発行日から3年が経過した場合、もしくは本書で紹介している製品やサービスについて提供会社によるサポートが終了した場合はご質問にお答えできない場合があります。

■落丁・乱丁本などの問い合わせ先
FAX　03-6837-5023
service@impress.co.jp
※古書店で購入された商品はお取り替えできません。

できるExcelマクロ＆ＶＢＡ Copilot対応
2024年12月21日　初版発行

著　者　　国本温子 & できるシリーズ編集部

発行人　　高橋隆志

編集人　　藤井貴志

発行所　　株式会社インプレス
　　　　　〒101-0051　東京都千代田区神田神保町一丁目105番地
　　　　　ホームページ　https://book.impress.co.jp/

本書は著作権法上の保護を受けています。本書の一部あるいは全部について（ソフトウェア及びプログラムを含む）、株式会社インプレスから文書による許諾を得ずに、いかなる方法においても無断で複写、複製することは禁じられています。

Copyright © 2024 Atsuko Kunimoto and Impress Corporation. All rights reserved.

印刷所　　株式会社広済堂ネクスト
ISBN978-4-295-02054-7 C3055
Printed in Japan